U0685368

白云岩与硫酸盐岩复合古岩溶与油气储层

何 江等 著

科学出版社

北 京

内 容 简 介

　　本书以鄂尔多斯盆地中部马家沟组为研究依托，经详细的井下地质调查、典型岩溶剖面写实，并采用系统取样和室内测试等手段，系统表征白云岩与硫酸盐岩复合建造及其成因演化，查明不同成岩期次复合古岩溶特征及结构，探索复合古岩溶发育机理，揭示复合古岩溶型储层发育规律，为进一步认识蒸发海相及古岩溶型碳酸盐岩储层发育提供全新的补充，并可反馈于所研究盆地，甚至其他盆地的油气勘探。

　　本书是对作者长期从事白云岩与硫酸盐岩（石膏等）复合古岩溶研究的总结，可供从事碳酸盐岩油、气及其他矿产资源勘探和开发的地质科研人员参阅，也可供大专院校有关专业师生阅读和使用。

图书在版编目（CIP）数据

白云岩与硫酸盐岩复合古岩溶与油气储层/何江等著. —北京：科学出版社，2015.11

　　ISBN 978-7-03-046871-0

　　Ⅰ. ①白… Ⅱ. ①何… Ⅲ. ①白云岩–硫酸盐岩–古岩溶–储层 ②白云岩–硫酸盐岩–古岩溶–油气储层 Ⅳ. ①TU92 ②TU352.1

中国版本图书馆 CIP 数据核字（2015）第 142572 号

责任编辑：杨　岭　罗　莉 / 责任校对：邓利娜　陈　杰
责任印制：余少力 / 封面设计：墨创文化

科学出版社 出版
北京东黄城根北街 16 号
邮政编码：100717
http://www.sciencep.com
四川煤田地质制图印刷厂 印刷
科学出版社发行　各地新华书店经销
*
2016 年 6 月第 一 版　开本：B5（720 × 1000）
2016 年 6 月第一次印刷　印张：12　插页：5 页
字数：285 000
定价：79.00 元
（如有印装质量问题，我社负责调换）

《白云岩与硫酸盐岩复合古岩溶与油气储层》

本书作者名单

何　江　方少仙　马　岚　侯方浩

乔　琳　杨西燕　张本健　赵忠军

前　言

海相白云岩在沉积过程中，常和硫酸盐岩形成共生序列，在亚洲、北美、中东、澳大利亚、西欧和西伯利亚等地区广泛分布，在震旦系到新近系的较大时间跨度内均有分布。如美国威利斯顿盆地的 Red River 组、Mission Canyon 层；中国鄂尔多斯盆地中奥陶统马家沟组；中国四川盆地震旦系灯影组、上石炭统黄龙组、下-中三叠统嘉陵江组及雷口坡组；中国塔里木盆地下石炭统巴楚组和卡拉沙依组等。当富含 CO_2 的大气降水等沿上述可溶岩的渗透网络运移时，即发生白云岩与硫酸盐岩复合古岩溶，可形成有效油气储、渗系统。据统计，世界油气产量的 10%～15%与其直接相关。但在地质历史中，硫酸盐岩多以夹层或互层的形式存在，加之硫酸盐岩易溶且不易保存，实际情况下多是碳酸盐岩岩溶，所以往往忽视了硫酸盐岩岩溶在碳酸盐岩岩溶发育中所起的关键作用。因此，白云岩与硫酸盐岩复合古岩溶研究起步较晚，主要是伴随碳酸盐岩岩溶发育、岩溶水化学、地质灾害的研究而兴起，国外始于 20 世纪 80 年代，国内起步于 20 世纪 90 年代。目前，白云岩与硫酸盐岩复合古岩溶研究集中在水文地质、灾害地质等现代岩溶学科领域，而以石油地质为导向的相关工作尚缺少精细解剖的实例及经验，并且，岩溶学与石油地质学的单学科体系均已趋于成熟，相继建立了本身相对独立、较为完整的学科理论体系，但多年来受学科分门的限制，交叉综合研究十分薄弱。加之蒸发海相岩溶型储层的规模勘探和系统研究近 20 多年来才逐步受到重视，对于白云岩与硫酸盐岩混合建造中两种可溶岩的复合岩溶机理、耦合关系尚不十分清楚，许多与蒸发海相含膏白云岩地层次生孔隙发育密切相关的复合古岩溶问题，已经成为众多石油地质学家普遍关注的焦点。

鄂尔多斯盆地是我国最大的天然气田之一，也是我国"西气东输"的重要基地，其中，中奥陶统马家沟组沉积期发育为白云岩-硬石膏岩-石盐岩盆地，沉积后随华北地台一起抬升。经历了超过 140Ma 表生成岩风化剥蚀期，巨厚的马六段石灰岩被剥蚀殆尽，随后进入埋藏成岩演化阶段。马五段顶岩溶印迹主要发育于上部 50～70m 的白云岩与硫酸盐岩复合残厚地层内，各类溶蚀孔、洞发育，叠加印支期和燕山期裂隙，形成鄂尔多斯盆地的主要天然气产层，是世界范围内极具代表性的复合古岩溶型天然气藏，为本书的主要研究依托。

本书总共 5 章，第 1 章主要介绍岩溶与古岩溶、古岩溶与油气储层、白云岩与硫酸盐岩复合古岩溶等相关研究的主要进展及现状，进而阐述本书的研究基础及思路；第2章总结复合古岩溶发育的地质背景，包括构造演化史、地层发育特征和沉积演化史；第3章揭示典型白云岩与硫酸盐岩复合建造类型及特征，重点强调复合建造的发育演化规律；第4章在古岩溶划分沿革分析的基础上，以成岩环境及成因作用序列为主线，对复合古岩溶成因进行分类，进而分别针对同生-准同生期复合古岩溶、表生期复合古岩溶、埋藏期压释水复合古岩溶、埋藏期热水复合古岩溶开展系统工作，包括控制因素、作用机理、识别标志、发育模式及分布规律五个方面；第5章揭示复合古岩溶型储层发育演化规律，重点阐明复合古岩溶与孔渗网络的耦合关系。上述内容是作者从2003年以来承担的3项国家重大科技专项、4项集团公司级重点科技攻关项目及12项油田科技项目的研究成果汇总，相关的主要创新认识已分别在《岩石学报》《石油勘探与开发》《石油与天然气地质》等一系列石油行业主流杂志上发表，并编入《中国沉积学》《碳酸盐岩成岩作用》等专著的部分章节。本书的出版，希望能为进一步认识蒸发海相古岩溶型碳酸盐岩储层发育提供全新的补充。

感谢导师方少仙及侯方浩教授长期以来一直给予作者的关怀和学术培养，他们开阔的学术视野和渊博的理论知识使作者在碳酸盐岩储层地质学方面有了长足进步，可以说，方少仙及侯方浩教授是作者进入碳酸盐岩储层领域的启蒙老师，也是本书成功出版的基石。

感谢成都理工大学的陈洪德教授和郑荣才教授、西北大学柳益群教授、中国石油大学纪友亮教授、长江大学张昌民教授、中国石油勘探开发研究院罗平教授在本书编写过程中提出的一些宝贵建议。感谢中国石油勘探开发研究院、中国石油长庆油田分公司的相关专家及领导对本书的大力支持。

感谢作者所在的西南石油大学地球科学与技术学院为本书的完成提供的一切条件。

本书获得天然气地质四川省重点实验室和西南石油大学油气藏地质及开发工程国家重点实验室资助。

在本书的整个编写过程中，冯春强、罗连超、齐崇辰、张玉洁、胡欣、陈超、陈博、吴波、伍启林、庞锦、董李红、张龙、郑鉴等学生参与收集及整理了大量资料，并参与绘制了大量图件，在此一并表示感谢。

何　江

2015年10月

目　　录

第1章 概　述

1.1　岩溶与古岩溶

1.1.1　岩溶

岩溶又称喀斯特（karst），源自克罗地亚伊斯的里亚半岛（Istria pen.）石灰岩高原的地理名称，当地称为 kras，意大利语为 carso，德语为 karst，意思是岩石裸露的地方。19 世纪末，司威依奇（J.Cvijic）首先对该地区进行研究，他借用"karst"这一名词作为石灰岩地区的一系列溶蚀作用过程和产物的名称，于是 karst 成为世界各国通用的专门术语。

中国早在晋代（公元 265～420 年）对岩溶现象就有文字记载。在 17 世纪初，明代地理学家徐霞客（1587～1641 年）考察了湖南、广西、贵州、云南一带的岩溶地貌，探寻了 300 多个洞穴，详细记述了岩溶地区的地貌特征。但把岩溶的研究作为一门独立的学科是从 20 世纪初开始的，1966 年，中国第二次喀斯特学术会议决定将"喀斯特"一词改为"岩溶"。1981 年，在山西召开的"北方岩溶学术讨论会"上，议定"岩溶"和"喀斯特"二者可通用。

岩溶一词的产生及研究已经有 100 多年的历史，但岩溶这一术语在不同学科的应用中仍存在一些不同的观点。Choquette（1971）把岩溶等同于溶洞的发育；而 Esteban（1991）则认为岩溶是一种成岩相，是地表裸露的碳酸盐岩在各种气候和构造条件下的印痕，是大气水中的碳酸钙在溶解和迁移作用下所产生的岩溶地貌。1983 年，任美锷等在《岩溶学概论》一书中指出，"凡是地下水和地表水对可溶性岩石的破坏和改造作用都叫作岩溶作用"，"其中包括化学过程（溶蚀和沉淀）和机械过程（水流侵蚀和沉积、重力崩塌和堆积等），岩溶作用及其所产生的水文现象和地貌现象通称为岩溶"。1986 年，王大纯在《水文地质学基础》一书中指出，"岩溶是指水流与可溶岩石相互作用的过程以及由此而产生的地表及地下地质现象的总和"。1988 年，Choquette 和 James 在其主编的《古岩溶》一书中指出，"岩溶这一术语具有更广泛的涵义，它包括所有的成岩作用特征（宏观的和微观的、地表的与地下的），这些特征形成于化学溶解和碳酸盐岩层系演化过程中"。1988 年，袁道先等在《岩溶学词典》中将岩溶定义为水对可溶性岩石（碳酸盐岩、硫酸盐岩、卤化物岩等）的化学溶蚀、机械侵蚀和物质迁移与再沉积的综合地质作用以及由此所产生现象的统称。由此可见，岩溶这一术语的解释和对岩溶作用的研究，经历了逐步演化并不断完善的过程。现今赋予它的意义既包括岩溶作用，又包括该作用的结果。岩溶作用属于机理性的概念，包括水对矿物的溶解和侵蚀、岩石的溶蚀分解和崩塌等；岩溶作用结果则偏重于各种岩溶现象或景观。

对照岩溶术语的内涵，众多学者均认为凡是产生溶蚀作用的环境，就有岩溶作用进行。只要岩石与水流相遇并被溶解，无论其成岩阶段如何，埋藏、产出特征如何，均应理解为岩溶作用，或称其为广义的岩溶作用。近年来，岩溶研究的发展趋势十分明显，新的研究内容和思路、新的岩溶名词（诸如微岩溶、沉积岩溶、热水岩溶、碎屑岩岩溶和生物岩溶等）不断出现，呈现百花齐放的景象。

1.1.2　古岩溶

岩溶按形成的时间，可划分为古岩溶与现代岩溶。袁道先（1988）认为古岩溶（paleokarst）为非现代营力环境下形成的岩溶。Walkden（1974）和 Wright（1982）则将其定义为被较年青的沉积物或沉积岩所埋藏的古代岩溶。可见，古岩溶是地质历史阶段的岩溶，但这个历史阶段如何划分尚无定论。如我国南、北方部分地区石炭系、二叠系和奥陶系发育的现代岩溶，追溯其岩溶化岩层暴露地表的历史远在第四纪或新生代以前；在西藏、云贵高原某些山顶，发育有裸露的古近-新近纪古岩溶（海拔5200m）。近年来，随着研究的不断深入，人们在第四系中也识别出了古岩溶，如在巴哈马的阿巴科海湾海底发现有更新世形成的古岩溶洞穴（图 1-1），称之为蓝洞（blue hole）。因此，水文地质学家认为，控制岩溶发

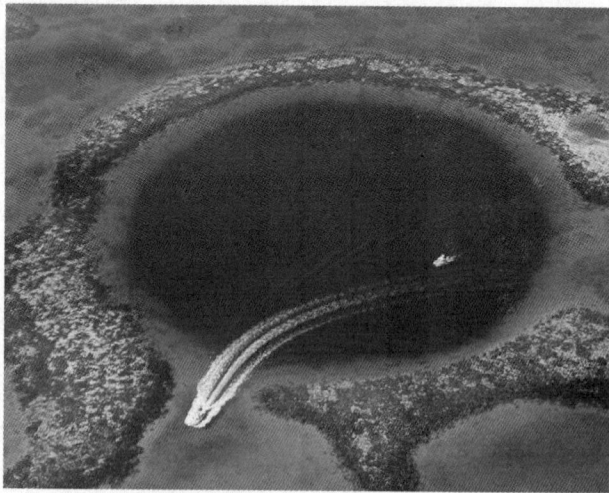

图 1-1　更新世古岩溶洞穴

育的主要条件就是运移于可溶岩层中的水文地质环境，划分古代与现代岩溶可考虑以"水文地质环境形成时间"为标准。现代水文地质环境形成以来发育的岩溶即为现代岩溶，反之则为古岩溶。

　　总体来说，古岩溶目前还是一个较为笼统的概念，泛指地质历史阶段形成的岩溶，以区别于现代岩溶，参照地质学其他学科的做法，本书将更新世以前形成的岩溶称为古岩溶，全新世以后至今仍在发育的岩溶称为现代岩溶（全新世与更新世之间存在太行（云南）运动）。袁道先（1993）根据大地构造演化和古地理环境的影响对古岩溶进行了期次划分，认为中国大陆大致存在 5 期古岩溶，分别是元古代岩溶、早古生代岩溶、晚古生代岩溶、中生代岩溶和新生代岩溶。张美良等（1998）根据岩溶发育的时间与构造运动期的相关关系，将我国的古岩溶建造划分为 5 期，分别是元古代（西南满银沟、兴凯期和北方滦县、蓟县期）古岩溶建造期、早古生代加里东古岩溶建造期、晚古生代海西古岩溶建造期、中生代印支和燕山古岩溶建造期、新生代喜马拉雅古岩溶建造期（表 1-1）。

表 1-1　中国古岩溶沉积-建造期的划分

古岩溶沉积-建造期	主要分布区域	构造运动	岩溶主要发育地层
元古代古岩溶建造期	华北地块	第一期：滦县上升运动	太行山中段和北段长城系顶部硅质白云岩
		第二期：芹峪和铁岭上升运动	燕山及太行山北段雾迷山组和铁岭组顶部碳酸盐岩
		第三期：蓟县上升运动	北方广大地区元古代沉积的碳酸盐岩
	西南褶皱带	第一期：满银沟上升运动	四川会理、会东及云南东川等地元古代昆阳群青龙山组白云岩
		第二期：兴凯上升运动	康滇古陆周缘，上震旦统灯影组上、中段碳酸盐岩
早古生代加里东古岩溶建造期	华北地块	加里东运动	华北地块中奥陶统碳酸盐岩
	扬子地块	加里东运动	扬子地块寒武-奥陶系碳酸盐岩
晚古生代海西古岩溶建造期	扬子和华南准地块	第一期：柳江运动	桂西、桂北、滇东地区上泥盆统灰岩
		第二期：黔桂运动	昆明、贵阳以北的上扬子地区及桂西北的河池、南丹一带中-上石炭统碳酸盐岩
		第三期：东吴运动	扬子和华南准地块下二叠统栖霞组和茅口组碳酸盐岩
中生代印支和燕山古岩溶建造期	扬子和华南地块	第一期：印支运动	相对隆起的湘南、桂北、江苏南京、镇江、川东南等地区的碳酸盐岩台地
		第二期：燕山运动	华南和扬子地块三叠纪以前的碳酸盐岩
	华北地块	燕山运动	华北地块中上元古界和下古生界碳酸盐岩
新生代喜马拉雅古岩溶建造期	西南、西北地区	喜马拉雅运动	碳酸盐岩出露区

值得注意的是，岩溶发育一般经历了长期的演化过程，特别是对于暴露于地表的可溶岩层来说，往往经历了后期直至现代的不断改造。所以，判断是否是古岩溶，应该以是否有地质历史时期形成且被保存下来的岩溶迹象为标志。如果古岩溶迹象完全被改造而未留下任何痕迹，则应该归入现代岩溶的范畴。或者说，古岩溶是已经停止作用且被保存下来的地质历史时期的岩溶。需要强调的是，古岩溶与现代岩溶的划分并不是目的，其根本在于把握岩溶的历史演化与规律。

1.2　古岩溶与油气储层

古岩溶伴随成岩、成矿作用及油气地质的研究而兴起，特别与石油、天然气及金属、非金属矿产地质研究关系密切。国外对于古岩溶与油气储层的研究始于20世纪70年代，国内的研究工作起步稍晚，但发展迅速。

1.2.1　古岩溶与油气储层研究历史

古岩溶与油气储层研究，大致可划分为以下几个阶段。

（1）启蒙阶段（20世纪60年代～70年代）。碳酸盐地层学家和沉积学家在研究大气水对碳酸盐沉积物成岩作用影响的过程中逐步了解古岩溶（Roberts，1966；Walkden，1974）。

（2）起步阶段（20世纪70年代～80年代）。人们借鉴现代岩溶学理论，对古岩溶作用过程与机理进行研究（Ford et al.，1984）。随后以碳酸盐沉积学和成岩作用理论为指导，在古岩溶识别标志和发育规律方面进行了大量工作（Bathurst，1975），并将大气水成岩作用与岩溶作用的岩石矿物学和地球化学特征等线索有机联系起来（James et al.，1984）。同期，我国于1975年发现了华北任丘油田中元古界蓟县系雾迷山组古潜山油藏，逐步认识到古岩溶及其储层研究的重要性。

（3）发展阶段（20世纪80年代～90年代中后期）。古岩溶与油气储层引起了地质学家，尤其是油气地质学家的重视，发表的论文数以百计，且逐年增加。1985年，由James和Choquette召集和组织的美国经济古生物学家及矿物学家协会（ESPM），在美国科罗拉多学院召开了题为"古岩溶系统及不整合面特征和意义"的学术讨论会，会后，于1987年由美国石油地质学家协会会刊（AAPG）出版了*Paleokarst*研究专辑。该专辑集中反映了国际上20世纪80年代以来不同领域的专家从多方面对不同时代碳酸盐地层中的古岩溶研究成果，论证了若干著名油气藏，包括曾每小时单井产量超过千吨的美国耶茨油田的二叠系白云岩古岩溶储集层，该成果既有理论，又有实践方法，既有现代岩溶的实例分析，又有对地质历史时期中古岩溶的研究。这些工作及成果为以后古岩溶与油气储层的研究奠定了基础，具有里程碑性质。

同期，在中国地质科学院岩溶地质研究所和中国地质学会岩溶地质专业委员会的主持下，召开了第一届及第二届全国岩溶矿床学术讨论会。1991年，成都地质学院沉积地质矿产研究所和长庆石油勘探局勘探开发研究院合作译编了 *Paleokarst* 一书，以《古岩溶与油气储层》为名在国内出版。李德生等（1991）系统地论述了中国深埋古岩溶。1992年4月，中国天然气学会地质专业委员会在无锡召开了碳酸盐岩岩溶储层研究及海相现代沉积学术研讨会。期间，我国相关人员除大量介绍、吸收并应用国际有关研究的先进理论、技术和方法外，还根据20世纪80年代以来在四川、鄂尔多斯和塔里木盆地等实际揭露的古岩溶现象，结合地质演化的特点，借鉴相关学科研究理论和方法进行深入探索，在古岩溶发育特征、形成机理和控制因素等方面开展了大量研究工作，取得了可喜成果。例如，贾疏源（1990）、郑聪斌等（1993）对鄂尔多斯盆地中部奥陶系风化壳的古水文、古岩溶发育及演化特征、主要产层孔洞的形成机制进行了详细研究；张锦泉、陈洪德和刘文均等于1993年出版了《鄂尔多斯盆地奥陶系沉积、古岩溶及储层特征》一书；王兴志等（1996）研究了四川资阳地区及其邻区上震旦统灯影组的碳酸盐岩古岩溶特征及其储集空间。

（4）深入阶段（20世纪90年代中后期至今）。古岩溶与油气储层研究逐步趋向于系统化、（半）定量化，国内外的古岩溶与油气储层研究近于同步：一方面，尽可能利用新技术、新方法；另一方面，以地质为基础，将测井和地震联合进行古岩溶储层的反演预测。国内一批古岩溶与油气储层研究专著相继问世，如《古岩溶与油气储层》（兰光志等，1995）、《古岩溶与储层研究》（王宝清等，1995）、《碳酸盐岩古风化壳储层》（文应初等，1995）、《新疆塔里木盆地北部古风化壳（古岩溶）储集体特征及控油作用》（陈洪德等，1995）、《塔里木盆地轮南潜山岩溶及油气分布规律》（顾家裕等，2001）。同期，郭建华等（1996）对塔北、塔中地区深埋藏古岩溶进行了研究，划分出两类不同性质的古岩溶，即不整合面古岩溶与深部古岩溶。郑荣才等（1996；1997）对川东地区上石炭统黄龙组古岩溶储层的地球化学特征进行了研究。西南石油学院碳酸盐岩研究室于1999年开始对塔里木盆地塔中Ⅰ号断裂带奥陶系的古岩溶与油气储层开展了深入工作。何芳、陈洪德、张锦泉等（1998）对四川盆地加里东古隆起震旦系古岩溶及其储层进行了研究。夏日元等（1999，2001）对鄂尔多斯盆地中东部奥陶系风化壳储层溶蚀孔洞进行了分析。自2002年以来，第一个超亿吨级奥陶系海相碳酸盐岩大油田——塔河油田在新疆塔里木盆地的北部被发现，使得人们对古岩溶及其储层的认识进一步深化，与此相关的研究论文和专著如雨后春笋般涌现。陈恭洋等（2003）和姜平等（2005）研究了大港地区千米桥潜山奥陶系古岩溶。夏日元、唐健生等（2004）研究了黄骅拗陷奥陶系古岩溶发育演化模式。陈学时、易万霞等（2002，2004）对中国油气田古岩溶与油气储层进行了较为全面的总结。何江等（2007，2013a）重构了鄂尔多斯盆地中部前石炭系岩溶古地貌及垂向分带。康玉柱（2008）系统阐述了中国古生代碳酸盐岩古岩溶储集特征与油气分布。何江等（2013b，2015）针对白云岩与硫酸盐岩复合古岩溶与油气储层开展了专题工作。

1.2.2 古岩溶与油气储层主要研究进展

归纳起来，古岩溶与油气储层研究取得的进展主要有以下几个方面。

（1）从地层及地貌、岩石矿物与地球化学等方面提出了古岩溶的宏观和微观鉴别标志；借鉴现代岩溶学理论，开展了古岩溶作用机理的探讨，分析了岩溶形成的内、外地质因素；研究了自古生代以来的一些岩溶实例，总结了地表和地下岩溶的发育特征，对岩溶在垂向剖面上的分带性有了较详细的论述。同时，基于碳酸盐沉积学、碳酸盐成岩作用、地球化学等基础理论和实验分析手段，开展了洞穴物理、化学充填物研究，提出大气水成岩作用体系模式，并建立了一些古岩溶实例的发育模式。

（2）将沉积岩石学的方法引入古岩溶研究中，提出岩溶相的概念，并限定岩溶相的关键要素是岩石学特征，包括基岩成分、充填物成分、岩石结构特征及缝洞系统等。同时把古岩溶和地层学联系起来，对不整合面古岩溶（风化壳古岩溶）开展了研究，讨论其对油气储层或矿产形成的控制作用。

（3）将古水文地质学引入古岩溶研究中，通过分析地史演化过程，划分古岩溶类型，恢复其古水文地质条件，阐明其发育及演化规律。岩溶是水流与可溶岩相互作用的产物，因此不同的地下水源和活动特征，必然会形成不同的岩溶体系，但体系间又是相互联系的，即旧体系对新体系存在明显的控制作用，由此产生了新的研究思路。

（4）基于水-岩作用而进行双向拓展，将岩溶概念进一步扩大，从而认识到新的古岩溶类型：一方面，化学溶解作用不仅发生于碳酸盐岩中，同时在非碳酸盐岩及膏盐岩和砂泥岩中也可发生；另一方面，引起岩石溶解的水，不仅有渗入大气成因水，同时还有沉积层的压释成因水、深部地下热水等（黄尚喻等，1997；郑聪斌等，2001）。上述认识更新了传统的岩溶概念，也有利于拓展岩溶地质学的研究思路和方法。值得注意的是，埋藏岩溶对油气储层的影响越来越受重视，碳酸盐岩储层不仅可在表生期形成，而且在深埋藏情况下可发生明显的岩溶现象，对油气储层的发育可能起决定性控制作用（黄尚喻等，1997）。埋藏期溶蚀作用特征识别和期次划分、产生的孔隙类型及数量、发育的场所和酸性水来源、成岩地球化学环境和流体运移方向、溶蚀缝洞发育机制和埋藏期溶蚀-充填相展布模式等研究也取得了较大进展。

（5）将元素地球化学和流体包裹体地球化学引入油气储层的岩溶作用研究中（郑荣才等，1997；李定龙，2001），则古岩溶地球化学主要通过应用地球化学的原理和方法，通过提取岩溶岩中记忆的地球化学信息（如同位素、微量元素、稀土元素、矿物流体包裹体等）解释和恢复古岩溶发育环境（古气候、古地理、古水文地质等），并为阐明岩溶发育形成机理提供可靠依据。上述研究主要基于以下两点考虑：现代大气背景下的岩溶发育环境与古岩溶有明显差异，如气候条件、大气水、海洋水的氢和碳等同位素特征，即地球化学背景上存在一定差异；古岩溶既可在常温常压的开放系统中发育，也可在高温高压的封闭系统中发育。

（6）认识到世界上许多高产油气田与古岩溶作用密切相关，并从地质、钻井、录井、测井和开发动态等方面对古岩溶储层进行表征，同时系统开展了古岩溶储层测井、地震响应特征分析及古岩溶形态系统和孔、洞、缝的分形研究。

1.3 白云岩与硫酸盐岩复合古岩溶与油气储层

海相白云岩在沉积过程中，常和硫酸盐岩形成共生序列，当富含 CO_2 的溶液沿上述可溶岩的渗透网络运移时，发生的白云岩与硫酸盐岩复合古岩溶，可形成有效油气储、渗系统。目前，国内外众多学者针对白云岩与硫酸盐岩复合建造中产生的岩溶现象和机理进行了多方面的研究，已取得主要成果及发展动态概括如下。

1.3.1 白云岩与硫酸盐岩复合古岩溶机理

国内外学者最初在地质灾害和碳酸盐岩岩溶成因机理研究中对其予以关注，认为其主要作用是去白云岩化。大气淡水淋溶硫酸盐岩，能够形成富含 SO_4^{2-} 的高钙/镁地下水，并与白云岩反应促使去白云岩化作用广泛发生（Bischoff et al.，1994；Kimchouk et al.，2012）。此后进一步发现，碳酸盐岩溶解时通过增大溶液离子力，使硫酸盐岩溶解度增大，而硫酸盐岩（石膏和半水石膏）溶解后，溶解析离出 SO_4^{2-} 可促使白云岩离解成 $CaCO_3$ 和 $MgCO_3$，在破坏白云岩结构的同时，导致白云岩更易溶解，使得复合岩溶较单一可溶岩的岩溶更发育（钱学溥，1988；刘芳珍，1988；Cardenal et al.，1994；张凤娥等，2003；Kalinina et al.，2014）。

此外，部分学者对岩溶水化学条件、水动力和硫酸盐岩力学机制等影响因素进行了研究。张凤娥等（2003）、姚昕等（2014）采用室内模拟实验方法发现溶液pH 降低、环境温度升高都利于复合古岩溶发育。Klimchouk（2002）、Zhao 等（2014）认为在石膏含水层内，SO_4^{2-} 的含量与石膏溶解速率取决于洞穴或裂隙系统内部水的循环模式和流速。刘艳敏等（2011）以杭兰公路宜巴段白云岩层中不规则发育的硬石膏岩为研究对象，研究了硬石膏岩水化膨胀力学作用对复合古岩溶的促进作用。还有学者用地球化学模型分析了岩溶强度的影响因素，指出溶解度大的半水石膏含量越高，硫酸盐岩溶解就越多，去白云岩化作用越强烈，岩溶越强（胡宽瑢等，1985；曹玉清等，1988；Calaforra et al.，2002）。但是也有学者对此持有不同的看法，并通过模拟溶解实验，指出在表生与相对浅埋藏的温压条件，石膏（或硬石膏）的存在可不同程度地加速白云岩的溶解，但随着实验温度和压力升高至埋藏条件下，石膏（或硬石膏）对白云岩溶解的积极作用逐渐降低，由此强调了温压系统对溶蚀过程的影响（黄思静等，1996）。

国内外研究人员还注意到硫酸盐还原作用对深部白云岩岩溶的促进作用。曹玉清等（1988）对华北地区的峰峰-任丘地区奥陶系岩溶水化学类型进行分析后，认为岩溶含水层中发生了硫酸盐还原作用；之后，曹玉清等（1993）在邯邢地区奥陶系岩溶水中发现了硫酸盐还原的产物（H_2S 气体）及其氧化后的单质硫。郑聪斌等（1997）在研究鄂尔多斯气田储层成因时认为，碳酸盐岩古风化壳下部硬石膏溶解的 SO_4^{2-} 经过脱硫细菌作用后形成的 H_2S 和 CO_2，导致岩溶作用的发生，还可形成黄铁矿。蔡春芳等（1998）根据充填黄铁矿具有低的稳定硫同位素，以及共生的铁方解石的稳定碳同位素偏负的特征，分析得出其是微生物硫酸盐还原的结果。Palmer 等（2000）在美国麦迪逊观察了由硫酸盐还原引起的白云石形成现象。朱光有等（2006、2014）在研究四川盆地深部碳酸盐岩优质储层形成的方式时认为，在含硬石膏夹层的白云岩储层中，于深埋藏环境下发生硫酸盐热化学反应（TSR）过程中会产生 H_2S 气体，其溶于水后形成氢硫酸，是溶蚀白云岩使之成为海绵状孔洞系统以及成层状分布的优质储层的主要原因。但有学者对此也有不同的看法，例如，王一刚等（2007）则认为 TSR 过程产生的碳酸才是导致深埋溶蚀的主要原因。近年来，相关研究在各个方面均取得了很大成果。

1.3.2 基于油气地质导向的白云岩与硫酸盐岩复合古岩溶

世界海相碳酸盐岩油气储层以白云岩为主，多数伴生有硫酸盐岩并经历了不同程度的复合古岩溶，众多石油地质学家对此做了大量相关研究工作。在分析美国威利斯顿盆地 Cabin Creek 油藏的 Red River 组时发现，白云岩与硫酸盐岩复合古岩溶发育区与最终的高渗储层分布区高度重合（Allan et al.，1993；Tanguay et al.，2013）。在研究中国鄂尔多斯盆地马家沟组时指出，特定蒸发海相环境沉积的含硬石膏柱状晶和小结核的粉晶白云岩是古岩溶储层发育的物质基础，硬石膏的溶解度远比白云岩高，伴随其溶解和释压，形成大量的裂碎缝及次生溶孔，构成了主要的孔渗网络（吴熙纯等，1997；金振奎等，2001；姜平等，2005；夏日元等，2006；吴亚生等，2006；何江等，2013；方杰等，2013；张银德等，2014）。在分析四川盆地三叠系嘉陵江组和四川盆地东部中石炭统黄龙组时发现，硫酸盐岩岩层多数被越流下渗的大气淡水溶解，与之互层的白云岩则卸荷失托崩塌，形成的大规模塌积岩，极大地影响了油气储层的最终发育情况（陈宗清，1985；郑荣才等，1996；曾伟等，1997；王维斌等，2005；黄文明等，2007；李伟等，2011；文华国等，2014）。侯方浩等在研究灯影组储层时也持同样观点，白云岩塌积岩主要发育在局限环境中沉积的并与硬石膏质白云岩、白云质硬石膏岩和硬石膏岩成间互层的泥晶或细粉晶白云岩地层中（侯方浩等，1999；王国芝等，2014）。此外，还有学者在分析大港探区奥陶系岩溶储层和塔里木盆地寒武-奥陶系萨布哈白云岩储层主控因素时阐明，白云岩化作用及伴生的石膏沉淀作用为储层的形成奠定了物质基础，同生期大气淡水溶蚀作用使石膏溶解形成膏模孔，膏岩层也可进一步溶解导致白云岩层垮塌形成砾间孔缝，使得干旱气候背景下潮间-潮上带的膏云坪成为有利储层发育区（金振奎等，2001；姜平等，2005；朱井泉等，2008；邵龙义等，2010；郑剑锋等，2013；方杰等，2013）。上述观点与吕炳全（1995）和赵文智等（2013）的一致，他们均认为白云岩与硫酸盐岩复合古岩溶对于蒸发海相储层的发育具有重大意义。

1.4　白云岩与硫酸盐岩复合古岩溶及油气储层研究思路

近年来，作者及所在团队对世界上极具代表性的鄂尔多斯盆地中部马家沟组五段开展了一系列工作，取得的相关认识为白云岩与硫酸盐岩复合古岩溶及油气储层精细解剖奠定了坚实基础。中奥陶统马家沟组马五$_4$—马五$_1$亚段是靖边气田的主力产层，沉积期发育为白云岩-硬石膏岩-石盐岩盆地（方少仙等，2013）。沉积了两类主要岩性组合：一类为泥晶白云岩、细粉晶白云岩组合；另一类为含硬石膏的粉晶白云岩和与之呈薄互层的粉晶白云岩组合，硬石膏呈柱状晶和小结核形式赋存于粉晶白云岩中。此外，在马五$_2$下部及马五$_3$、马五$_4$中段沉积期，短时间内气候十分干旱炎热，还发育有鸡雏状的白云质硬石膏岩和石膏岩（方少仙等，2009；何江等，2013）。马家沟组沉积后，鄂尔多斯盆地随华北地台一起抬升，经历了超过 140Ma 表生成岩风化剥蚀期，巨厚的马六段石灰岩几乎被剥蚀殆尽，随后进入埋藏成岩演化阶段。马五段顶岩溶印迹主要发育于上部 50～70m（马五$_4$—马五$_1$）的白云岩与硫酸盐岩复合残厚地层内。研究发现，硫酸盐岩溶解对于白云岩岩溶储层的形成具有明显的促进作用。一方面，因硬石膏的溶解度是白云石的 2087 倍，沿纵向构造微裂缝越流下渗的岩溶水到达潜水面后，将首先使硬石膏小结核溶解。斜方晶系的硬石膏（$CaSO_4$）在溶解过程中首先要转变成单斜晶系的石膏（$CaSO_4 \cdot 2H_2O$），且体积增大 30%，对结核周边的粉晶白云岩基岩施压。而石膏的溶解度是白云岩的 2200 倍，较硬石膏更易溶解继而形成溶模孔，又对周围基岩释压（何江等，2009），这一反复过程使结核溶模孔间产生大量裂碎缝，硬石膏溶模孔、裂碎缝共同组成有利的孔隙网络。另一方面，实验数据表明，仅含 20mg/L 的 CO_3^{2-} 的岩溶水中，细粉晶白云石的溶解度为 13mg/L，可是加入 20mg/L 的 SO_4^{2-} 后，溶解度为 23mg/L，如果加入 100mg/L 的 SO_4^{2-}，溶解度可增至 131mg/L。可见，硬石膏在溶解过程中析离出的 SO_4^{2-} 进入岩溶水后，可促使孔隙网络周缘白云岩大幅度扩溶，导致孔隙网络逐渐延伸、贯通，有利于地下水的循环交替，进一步增强白云岩与硫酸盐岩的复合岩溶作用。但是，在某些条件下，硫酸盐岩溶解对于岩溶储层的形成也具有明显的破坏作用。如在发育鸡雏状硬石膏岩的马五 3^3、马五 4^1 等小层，因石膏遇水极易溶蚀成洞穴，引起顶板岩石破裂，甚至塌落，塌落角砾与残留的石膏混合胶结成塌积膏溶角砾岩，砾间常被不含孔隙的细碎屑填隙，储集性能较差（何江等，2015）。

上述研究表明。在蒸发海相油气储层中，白云岩与硫酸盐岩岩溶的相互作用将极大地促进复合古岩溶的进一步发育，并直接影响最终储渗网络的形成，是多数蒸发海相油气储层形成的决定性因素之一。同时也注意到，复合古岩溶在发育过程中会受到不同原生沉积序列、成岩环境、古岩溶位置、埋藏深度等诸多因素影响。但是复合古岩溶在不同原生沉积序列有什么不同表现、复合古岩溶在不同成岩环境有什么突出特点、复合古岩溶在不同古地貌条件下有什么变化、复合古岩溶在不同埋藏深度下有什么变动等，这些直接与蒸发海相含膏白云岩地层次生孔隙发育密切相关的复合古岩溶问题，目前已经成为众多石油地质学家普遍关注的焦点。

近十年来，虽然复合古岩溶与油气储层相关研究取得一定进展，但是至今对一些深层次问题的分析还不够深入。如复合古岩溶发育的控制因素、叠加型或继承性复合古岩溶分类及耦合关系、复合岩溶孔洞的保存条件及成因机理、复合古岩溶对储层形成的控制作用、复合古岩溶体系及相关储层的分布预测等。这些问题的解决或部分解决都将使复合古岩溶与油气储层研究迈上一个新台阶。

近百年来，岩溶学经历了岩溶形态描述、岩溶成因演化分析、岩溶形成背景条件重建、岩溶形成的水岩作用机理研究等几个阶段，并把岩溶作为一种发生在岩石圈和水圈界面上的地质作用进行研究。以袁道先院士及其研究群体为代表的我国一大批岩溶学者经过长期的科研攻关和理论探索，提出了岩溶动力系统、岩溶形成的动力学机制（岩溶动力学）、岩溶动力系统的资源形成机制和环境效应等一系列理论，这些新理论使人们视岩溶作用为一开放的、动态的复杂系统，视岩溶动力学为一门多学科交叉的复杂系统学科。本书以这种新的学术思想为指导，加强对现代岩溶学的新理论、新思路、新方法、新技术和新成果的借鉴和利用，对白云岩与硫酸盐岩复合古岩溶的成因、形成机理和分布规律，作出了较为深刻的科学解释。

本书重视由复合岩溶单项形态到岩溶形态组合的研究转变，即对一组在一定环境条件下发育的岩溶形态组合进行系统配套的成因研究：包括宏观形态和微观形态、地表形态和地下形态、溶蚀形态和沉积形态等。虽然我国诸多学者对单项岩溶形态的成因进行深入的研究，但只有把它们进行归类、配套，并联系到其形成时的地质、气候、水文环境进行综合分析，才能为岩溶学的进一步发展提供可靠的基础。只有这样，才能避免异质同相、异期同相等自然界的错综复杂现象带来的思路混乱的问题，也能够更好地反映岩溶发育与特定环境的相互关系。特别是在古岩溶地貌的精细刻画中，岩溶形态组合的概念和分析方法具有重要的研究价值。

本书有效探索了碳酸盐岩-硫酸盐岩复合岩溶形成机制。海相白云岩沉积过程中，常和硫酸盐岩构成共生序列。研究发现，硫酸盐岩如与大气降水或地壳深部热水接触并溶解，可使储渗网络得到初步改善，而不同温压条件下伴生的 SO_4^{2-}、H_2S 等产物，可进一步加速白云岩溶解，有利于地下水的循环交替，增强白云岩与硫酸盐岩复合古岩溶强度。因此，探索白云岩与硫酸盐岩的复合岩溶作用机理，使其更接近自然界的实际情况，可更好地揭示复合古岩溶油气储层的发育规律。

本书强调从成岩作用的角度开展复合古岩溶与油气储层工作。由于岩溶作用本身就是一种广义的成岩作用或成岩相，所以古岩溶的形成、演化与油气储层特征的微观研究仍然要从成岩作用研究入手。本书特别注意区分大气水-海水的混合溶蚀作用、大气水溶蚀作用、埋藏溶蚀作用的环境及作用过程；强调对与古岩溶有关的胶结物、充填物，以及胶结、充填作用、充填期次进行分析，以便解释古水动力和古气候条件，重建古环境，揭示成岩作用史，预测储层的孔隙度；同时，从成岩环境演化及成岩演化序列的角度对叠加型或继承性古岩溶进行研究，并理清岩溶对储层的控制作用、溶蚀-充填物质平衡、物质-空间再分配等孔洞发育、保存条件等因素的影响。

本书试图以近年来我国古岩溶研究出现的新思路、趋向和方法为指导，对白云岩与硫酸盐岩复合古岩溶与油气储层研究进行总结，系统采用古水文地质综合研究、溶蚀作用地球化学物理模拟、岩石地球化学测试、岩溶储层介质结构定量评价和预测等技术手段，识别白云岩与硫酸盐岩复合建造共生关系及成因演化，系统解剖不同时期复合古岩溶的形成条件、溶蚀机理、影响控制因素和识别特征、空间构架，揭示复合古岩溶型储层的发育及演化规律，提出复合岩溶型储层定量和定性评价相结合的勘探技术。希望通过这样一个尝试，能够为进一步认识蒸发海相古岩溶型储层发育提供有利的、全新的补充，并可反馈于所研究盆地，乃至其他盆地的油气勘探。

第2章　白云岩与硫酸盐岩复合古岩溶发育背景

鄂尔多斯盆地位于东经 106°20′～110°30′，北纬 35°00′～40°30′，横跨陕、甘、宁、蒙、晋五省区，东以吕梁山为界，南以金华山、嵯峨山、五峰山、岐山为界，西以桌子山、牛首山、罗山为界，北以黄河断裂为界，整体轮廓呈矩形。

鄂尔多斯盆地是中国的大型沉积盆地之一。在大地构造属性上，处于中国东部稳定区和西部活动带的结合部位，具有太古界及早元古界变质结晶基底，上覆中上元古界、古生界、中新生界沉积盖层。在构造上位于华北地台的西部，发育于鄂尔多斯地台之上，属于地台型构造沉积盆地，是一个多构造体系、多旋回演化、多沉积类型的大型盆地。

根据现今构造及演化历史，鄂尔多斯盆地可划为 6 个一级构造单元。盆地中部是陕北（或伊陕）斜坡，向东为晋西挠褶带，向西依次为天环拗陷、西缘逆冲构造带，北部为伊盟隆起，南面为渭北隆起。鄂尔多斯盆地中部位于伊陕斜坡内主体位置，北起乌审旗，南至永宁，东起子洲，西至安边，面积约 $5×10^4km^2$，在其中间位置发育靖边气田（2001 年前曾称之为陕甘宁中部气田），其东、西两侧发育有两个醒目的中奥陶世古地貌单元，即东侧的陕北拗陷和西侧的中央古隆起，该隆起被称为"L"形裂谷脊（图 2-1）。

图 2-1　鄂尔多斯盆地现今构造区划分及研究区位置图

　　中奥陶世末，华北地块因晚加里东运动整体抬升，后经历了超过 130Ma 的沉积间断，盆地主体缺失晚奥陶世至早石炭世的沉积。中奥陶统马家沟组地层顶部经受了长期的岩溶作用，风化壳及溶蚀孔、洞、缝发育，并伴有印支期和燕山期裂隙，成为鄂尔多斯盆地下古生界的主要天然气储层及产层。

2.1　构造演化史

　　鄂尔多斯地区属华北陆块西端的次级构造单元，其演化过程受北侧的"古中亚洋盆"、南缘及西南缘的秦祁海槽及伴生的贺兰坳拉槽的扩张、俯冲、消减作用控制，主要经历了中-晚元古代坳拉谷、早古生代陆缘海盆地、石炭纪-早二叠世山西期滨浅海盆地、早二叠世石盒子期-中三叠世内陆盆地、晚三叠世-早白垩世前陆盆地和新生代断陷等若干发展阶段。

2.1.1　中、晚元古代坳拉谷发育阶段

　　元古宙是全球裂谷的发育时期，随着中元古代的到来，鄂尔多斯地块的构造面貌也随之发生了很大变化，除发育裂谷海槽外，还发育了一系列与之相关的坳拉槽。杨俊杰（2002）曾指出，由地壳热点所控制的秦祁裂谷在中、晚元古代形成，并发展为陆间裂谷系。何自新（2003）也认为，受秦祁、兴蒙海槽开裂、扩张的影响，自中元古代早期开始，以地幔热点为三叉点，普遍发生断块破裂与陷落，相继形成一系列坳拉槽。这些坳拉槽自西向东依次为贺兰坳拉槽、晋陕坳拉槽和晋豫坳拉槽（图 2-2）。它们多呈北东、北北东向展布，向古陆方向收敛，向大洋方向敞开。在这三个坳拉槽中，贺兰坳拉槽为陆间坳拉槽，晋陕坳拉槽和晋豫坳拉槽均为陆内坳拉槽，其中晋陕坳拉槽在奥陶纪时期可能还在一定程度上影响了南部地区的沉积格局的展布。

　　由于晋宁运动，贺兰、秦祁、晋陕、晋豫坳拉槽因黏合而关闭，盆地构造特征反映为东北高、向西南倾斜、中部较平缓，发育隆坳相间分布的格架，接受了厚达千米的裂谷沉积。此时，盆地实质上是一个被夹持于南北大洋与贺兰裂谷之间的陆块。

2.1.2　早古生代海相台地发育阶段

　　早古生代时期华北地台的古地形总体是西高东低。鄂尔多斯地块由于南北分别受秦岭海槽和兴蒙海槽的夹持，以及西缘贺兰坳拉槽与东南晋陕坳拉槽的控制，形成了北高、南低、中高、东缓西陡的古构造格局，西南缘成为被动大陆边缘。何自新（2003）则认为，控制寒武纪地质构造演化的力学机制主要为克拉通盆

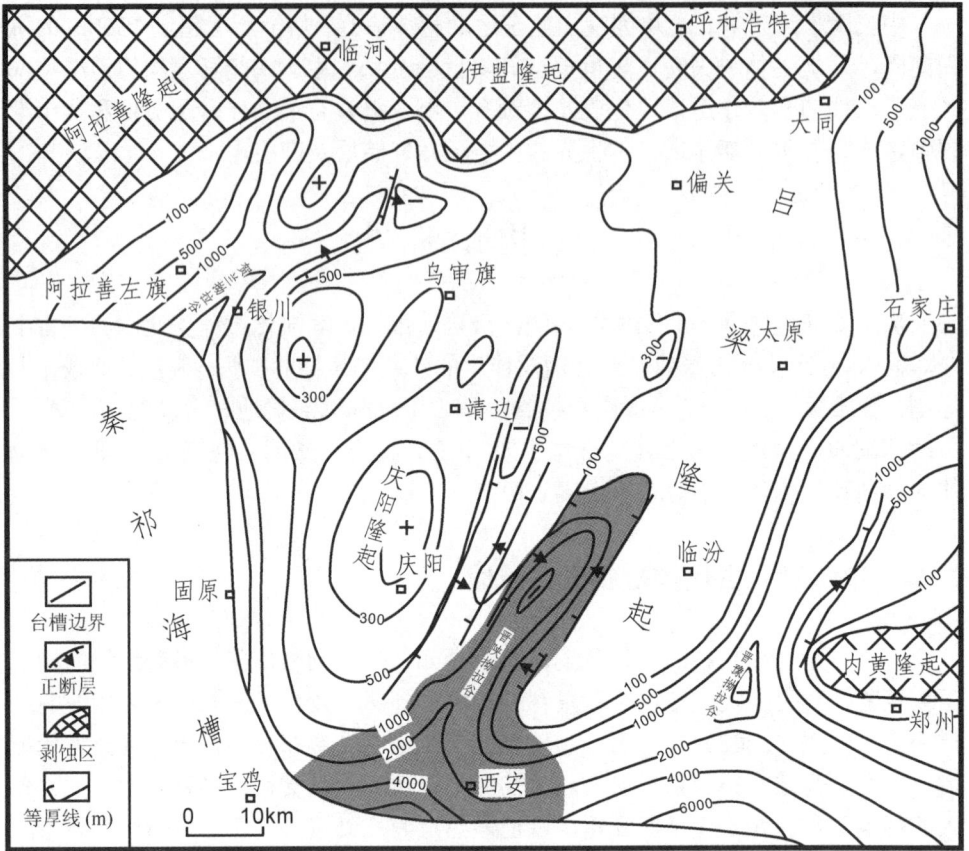

图 2-2　鄂尔多斯地区中晚元古代拉槽分布图（杨俊杰等，1996）

地的南、西边缘海槽的活动，同时寒武纪也在一定程度上受中晚元古代北东、北北东向隆拗构造格局的影响。鄂尔多斯盆地西、南边缘受秦祁海槽裂谷扩张的影响，主要为缓坡型陆缘结构的伸展拆离均衡沉降。构造活动既控制着海陆分布，也控制地貌格局的形成。在构造作用的影响下，除四周发育海槽、拗拉槽外，鄂尔多斯地区基本上呈北高南低、中高东西低的地貌特征。基于如此的地势与海陆分布格局，寒武纪时期的海水进退总体上呈现西进东退的特征，即早寒武世海水自西南缘向北东浸漫，晚寒武世末期的加里东运动引起地貌西隆东降，继而海水向东部退缩（何自新，2003）。

　　奥陶纪时期的主要构造面貌是中央古隆起和古隆起东侧的台内盆地，晋陕拗拉槽则可能与古隆起以南地区的构造特征相同。中央古隆起影响了盆地大部分地区的沉积，晋陕拗拉槽则控制了南部局部地区的沉积。晚寒武世末期的加里东运动，使鄂尔多斯地块短暂抬升，除部分地区仍为海水淹没外，广大地区成为陆地。由于奥陶纪裂谷扩张引起的均衡作用，在裂谷肩处发生翘升，并在盆地中部偏西处形成一个大型隆起，即中央古隆起，其方向与裂谷及南部洋盆走向基本一致。该隆起分布于盐池、定边、庆阳、黄陵一带，北端走向近南北，向南变为北西西向，南端在宁县一带向东转折至黄陵，平面呈"L"形，面积约 $5×10^4km^2$，在其东侧由均衡调节而伴生一边侧拗陷。

中央古隆起的发育可分两个阶段，即早期的贺兰拗拉谷裂谷肩隆起和晚期的贺兰碰撞谷裂谷肩隆起。现略述于下。

（1）贺兰拗拉谷裂谷肩隆起阶段，贺兰拗拉谷位于鄂尔多斯盆地西侧，发育于中元古代至奥陶纪，它是秦祁大洋裂谷初始发育时三叉裂谷的夭折支。裂谷在晚元古代曾一度关闭，早寒武世，在前期初始裂开的基础上进一步拉开，沉积地层厚达 2000m 以上，盆地内厚仅百米。在西部贺兰拗拉谷的扩张和南部陆源海的沉降作用下，在相邻地块内形成了边缘隆起，隆起基本与裂谷轴及南部洋盆走向平行，此即中央古隆起，根据其分布位置人们又称其为盐池-庆阳-黄陵隆起。根据中央古隆起与贺兰拗拉谷的伴生关系分析，应属裂谷肩隆起，是地壳在拉张作用断开时，断口附近拉伸变薄，其下的高密度塑性物质上升补偿质量亏损，从而产生均衡调整，致使裂谷肩部向上抬升而形成的。此种均衡作用随地壳以下深部物质塑性增加而越来越完善。此外，当裂谷肩与裂谷取得均衡时，却又与其旁侧失去了均衡，为取得相应的补偿，在隆起内侧（东侧）形成了拗陷，该拗陷就是补偿拗陷，通常称之为裂谷的边侧盆地，根据其分布位置人们又称其为绥德—延川拗陷带。裂谷-裂谷肩隆起-边侧盆地的均衡模式如图 2-3 所示。这一时期裂谷拉张作用较强，裂谷

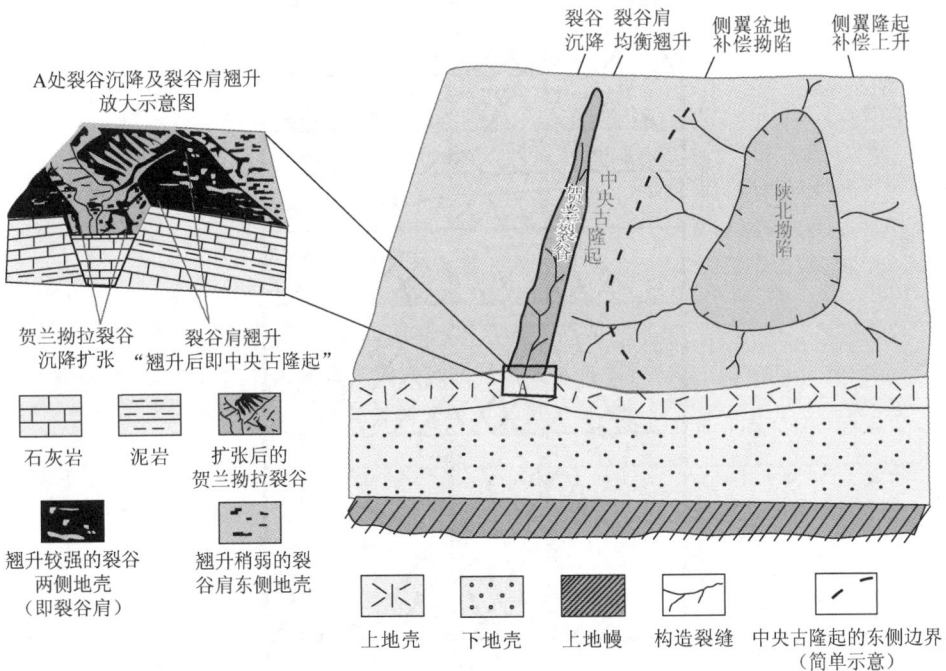

图 2-3　鄂尔多斯盆地裂谷肩均衡翘升及补偿边侧盆地形成模式

侧翼较陡，沉积厚度大，其中桌子山、贺兰山等地都有海底扇发育，但中央古隆起窄陡，紧挨其东侧还发育一次级小隆起，与两侧拗陷幅差达 700～2000m。

（2）贺兰碰撞裂谷肩隆起阶段。在早奥陶世末鄂尔多斯盆地全面抬升剥蚀期间，裂谷肩仍继续进行均衡调整。早石炭世，贺兰裂谷在古特提斯板块向北的推挤作用下，沿早期形成的断裂重新拉开形成碰撞谷。因是造山碰撞时大陆内部应变而产生的，其轴线与碰撞带高角度相交。石炭纪贺兰裂谷的形成，使其东侧的裂谷肩在原裂谷的基础上小幅度翘升，与其伴生的东部边侧盆地也相对缩小和变浅，该状态一直持续到晚二叠世晚石盒子期。在石千峰期，贺兰裂谷关闭隆升，裂谷肩隆起区变成了拗陷。

总之，奥陶纪中央古隆起的形成和演化不仅控制了盆地古地貌、古构造特征与展布，而且还影响了沉积作用、沉积环境和岩相的特征与分布，对古生界烃源岩分布和天然气聚集起到了很重要的作用。

2.1.3 晚古生代滨海平原发展阶段

晚古生代的鄂尔多斯盆地基本继承了奥陶纪时的面貌，仍为西隆东拗格局，但规模及分布均有差异（图 2-4）。根据构造演化、沉积特征和充填层序特点，鄂

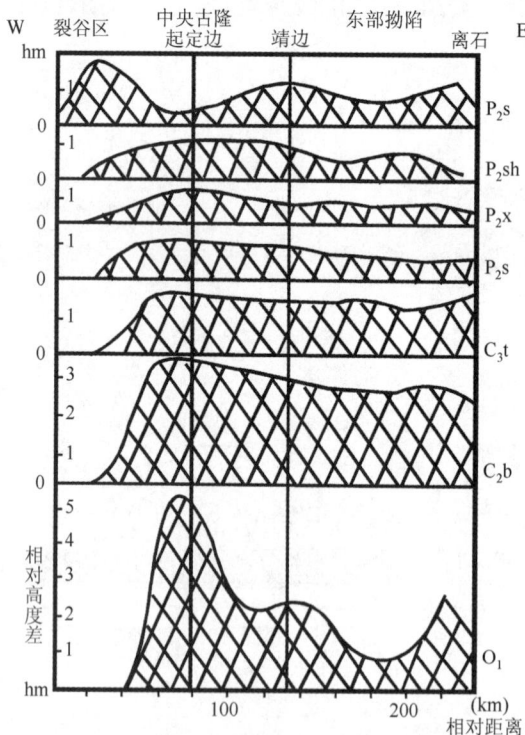

图 2-4　鄂尔多斯盆地中央古隆起奥陶系至二叠系剖面几何形态图（张吉森等，1995）

尔多斯晚古生代沉积盆地的发展，可以区分为两个大的演化阶段和四种沉积盆地类型（图 2-5），即晚石炭世本溪期至早二叠世早期（太原期）的以海相沉积为主的发展阶段，其中包括分布较广的陆表海盆地和西北缘的裂陷盆地；自早二叠世石盒子期起，为盆地演化的第二阶段，即以陆相沉积为主的发展阶段，包括早期的近海湖盆和自二叠世石盒子期开始形成的内陆拗陷盆地。两个演化阶段之间，即以太原期末盆地东西两侧边缘的抬升所形成的风化剥蚀面作为盆地性质转化的关键性界面。

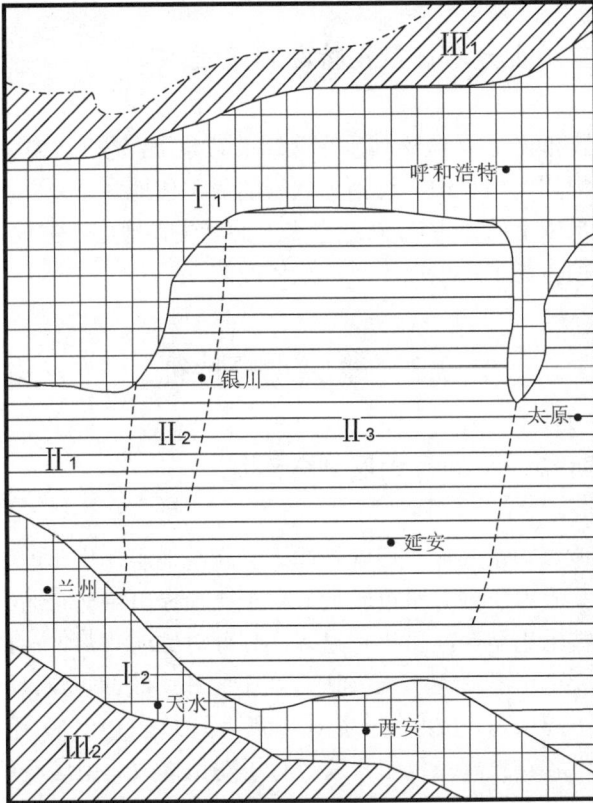

图 2-5　晚古生代鄂尔多斯盆地及其相邻地区古构造图（王鸿祯，1985；唐克东，1992）

Ⅰ隆起区：Ⅰ₁华北北缘基底隆起及早加里东褶皱带；Ⅰ₂祁连-北秦岭基底隆起及加里东褶皱带；Ⅱ盆地区：Ⅱ₁祁连断陷盆地（C）-陆内盆地（P）；Ⅱ₂贺兰裂陷盆地（C）-陆内盆地（P）；Ⅱ₃鄂尔多斯陆表海盆地（C₂）-陆内盆地（P）；Ⅲ裂谷带：Ⅲ₁内蒙裂谷带；Ⅲ₂南秦岭裂谷带

2.1.4　中生代内陆盆地阶段

早、中三叠世时期碰撞裂谷阶段已经结束，开始转化为大华北内陆盆地阶段，总体以均衡沉降为主，但古构造面貌基本仍保持西隆东拗的格局。晚三叠世至早侏罗世延安期，盆地西部发生了强烈的由西向东逆冲推覆作用，在推覆隆起带前方形成沉积厚达 3000m 的前陆盆地，即石沟驿和平凉凹陷，其东部呈南北向延伸的横山堡—泾川隆起则是逆冲构造带前缘调节隆起，再往东为志丹—铜川拗陷带。总的来看，隆起及拗陷带位置均明显西移。中侏罗世，强烈的晚燕山运动使东部山西地块剧烈抬升而导致盆地东部强烈抬升，掀斜形成西倾斜坡，西部则发生强烈逆冲推覆作用而形成深拗陷，使盆地转而成为东隆西拗的古构造格局并一直延续至今。

2.1.5　新生代盆地上升解体及围缘断陷阶段

古近-新近纪期间，在全区整体垂直隆起的背景上，盆地周缘在拉张断陷作用下形成以河套、银川、六盘山、汾渭为代表的新生代地堑系，并在其中堆积了厚达数千米甚至万米以上的以古近-新近系为主的新生界地层。盆地周边构造活跃，断层发育；内部构造稳定，地层平缓，整体西倾。

2.2　地层发育特征

2.2.1　鄂尔多斯盆地奥陶系地层划分对比

鄂尔多斯盆地奥陶系底部、近底部的下奥陶统地层在华北地区称之为冶里组与亮甲山组，但其上地层划分争议较大。自王鸿桢提出将马家沟组分为上、下马家沟组后，一直被沿用至今，虽进行过多次划分对比（盛莘夫，1974；冯增昭，1990；陈晋镳，1997），但在划分方案上存在下统和中统的争议，同时对马家沟组内部划分也存在不同认识。按照第七届国际奥陶系大会（1995）通过的三分方案，国内科研机构、学者对奥陶系地层重新进行了对比修改。中国石油长庆油田分公司的最新划分对比方案，与国际标准方案一致，统、界均由区域性假整合面控制，岩性与古生物组合更趋合理（表 2-1）。

鄂尔多斯盆地奥陶系根据沉积类型可分为中东部、南部及西部三区：中东部及南部为碳酸盐分布区，地层自下而上细分为冶里组、亮甲山组、马家沟组、平凉组、背锅山组，其中中东部缺失平凉组、背锅山组；西部为碳酸盐岩与碎屑岩组合区，缺失下奥陶统，中、上统由下而上划分为中统三道坎组、桌子山组、克里摩里组，上统乌拉力克组、拉什仲组、公乌素组、蛇山组、背锅山组。

表 2-1　鄂尔多斯盆地奥陶系划分对比简表（中国石油长庆油田分公司，2007）

系	统	西部（桌子山）	南部（平凉、淳化、岐山、陇县）			中东部（城川1井、陕15井、榆9井、柳林）
石炭系		本溪组或太原组	本溪组或太原组			本溪组或太原组
奥陶系	上统	背锅山组	背锅山组			
		蛇山组 公乌素组 拉什仲组 乌拉力克组	平凉组			
	中统	克里摩里组	马家沟六段	上下马家沟组	上下马家沟组	马家沟六段
		桌子山组	马家沟五段 马家沟四段			马家沟五段 马家沟四段
		三道坎组	马家沟三段 马家沟二段 马家沟一段			马家沟三段 马家沟二段 马家沟一段
	下统					亮甲山组 冶里组
寒武系	上统		凤山组			

（1）冶里组。在盆地东部岩性主要为浅灰色、浅褐灰色泥质白云岩与竹叶状白云岩，厚度 40～70m。盆地南部主要为黄灰色中厚层白云岩，厚度 60～160m。在西部贺兰山地区为一套灰色含燧石的中厚层泥质白云岩，厚度 110m 左右，与上寒武统整合接触。

（2）亮甲山组。在盆地东部其岩性为富含燧石条带和团块的中厚层白云岩，清水河一带夹有黄绿色页岩，厚度 40～60m。盆地南部与东部的岩性大体相同，沉积厚度 40～120m，与下伏冶里组连续沉积，在怀远运动的作用下，顶部遭受不同程度剥蚀。

（3）上下马家沟组。共分六个岩性段，主要为一套碳酸盐岩夹蒸发盐岩地层，其中马六段相当于华北峰峰组。由于海侵范围及地壳升降运动的不均衡性，导致马家沟组在盆地各地分布有一定差异。

（4）平凉组。主要分布于盆地西、南缘，中部尚未沉积，大体分为上、下两段，下段相当于桌子山地区的乌拉力克组和拉什仲组；上段相当于公乌素组和蛇山组，主要为一套深水笔石页岩与钙屑浊积岩和碎屑浊积岩夹灰绿色砂质泥岩，沉积厚度 300～600m，贺兰山一带最厚达 1000m 以上。南部岩性主要为厚层块状砂屑石灰岩、泥晶石灰岩、颗粒石灰岩和生物灰岩，沉积厚度300～600m。

（5）背锅山组。主要分布于盆地南缘的渭北和陇县地区，岩性为一套灰色、灰褐色块状粉晶石灰岩、砾屑石灰岩和浊积角砾灰岩，厚度300～400m。

2.2.2　鄂尔多斯盆地中部奥陶系地层特征

鄂尔多斯盆地中部缺失下奥陶统冶里组、亮甲山组地层。在中奥陶世，沉积了一套以碳酸盐岩为主夹蒸发岩的地层，称为马家沟组。该组沉积后，晚加里东运动使盆地抬升为陆，直至晚石炭世方又接受沉积，马家沟组顶部遭受到不同程度的剥蚀。

马家沟组沉积期经历了三次海进-海退旋回，在纵向上构成了马家沟组的六个岩性段。在华北地台中、东部，马一、马三、马五段以白云岩为主，夹硬石膏岩、硬石膏质白云岩和石灰岩，马二、马四、马六段则以石灰岩为主，夹白云岩。但鄂尔多斯盆地内部，由于特殊的古地理环境，马一、马三、马五段以白云岩、硬石膏岩和岩盐为主，夹少量石灰岩，马二、马四、马六段为石灰岩和白云岩，在补偿凹陷盆地还有硬石膏岩产出。马六段又称峰峰组，在盆地中部局部残存，主要为石灰岩。各段岩性特征如下。

（1）马一段为深灰色含泥质微-细粉晶白云岩、泥质白云岩夹膏质白云岩，微含陆源砂。向东部相变为硬石膏质白云岩夹盐岩，厚27.6～85.2m。底部与寒武系为假整合接触。

（2）马二段为灰色、深灰色块状微晶石灰岩、硬石膏质白云岩夹微晶白云岩及泥质白云岩，厚45m左右，向东部增厚为100m。

（3）马三段除中央隆起带外，其他地区均有沉积，主要为灰色、浅灰色微晶白云岩、硬石膏质白云岩夹含泥质白云岩，含硬石膏质白云岩及白云质泥岩、盐岩。盐岩向西尖灭，向东逐渐加厚，至米脂、绥德相变为夹硬石膏质白云岩的蒸发岩组合，盐岩厚达58～86.5m。马三段是盆地中蒸发岩分布最广泛的时期。

（4）马四段处于最大海侵期，分布范围最广，主要为深灰、灰色厚层、块状微-粉晶白云质石灰岩、灰色颗粒石灰岩夹粉晶白云岩。白云化呈斑状结构，上部白云岩偶见石膏假晶及石英粉砂，中下部含生屑、砂砾屑等。含牙形刺化石多达15 个种属，有纤细潘德尔刺（*Panderodus gracilis*）、瓜齿褶刺（*Placoding orgchodokta*）等。本段地层在地面剖面中表现为豹皮石灰岩，井下为云斑石灰岩，厚度稳定，西部厚164～173m，东部厚182～184m。

（5）马五段在盆地内沉积范围除中央古隆起外，其他地区均有沉积，处于海退期，岩性纵向变化频繁，主要以白云岩为主，夹石灰岩及蒸发岩，纵向上岩性变化大，厚度大，32.5～357m，可分10个亚段（图2-6）。

地层					自然伽玛曲线	剖面	岩性
统	组	段	亚段	小层			
下二叠	山西组						深灰、灰色泥岩夹灰白色砂岩、煤层
上石炭	太原组						上部为深灰色生物碎屑灰岩，夹煤层或炭质泥岩，下部为灰黑色泥岩与砂岩夹煤层
中石炭	本溪组						灰黑色泥页岩，砂质泥岩夹薄层泥灰岩，底部发育砂岩、铁铝岩
中奥陶	马家沟组	马六					相当于华北地区的峰峰组。盆地东缘为一套块状微晶石灰岩，厚20m左右。盆地中部因受晚加里东期运动，上升遭剥蚀，仅局部保存
中奥陶	马家沟组	马五	$马五_1$	$马五_1^1$			深灰、褐灰色微细粉晶白云岩、角砾状白云岩及含白云质泥岩，含硬石膏结核粉屑白云岩。顶部风化裂缝及溶孔、洞、缝发育，内有黄铁矿、铝土质及泥质渗流粉砂充填
				$马五_1^2$			灰、浅灰色粉晶白云岩、含硬石膏结核或/和柱状晶的粉晶白云岩，夹灰色砂屑白云岩、纹层状白云岩
				$马五_1^3$			灰、浅灰色含硬石膏结核及其溶模孔的粉晶白云岩夹角砾状白云岩及纹层状白云岩
			$马五_2$	$马五_1^4$			深灰色角砾状白云质泥岩、浅棕色粉晶白云岩或灰质白云岩、微晶石灰岩，底部为深灰、灰黑色凝灰岩
				$马五_2^1$			深灰色微细粉晶白云岩、白云质角砾岩
				$马五_2^2$			褐灰色、浅灰色粉晶白云岩，夹白云质角砾岩及残余鲕粒白云岩。见毫米级条板状硬石膏假晶
			$马五_3$	$马五_2^3$			中上部为深灰、灰黑色白云质泥岩、泥云质角砾岩，偶见凝灰质泥岩；下部为灰色粉晶白云岩，裂缝发育，局部含小硬石膏结核及溶模孔
				$马五_3^1$			深灰色泥质白云岩、泥云质角砾岩夹纹层状白云岩。普遍具角砾结构，白云岩角砾间及溶洞、缝中有黑色泥质、白云质细碎屑、渗流粉砂等充填
				$马五_3^2$			深灰色角砾状白云质泥岩夹薄层状微晶白云岩。下部在部分井区夹膏质白云岩、硬石膏岩
			$马五_4$	$马五_4^1$	凝灰岩标志层		为灰、浅灰色粉晶白云岩、角砾状白云岩，前者含小硬石膏结核溶模孔。斑点溶蚀孔洞及裂缝发育。中下部为灰色泥晶白云岩与深灰色白云质泥岩、泥质白云岩或硬石膏岩互层。底部为绿灰、浅棕色凝灰岩
				$马五_4^2$			灰色含泥质白云岩、硬石膏质白云岩与泥晶白云岩及白云质泥岩薄互层
				$马五_4^3$			岩性与$马五_4^2$相似，但下部纯白云岩增多变粗
			$马五_5$	$马五_5^1$			灰黑色微晶石灰岩夹白云岩，底部夹0.1m左右的黑色泥岩
				$马五_5^2$			灰黑色微晶石灰岩，质纯均一，见生物钻孔及零星生物碎屑
			$马五_6$ —— $马五_{10}$				$马五_{10}$、$马五_8$、$马五_6$亚段为浅灰、灰色含硬石膏质白云岩夹微晶白云岩、硬石膏质白云岩及白云岩，向灰岩性变为块状盐岩夹硬石膏层。$马五_6$亚段沉积时是最主要的成盐期。白云岩含藻类增多，发育纹层构造。$马五_9$、$马五_7$亚段为灰、深灰色泥晶白云岩，局部富含藻迹，偶见介形虫、腕足等生物屑及硬石膏假晶

图例									
白云岩	含泥质白云岩	泥质白云岩	白云质泥岩	角砾状白云岩	硬石膏质白云岩	凝灰岩	鲕粒白云岩	石灰岩	白云质石灰岩

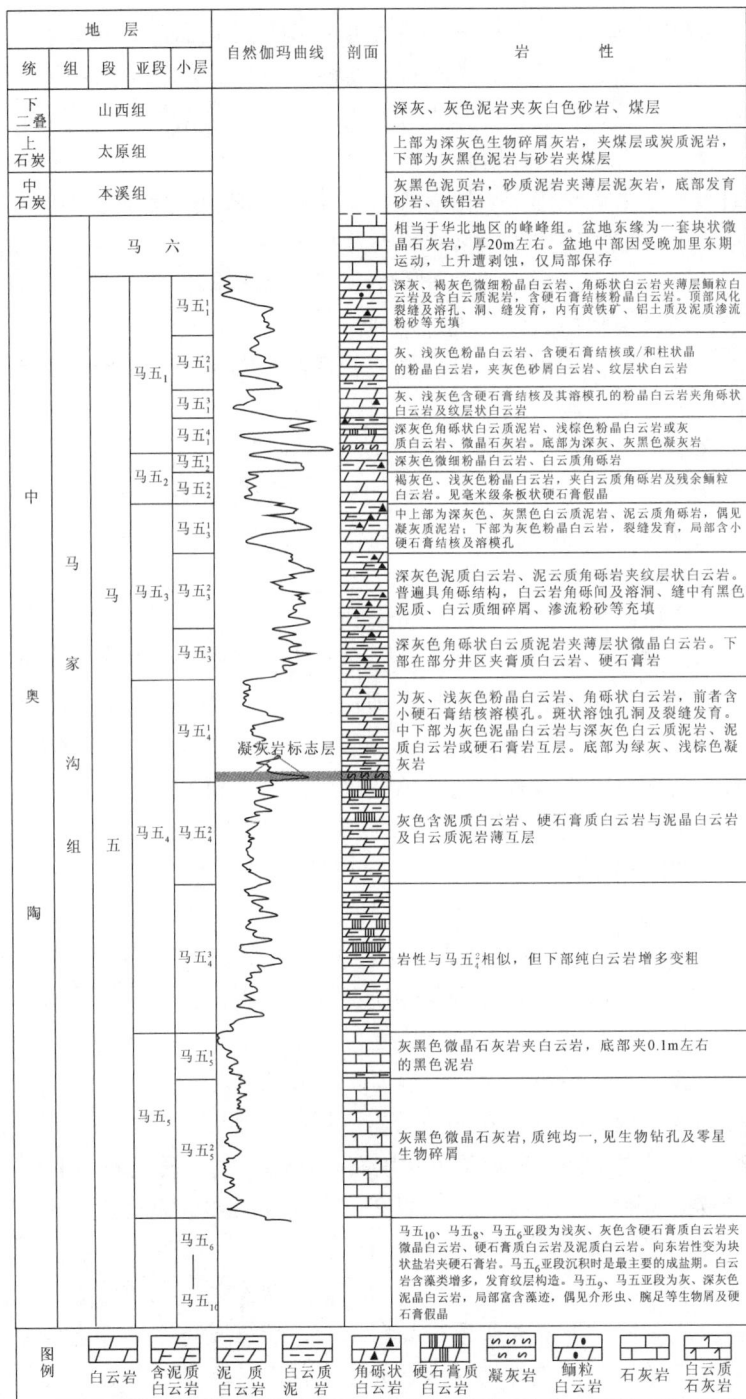

图 2-6　鄂尔多斯盆地中部马家沟组地层综合柱状图

①马五$_1$亚段。马五$_1^1$为深灰、褐灰色微-细粉晶白云岩、角砾状白云岩夹薄层鲕粒白云岩及含白云质泥岩，含硬石膏结核粉晶白云岩。顶部风化裂缝及溶孔、洞、缝发育，内有黄铁矿、铝土质及泥质等充填。上部溶蚀孔发育，有时见结核溶模孔，含气，下部泥质含量增高。测井曲线特征为中高电阻率，低锯齿状时差，自然伽玛曲线上低下高，形成台阶状差异。本层普遍受风化剥蚀，被石炭系地层填积，保存不全，最大残厚13.6m，一般为0～6m。

马五$_1^2$为灰、浅灰色粉晶白云岩，含硬石膏结核溶模孔的粉晶白云岩，夹灰色砂屑白云岩，纹层状白云岩。上部质纯，下部夹2层深灰色白云质泥岩，局部夹岩溶角砾岩薄层。含条板状、针状硬石膏假晶。溶蚀孔洞及针孔发育，含气较普遍。电性特征为高电阻，低平时差，自然伽玛曲线为低平段，下部伸出两个剑状高峰。最厚一般为6.7～7.6m，溶蚀谷处0～3m。

马五$_1^3$为灰、浅灰色含硬石膏结核的粉晶白云岩夹角砾状白云岩、纹层状白云岩，局部见颗粒白云岩薄层，偶见硬石膏假晶，岩溶强烈。硬石膏结核溶模孔发育，常见伴生的张裂缝，是主力气层。自然伽玛为低的箱状，侧向电阻率较低，时差较高，密度显低值。厚度一般为2～4m。

马五$_1^4$的顶部1.5m左右为深灰色角砾状白云质泥岩，局部夹凝灰质泥岩。中部2m左右为浅棕色粉晶白云岩或灰质白云岩、微晶石灰岩，局部为含硬石膏结核的粉晶白云岩。下部1.5m左右为深灰、灰黑色凝灰岩夹白云质泥岩。中部结晶较粗的粉晶白云岩可形成较好的孔隙型储层，为主要产气层之一。底部凝灰岩为区域标志层K1。自然伽玛曲线呈上、下特高中间很低的"燕尾状"，时差及密度曲线及伽玛曲线相似，双侧向曲线呈"反燕尾状"。厚度一般为4～6m，西部仅残厚2～3m。

②马五$_2$亚段。马五$_2^1$的上部为深灰色微-细粉晶白云岩、粉晶白云质角砾岩，下部为灰黑、深灰色白云质角砾岩及泥质白云岩。上部白云岩较致密，物性变好时含气。自然伽玛及时差曲线均显示为上部低平、下部呈剑状突起，双侧向电阻率具有上高下低的变化趋势。厚度一般为2～4m。

马五$_2^2$为褐灰色、浅灰色粉晶白云岩，局部含小硬石膏结核，夹白云质角砾岩及残余鲕粒白云岩，见毫米级条板状硬石膏假晶，发育密集的水平裂隙，为K2标志层，属微孔-裂缝型气层。其具有低的箱状伽玛曲线，低密度、低时差、高电阻率，与上、下邻层易对比。厚3.2～4.5m。

③马五$_3$亚段。马五$_3^1$的中上部为深灰色、灰黑色白云质泥岩、泥云质角砾岩，偶见凝灰质泥岩；下部为灰色粉晶白云岩，裂缝发育，局部含小硬石膏结核及溶模孔，为7号气层。电性特质显示为中上部高、下部低的自然伽玛和锯齿状时差、低密度和中高电阻率。厚度一般为3.4～4.6m。

马五$_3^2$为深灰色泥质白云岩、泥云质角砾岩夹纹层状白云岩，普遍具角砾结构，白云岩角砾间及溶洞、缝中充填黑色泥质。局部去白云岩化。电性特征表现为在大段高伽玛背景上中部有降低，时差呈较高的锯齿状，双侧向电阻率为中高值段。厚度一般为 8～13.8m。

马五 $_3^3$ 为深灰色角砾状白云质泥岩夹薄层状微晶白云岩。下部在部分井区夹膏质白云岩、硬石膏岩，局部去白云岩化，个别井见含气层（含小硬石膏结核溶模孔的粉晶白云岩）。电性特征与马五 $_3^2$ 类似。厚度变化受硬石膏岩影响，一般厚 9m。

④马五 $_4$ 亚段。马五 $_4^1$ 的上部 5m 左右为灰、浅灰色粉晶白云岩、角砾状白云岩，前者含小硬石膏结核溶模孔，斑状溶蚀孔洞及裂缝发育，区域分布稳定，是主要产气层，即 9 号气层。中、下部 7～8m 为灰色泥晶白云岩与深灰色白云质泥岩、泥质白云岩或硬石膏岩互层。底部 1m 左右为绿灰、浅棕色凝灰岩，即 K3 标志层。电性特征表现为二低二高交替变化，低电阻率、中低密度，自然电位显著偏负。厚度一般为 9.8～14.2m。

马五 $_4^2$ 为灰色含泥质白云岩、膏质白云岩与泥晶白云岩及白云质泥岩薄互层。在靖边以西白云岩中含小硬石膏结核溶模孔，见含气显示，为 10 号气层。自然伽玛曲线显示为较高的锯齿状起伏，双侧向电阻率呈尖峰状，密度高。厚度视含硬石膏的数量而变化，厚度为 8.9～22m，一般厚度为 14m 左右。

马五 $_4^3$ 的岩性电性与马五 $_4^2$ 相似，但下部纯白云岩增多且变粗。靖边以西见含气显示，为 11 号气层。厚度为 8～14m。

⑤马五 $_5$ 亚段。马五 $_5^1$ 为灰黑色微晶石灰岩夹白云岩，底部夹 0.1m 左右的黑色泥岩，厚度稳定，一般为 6m 左右。电性特征为大段的低平的自然伽玛，特高电阻率中有一低阻薄层，时差曲线为低的直线段。

马五 $_5^2$ 为灰黑色微晶石灰岩，质纯均一，见生物钻孔及零星生物碎屑，厚度一般为 20m。电性特征与马五 $_5^1$ 相似。

⑥马五 $_{10}$—马五 $_6$ 亚段。马五 $_{10}$、马五 $_8$、马五 $_6$ 亚段为浅灰、灰色含硬石膏质白云岩夹微晶白云岩、硬石膏质白云岩及泥质白云岩。向东岩性变为块状盐岩夹硬石膏岩。马五 $_6$ 亚段沉积时期是最主要的成盐期。白云岩含藻类普遍增多，发育纹层构造。马五 $_9$、马五 $_7$ 亚段为灰、深灰色泥晶白云岩，局部富含藻迹，偶见介形虫、腕足等生物碎屑及硬石膏假晶。

马五段顶部发现斯堪的刺（scandodns rectes Linsttriqe）和胡安刺未定种（Juamograthnsp），与吕梁山马五段相同。在盆地中部本段顶为一侵蚀面，残余厚度 70～100m，与上覆石炭系本溪组为假整合接触。

⑦马六段。相当于华北地区的峰峰组。盆地东缘为一套块状微晶石灰岩，厚 20m 左右。中部因受晚加里东期运动，上升遭剥蚀，仅局部存在。

2.3 沉 积 背 景

早古生代的鄂尔多斯地块进入了克拉通盆地稳定发育时期，在快速海进和缓慢海退演化过程中，沉积了一套全区稳定可追踪、对比的寒武、奥陶纪海相碳酸盐岩夹碎屑岩沉积建造。盆地南侧以宝鸡—洛南断裂为界与秦岭海槽相接，盆地北部以内蒙古陆为界与兴蒙加里东海槽相隔，西以青铜—固原断裂为界与祁连海槽相邻，而西北侧仍为继承性活动的"再生"贺兰拗拉槽（付金华等，2001）。

克拉通盆地边缘活动经历了寒武纪-早奥陶世被动大陆边缘、中奥陶世-晚奥陶世主动大陆边缘两大构造发育阶段。前者以"裂谷边翼缓坡-陆架边缘坡折-内陆棚缓慢沉降台坪"为特征，后者以"裂谷边翼断陷斜坡-陆架边缘肩隆-内陆棚拗陷盆地"为特征（图 2-7）。不同阶段、不同性质和不同方式的构造活动直接影响、控制了盆地内部的沉积建造和构造特征，在区域上呈现平缓的北高南低、拗隆相间的古构造格局，控制了早古生代的古地理展布。现将鄂尔多斯盆地中东部早古生代马家沟期的沉积环境模式、古地理特征及展布分述如下。

2.3.1　沉积环境模式

鄂尔多斯盆地位于华北地台的西缘，马家沟期周期性的海平面升降，即基底的升降，以及古气候的周期性变化受控于华北地台总的变化规律。马一、马三、马五段沉积时气候干燥炎热，海平面降低，发育为低海平面期-高位域早期沉积环境模式，华北地台大部分地区以白云岩沉积为主，夹石灰岩。鄂尔多斯盆地由于当时基底构造的控制，除白云岩外，也沉积了膏质白云岩、石膏岩和岩盐岩。马二、马四、马六段沉积时气候湿热，海平面上升，发育为高海平面期-海进体系域沉积环境模式。马四段时为最大海泛期，部分地区以石灰岩沉积为主，夹白云岩。鄂尔多斯盆地总体上也如此，但同样受基底构造古地形的控制，盆地中部石灰岩沉积厚度则相对减小，并夹一定比例的白云质石灰岩、灰质白云岩和白云岩。

（1）高海平面期-海进体系域沉积环境模式（图 2-8（a））。在马二、马四、马六段沉积期，盆地基底下沉，气候湿热，大气降水丰富，海水补给来自东方、西方次之，由于水体盐度正常，加之缺乏陆源碎屑的带入，全盆地主要接受了清水碳酸盐岩-石灰岩沉积。中央隆起及某些水下高地因水浅主要形成滩相颗粒石灰岩，洼地则形成含颗粒或颗粒石灰岩。内陆棚又分为偏东部的拗陷盆地（称之为内陆棚拗陷盆地亚环境）和该盆地周围的盆缘坪亚环境，盆缘坪

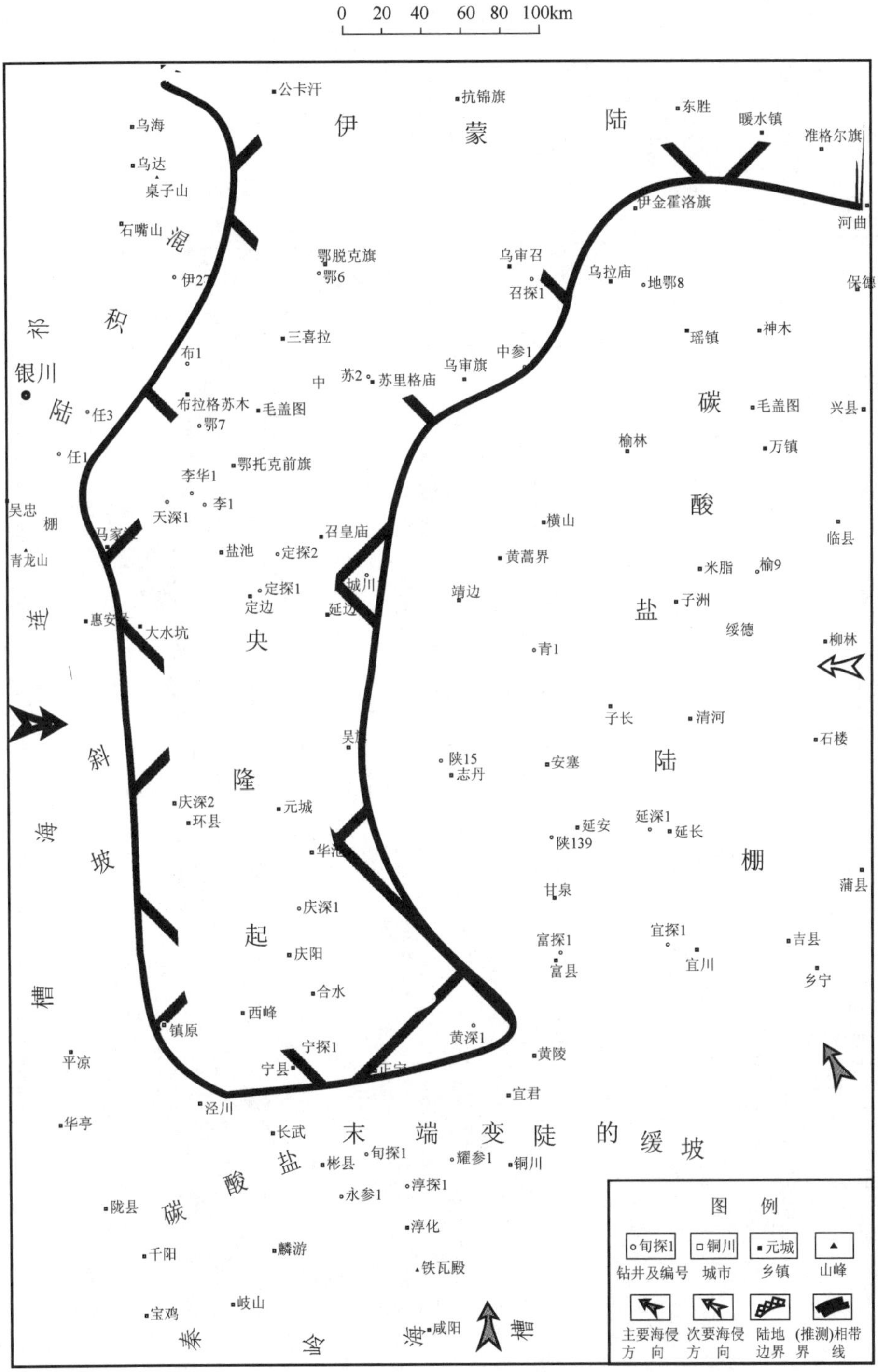

图 2-7　鄂尔多斯盆地中奥陶世马家沟期古地理示意图

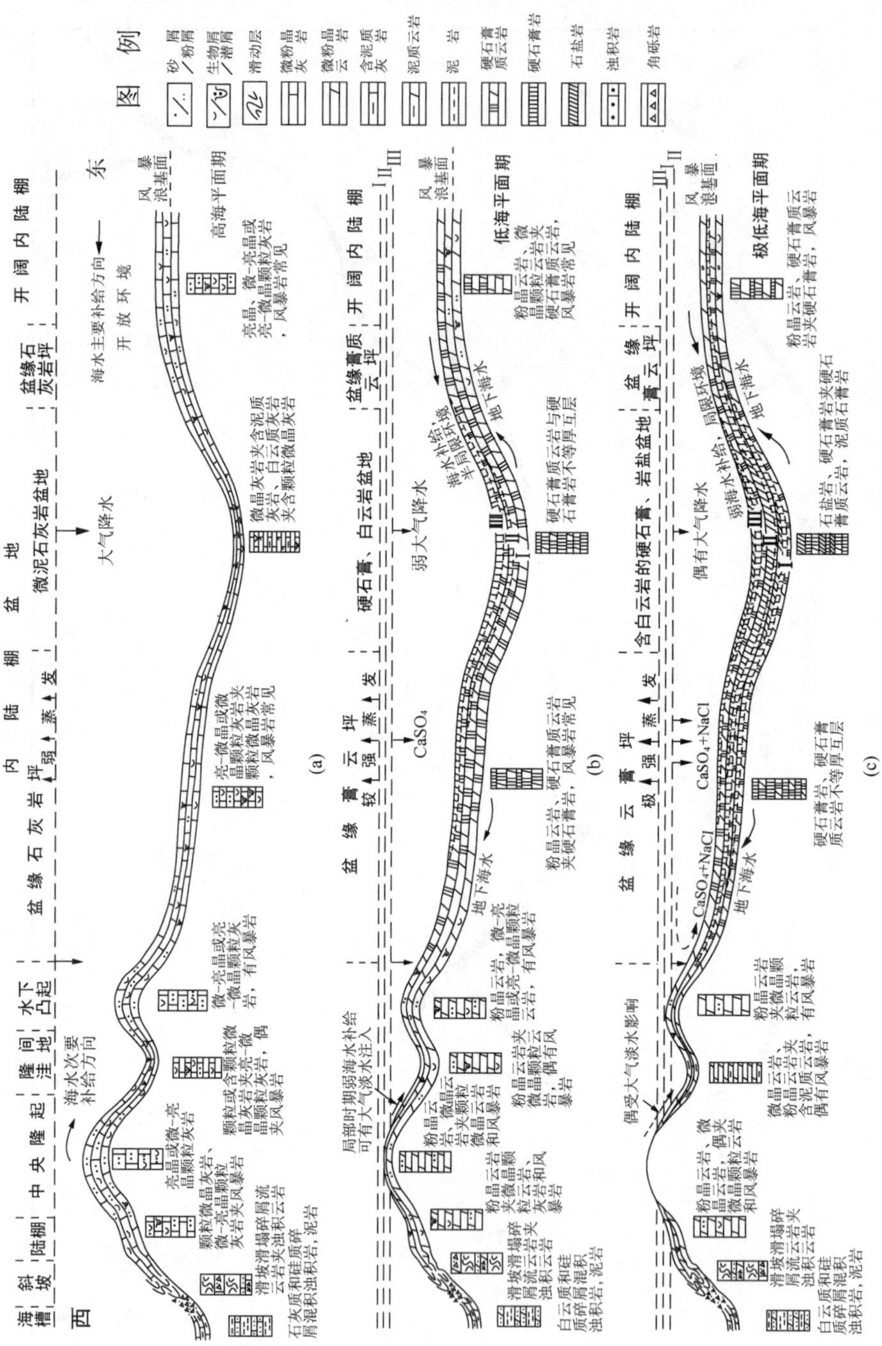

图 2-8 沉积环境模式演化及沉积特征（侯方浩等，2002，略改）

不对称，西侧宽缓，东侧较窄，水较浅，主要沉积亮-微晶或微晶颗粒石灰岩，夹微晶石灰岩。生物、生物潜穴及扰动构造较发育。拗陷盆地中心处于风暴浪基面之下，水循环差，局部时间呈半局限环境，主要沉积微晶石灰岩，少量含颗粒或颗粒微晶石灰岩、泥质石灰岩及白云质石灰岩，偶有灰质白云岩和白云岩夹层。该模式东部的开阔陆棚亚环境则以微晶-亮晶颗粒石灰岩沉积为主，生物发育，内陆棚中风暴岩较发育。

（2）低海平面期-高位域早期沉积环境模式（图 2-8（b））。该时期中央隆起带继续上升，其东的边侧拗陷（即内陆棚拗陷盆地）继续下拗，由于气候趋于干热，蒸发量大于大气降水量，海平面渐次下降，风暴浪基面深度减小。在低海平面早期（图（2-8（b）Ⅰ），海平面仍高于中央隆起，海水主要来自东部，西部补给慢而少，盆地渐变为半局限环境。中央隆起带及水下高地为颗粒白云岩及粉晶白云岩沉积，内陆棚内拗陷盆地以微粉晶白云岩沉积为主，随着 $CaSO_4$ 过饱和，有硬石膏质白云岩沉积；周围盆缘坪形成粉晶白云岩沉积，有微晶颗粒白云岩和颗粒白云岩夹层，风暴岩较发育；最东边的开阔陆棚则形成粉晶白云岩、颗粒白云岩和灰质白云岩沉积，风暴岩常见。

在低海平面中期（图 2-8（b）Ⅱ），海平面继续下降，并接中央隆起带顶面，海水主要靠东部补给，但数量及速度减慢，蒸发量增强，海水循环渐弱，成较强的半局限环境。中央隆起带偶有少量白云岩沉积，局部水下高地仍以粉晶白云岩、亮晶或微晶颗粒白云岩夹微晶白云岩沉积为主；盆缘坪沉积微、粉晶白云岩和硬石膏质白云岩；在内陆棚拗陷盆地中，随深度加大，$CaSO_4$ 的浓度也增大，渐次由硬石膏质白云岩过渡为硬石膏岩沉积。

在低海平面晚期（图 2-8（b）Ⅲ），中央隆起带已暴露于海面之上，海水仅靠东部补给，中央古隆起偶有淡水补给。随海平面下降及风暴浪基面深度减小，海水补给速度和数量进一步减小，加之大气降水减少，蒸发量加大，内陆棚逐渐过渡为局限环境，$CaSO_4$ 饱和度不断增大，盆缘坪和东部开阔陆棚基本上成为粉晶白云岩和硬石膏质白云岩沉积区。在内陆棚拗陷盆地和靠近它的盆缘坪内侧，则出现硬石膏岩沉积。

（3）极低海平面期-高位域晚期沉积环境模式（图 2-8（c））。该时期中央隆起继续抬升，其东侧拗陷盆地演化为深拗陷盆地，海平面已低于中央隆起带。海水主要靠东部补给，速度慢且量少，极强的蒸发作用和偶有的大气降水，使盆地完全处于局限环境，内陆棚拗陷盆地处于浪基面之下，海水中硫酸钙、氯化钠成过饱和状态。

在极低海平面早期（图 2-8（c）Ⅰ），东西开阔陆棚有白云岩沉积，内陆棚拗陷盆地及靠近它的盆缘坪内侧均以硬石膏岩沉积为主，盆地内还有盐岩产出。

在极低海平面中期（图 2-8（c）Ⅱ），环境极度闭塞，海水中硫酸钙、氯化钠高度浓缩，盆缘坪外缘下部可形成硬石膏质白云岩，内陆棚拗陷区几乎都是硬石膏岩沉积，其上有石盐岩形成，越向拗陷中心越厚。东面开阔陆棚区则出现硬石膏质白云岩夹硬石膏岩沉积。

在极低海平面晚期（图2-8（c）Ⅲ），海平面略有升高，硬石膏质白云岩、硬石膏岩和石盐岩的沉积范围有所收缩。东面开阔陆棚中主要沉积了夹硬石膏岩层的白云岩。

2.3.2 沉积亚环境及沉积微环境的主要沉积微相

1）隆侧洼地及水下高地亚环境及微相

（1）浅滩。处于波浪作用带，水搅动强烈，发育于水下局部地形升起处。组成滩的岩石中含碎屑、生屑和包粒等，碳酸盐颗粒含量≥50%，常显示向上变粗的垂向层序，亮晶或泥亮晶填隙。根据主要颗粒种类可细分为砾屑（≥30%）、砂屑、生屑、砂-生屑、鲕粒滩等，以小型滩为主，与滩间洼地、盆缘坪呈过渡关系。

（2）较深水滩。一般处于波浪作用带下部或以下，波浪搅动及能量不太强。颗粒以细-粗粉砂屑级为主，泥、粉晶填隙，组成亮晶或泥-亮晶颗粒石灰岩或白云岩，有砂屑、生屑、砂-生屑和粉屑滩等四种类型。

（3）滩间洼地。相对于滩而言，是地势较低洼、水能量较弱的地带，位于滩间或滩后，分灰泥质滩间洼地和云泥质滩间洼地两种微相。岩石类型为灰、深灰色微晶石灰岩或微晶白云岩，薄-中层状、厚层状，发育水平层理，潜穴发育，生物扰动强烈时呈块状层理，引起选择性白云岩化作用，形成斑状白云岩或云斑石灰岩。

2）内陆棚拗陷盆地亚环境及微相

内陆棚内的范围较宽广的深水洼地，是由中央古隆起形成时在其东侧形成的补偿拗陷发育演化而成，称之为内陆棚内盆地。由于基底构造活动、海侵时期及其强度、干湿气候交替引起的海平面升降及海水盐度的变化，盆地内沉积类型也有所不同，最终演化发育为石灰岩盆地、白云岩盆地、硬石膏岩盆地、盐岩盆地与硬石膏岩-岩盐盆地四种微环境。

（1）石灰岩盆地。一般发育于高水位期或较高水位期，水体较深，盐度正常，主要形成微粉晶石灰岩，夹透镜状、薄层或条带状（含）颗粒微晶石灰岩。颗粒主要为粉晶、球粒、生屑。常见生物（屑）为三叶虫、角石、腹足、双壳类、介形虫、钙球和海绵骨针等。常见水平纹层理，生物扰动构造。

（2）白云岩盆地。一般发育于低水位期或较低水位期，主要形成微晶或细粉晶白云岩、夹（含）泥质白云岩、（含）硬石膏质白云岩、灰质白云岩及微晶石灰岩，有时白云岩中含硬石膏质或石盐晶体，常见水平纹层理。

（3）硬石膏岩盆地。主要发育于低水位的干热时期，蒸发量大于淡水供应量，以硬石膏岩为主，呈层状或鸡雏状结核层，夹少量泥质白云岩，薄层，常含石盐晶体及晶团，常见塑性变形。

（4）石盐岩盆地。发育于强蒸发的干热低水位期，盆底水体缺乏交换，盐度极高。发育两类沉积层序，较常见的一类自下向上为白云岩-石盐岩（夹石膏岩）-白云岩，另一类为白云岩-硬石膏岩-石盐岩（夹硬石膏岩）-白云岩。石盐岩中有时夹泥纹及泥质白云岩纹层，发育块状层理，有时见变形层理。白云岩常含泥质、石盐晶体及团块，发育水平纹层理，有时见波状、透镜状及斜波状纹层理。

（5）硬石膏岩-盐岩盆地。主要形成硬石膏岩与石盐岩等厚或不等厚互层，发育块状、中、薄层状层理及变形层理。硬石膏岩中常含石盐晶体及晶团，有时夹泥质白云岩、白云质泥岩纹层。

3）盆缘坪亚环境及微相

盆缘坪是内陆棚拗陷盆地向古陆及中央古隆起四周缓缓向上倾斜的开阔和较开阔的坪地，主要处于浅水和较浅水环境。盆缘坪亚环境可分为下列五种微环境及微相。

（1）盆缘云（泥）坪微相。主要由微晶-细粉晶白云岩组成。可夹少量硬石膏岩及微粉晶石灰岩，偶有叠层石微粉晶白云岩，可见薄纹层状微粉晶白云岩或含泥质微晶白云岩，夹薄层、透镜状硬石膏岩或二者呈互层产出。风暴作用下常形成竹叶状白云岩。偶见粉晶屑白云岩及砂粉屑白云岩，后者含柱状、针状石膏假晶。有时发育潜穴，生物扰动强时形成斑状白云岩。

（2）盆缘灰泥坪微相。主要由微晶石灰岩及微粉晶石灰岩组成，偶夹鲕粒、球粒石灰岩。部分灰岩中生物潜穴发育，生物扰动强烈，含少量介形虫、棘屑和腕足屑等，潜穴充填物常优先白云岩化，由粉晶白云石充填，形成云斑（豹斑）白云岩。

（3）盆缘硬石膏坪微相。以层状硬石膏岩及白云质鸡雏结核状硬石膏岩为主，夹微粉晶白云岩及少量微晶石灰岩。层状硬石膏岩具水平、微波状纹层理，并可夹微粉晶白云岩纹层，发育塑性变形层理。鸡雏状、瘤状和结核状硬石膏岩的结核大多为厘米级，基质为深灰色含泥质的微晶白云岩，常夹微粉晶白云岩或与之成互层，层理变形显著。

（4）盆缘膏云坪微相。该微环境可分为两类。一类以薄-中层状硬石膏质微晶白云岩、粉晶白云岩或白云质硬石膏岩为主。硬石膏呈板柱状均匀分布于白云岩中，或呈纹层状、条带状、透镜状和串珠状集合体分布，可见水平纹层理、块状层理。另一类为灰、深灰色或褐灰色含小硬石膏结核的粉晶白云岩，中-厚层状，夹微粉晶白云岩或与之呈不等厚互层（图 2-9）。结核大小约 1～5mm 不等，受溶蚀作用形成溶模孔以后被细粉晶亮晶白云石、自生石英、亮晶方解石，有时有少量高岭石晶体充填或半充填，硬石膏溶蚀时导致白云岩形成大量卸压裂碎缝。这类岩石是马家沟组天然气的主要储产层。

（5）盆缘洼地。发育于盆缘坪内的洼地，一般规模不大，水能较弱，随海平面及环境变化，发育成灰泥洼地和云泥洼地等微环境。干热气候时，高密度盐水滞留于洼地中，可发育成硬石膏（可能还有盐岩）洼地。在纵、横向上一般都较快地过渡为盆缘坪的其他微环境。主要岩石类型有微晶石灰岩、微晶白云岩，间或有硬石膏岩或硬石膏质白云岩（图 2-9）。常具块状层理或水平纹层理。有时发育微波状、沙纹层理及透镜层理等。可见潜穴及生物扰动构造。上述各个微相或单独存在或交替出现，其厚度不大，多数在 1m 左右。

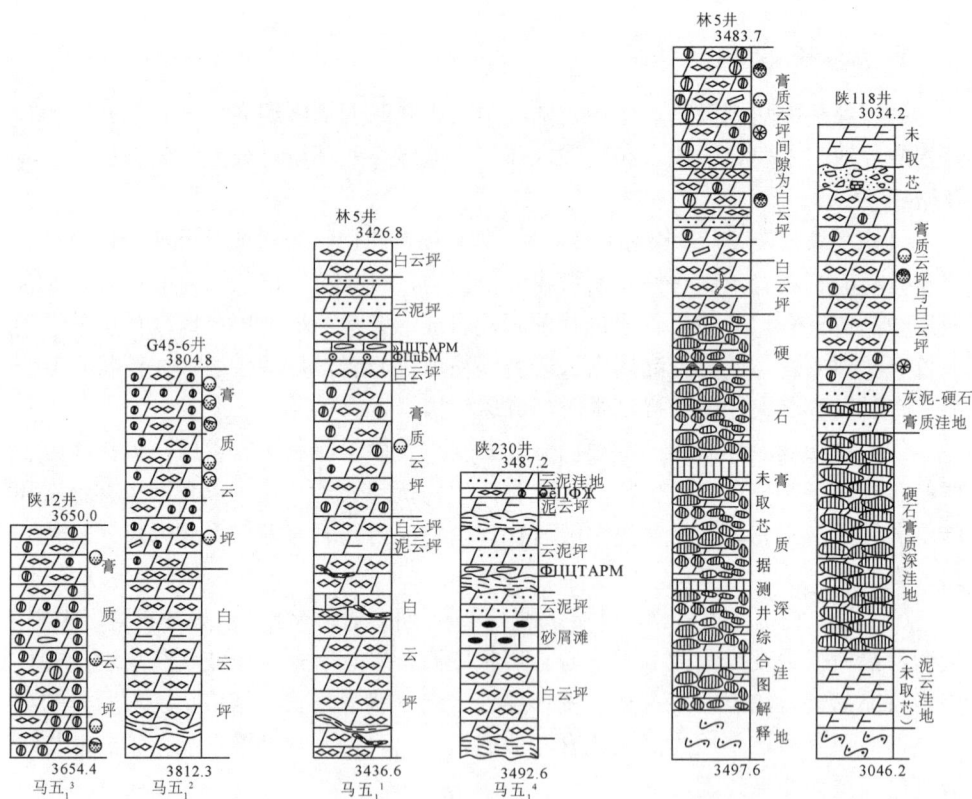

图 2-9　鄂尔多斯盆地马五段沉积相序示意图

2.3.3　岩相古地理

寒武纪末的兴凯运动使鄂尔多斯盆地中、北部上升为陆地,因而区内大部分缺失下奥陶统冶里组、亮甲山组沉积,仅在最东部柳林剖面见有 34m 冶里组白云岩以及残留厚度为 54.3m 的亮甲山组白云岩。但在其南部的缓坡分布区该两组白云岩发育完整。马家沟组除西部桌子山地区无马一段沉积外,在盆地其余处有广泛的发育。马家沟组分为六个段,其岩相古地理特征如下。

1) 马一段岩相古地理特征

马家沟早期即马一时,华北地台开始发生海侵,但由于处于干旱炎热气候期,海平面较低,海水含盐度高,越向西部、北部含盐度越高,马一段地层中除发育白云岩外,还夹有硬石膏岩。由于鄂尔多斯盆地不仅处于华北地台西端,而且西北和北部邻陆,加之西南边出现的"L"形中央隆起及南面的缓坡,均对海水起阻隔和消能作用,致使进入东部陆棚区内陆棚盆地的海水不断浓缩,形成白云岩、硬石膏岩和石盐岩的沉积组合。该盆地主体因而发育为白云岩硬石膏岩盐岩盆地,重卤水在拗陷中心聚积,成为硬石膏岩、石盐岩厚度最大的地区。环绕内陆棚盆地周围的盆缘区海水含盐度低于盆地主体,因而发育为白云岩硬石膏岩盆缘坪。西部陆棚区主要为白云岩发育区,其外侧为紧邻贺兰海槽的斜坡环境,因无钻井资料,推测可能为重力流碳酸盐岩沉积环境。马一时在鄂尔多斯盆地南部,即今渭北隆起区,继承早奥陶世发育起来的缓坡环境,但受干热气候的影响,主要形成含硬石膏岩的白云岩缓坡。

2) 马二段岩相古地理特征

马二时西侧贺兰裂谷扩张作用略有加强,"L"形中央隆起也稍有抬升,但马二时华北地台为基底沉降和气候湿热的海侵期,因此东部陆棚区内陆棚盆地沉积范围有所扩大。此时海水主要来自东方,次为东南方,含盐度远较马一时低,而且东侧盆缘含盐度低于西侧和西南侧,盆地中心偏于东侧且较小,盆缘范围宽阔。盆地中心发育为含硬石膏岩的白云岩石灰岩盆地,向东侧依次发育有白云岩石灰岩盆缘坪以及含白云岩的石灰岩盆缘坪,向西侧主要发育石灰岩白云岩盆缘坪。西部陆棚区在马二时演化为石灰岩陆棚和斜坡,但在最西北角的桌子山地区,受来自伊蒙古陆陆源碎屑注入的影响,发育成混积陆棚和混积斜坡。其外侧斜坡环境因无钻井资料,推测可能仍以重力流碳酸盐沉积岩发育为主。鄂尔多斯盆地南部继承了马一时的缓坡环境,但以发育石灰岩-白云岩缓坡为特征。

3）马三段岩相古地理特征

马三时由于贺兰裂谷扩张急剧加强，裂谷肩部急剧抬升，"L"形中央隆起基本定形，其西翼变得较陡，作为边侧拗陷的内陆棚盆地的下陷幅度加大，成为"深拗"盆地，加之气候转为干热，海平面又急剧下降，处于快速海侵缓慢海退的特殊时期，海水含盐度高并不断浓缩，致使"深拗"海水浓缩成盐，在其中心形成硬石膏岩、石盐岩夹白云岩蒸发岩组合，发育为含白云岩的硬石膏岩石盐岩盆地。由于此时海水来自南方和东南方，因而环绕膏盐盆地的北部、东部和南部盆缘，海水含盐度明显降低，沉积形成的石盐岩急剧减少，白云岩急剧增多，转而发育为硬石膏岩白云岩盆缘坪。西侧盆缘因海水循环差，盐度较高，因而发育为白云岩硬石膏岩盆缘坪。马三时在中央隆起与内陆棚盆地之间出现了水下凸起-隆间洼地亚环境，受中央隆起的淡水影响，主要为白云岩沉积区。西部陆棚区除桌子山地区仍处于混积陆棚及混积斜坡环境外，因海水盐度增高，已发育为白云岩陆棚，往西侧可能仍然发育以重力流碳酸盐岩为主的斜坡-海槽环境。鄂尔多斯盆地南部，仍为继承性缓坡环境，由于海水盐度高，故而演化为白云岩缓坡。

4）马四段岩相古地理特征

马四时是华北地台最大的海侵期，气候又变得湿热，鄂尔多斯盆地的陆棚区主要为石灰岩分布区。海水由东、南、西三方入侵，在内陆棚盆地的拗陷中心，因水体深，循环较差，含盐度相对较高，除石灰岩外还有较多的白云岩形成，最终发育成为白云岩石灰岩盆地。其内盆缘主要发育为含白云岩的石灰岩盆缘坪，向外盆缘则过渡为石灰岩盆缘坪。可以看出，中央隆起带绝大部分被淹没，仅残存南端一小块陆地，此时的水下凸起-隆间洼地在北段主要为石灰岩发育区，向南段则过渡为白云岩、石灰岩分布区。原中央隆起现已转变为水下凸起。西部陆棚区主要为石英岩沉积区，毗邻的斜坡环境中发育各类重力流石灰岩。鄂尔多斯盆地南部缓坡则演化为白云岩-石灰岩缓坡环境。

5）马五时岩相古地理特征

马五时鄂尔多斯盆地（图 2-10）仍基本上继承了马三、马四时的古地貌。马五时华北地台转变为干旱炎热的气候，盆地基底抬升，海平面下降。盆地内海水主要来自东面，但因华北地台整体海平面降低，加上沉积底质对海水的消能，因此对鄂尔多斯盆地中、北部（主体）补给的海水相对较少，且循环性差，具有较高的含盐度。西部海水只在局部时期翻越中央隆起带和伴生的次级隆起带进入盆地内。同样，南部由于受中央古隆起阻隔和白云岩缓坡的存在，向盆地内补给的海水量也不大，且含盐度也高。一方面盆地内注入的海水本身盐度较高，

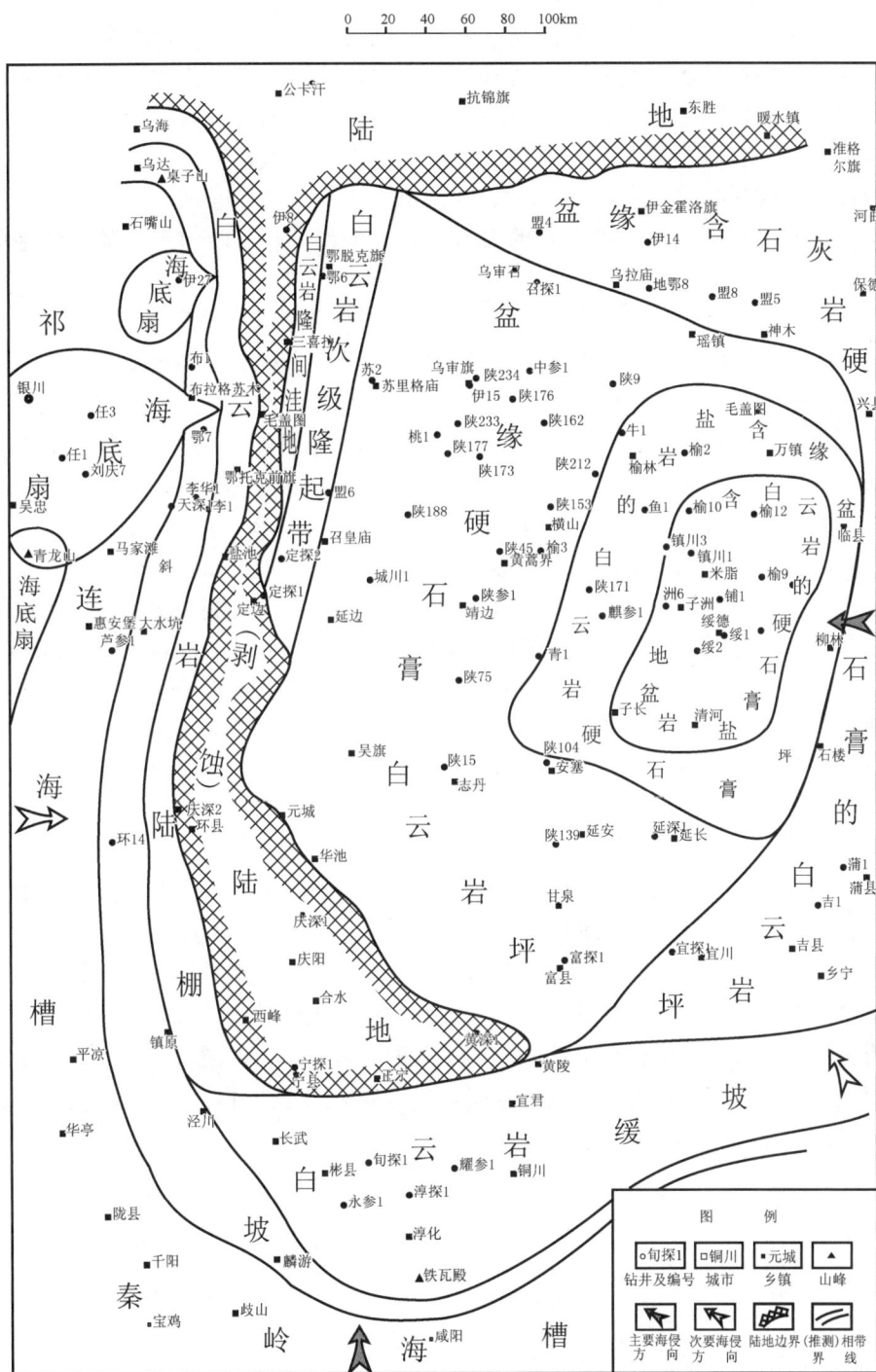

图 2-10　鄂尔多斯盆地中奥陶世马家沟期马五时岩相古地理图（侯方浩等，2002）

另一方面蒸发量大，海水不断浓缩，导致盆地内海水含盐度不断升高。内陆棚盆地深拗陷中心沉积了硬石膏、岩盐岩及少量白云岩，发育为含白云岩的硬石膏岩盐岩盆地，沉积厚度也最大。沿深拗陷中心周边的盆缘区，形成围绕膏盐岩盆地中心的含石盐岩的硬石膏白云岩。随着海水变浅，含盐度变低，西部和西南部发育成盆缘硬石膏-白云岩坪。东边和东南角受来自东面和东南角海水的影响成为盆缘含石灰岩、硬石膏的白云岩坪。西部的次级隆起带和隆间洼地成为白云岩沉积区。

"L"形中央隆起带无马五段地层，但马五时部分时间内是应该有沉积的。地震剖面显示两侧反射层均向中央隆起带缓慢的上超。从沉积学角度讲，当隆起带上接受沉积时，其上的沉积厚度应较隆起带两翼的厚度小，并沿翼部向下倾斜沉积。当隆起带上无沉积时，两翼的沉积层向隆起带超覆。马家沟末期发生的太康运动至石炭纪再度沉积前，经历了 1.3 亿年的剥蚀期，目前国内较公认的结论是，马家沟组上部被剥蚀掉 200m 左右的地层。因此，"L"形中央隆起带上马五时部分时间内沉积的马五段地层已被剥蚀，在"L"形隆起带南面转折处，即分别由贺兰裂谷和秦祁裂谷扩张形成的纵向和横向裂谷脊交汇处隆起且更高，被剥蚀的范围更广，地层更多。中央隆起带以西发育了白云岩陆棚和石灰岩-白云岩斜坡。在祁连海槽区发育了海底扇。青龙山剖面马五段厚达 267.4m，应该是由鄂尔多斯盆地台缘向西和西华山古隆起向北方向的浊积扇叠复沉积而来。鄂尔多斯盆地南部，即渭北隆起区仍发育为白云岩缓坡。

6）马六时岩相古地理

马六时，峰峰组华北地台气候又转为湿热，并再度海侵，鄂尔多斯盆地中、北部成为石灰岩陆棚。于太康运动后又经历 1.3 亿年漫长的剥蚀，目前"L"形隆起带以东仅见到残厚 4～17m 不等的峰峰组石灰岩地层。按公认的华北地台马家沟组顶部平均被剥蚀 200m 的设想，可能当时在中央隆起带上有峰峰组的沉积。在西缘残剩有石灰岩陆棚和斜坡，在祁连海槽区、桌子山地区为一套以钙屑浊积岩和深水泥岩、泥灰岩为主的沉积剖面。鄂尔多斯盆地南部，即渭北隆起区，发育为白云岩-石灰岩缓坡。

第3章 白云岩与硫酸盐岩复合建造及成因演化

在印支运动发生前，中国最重要的白云岩与硫酸盐岩复合建造发育时代是震旦纪、寒武纪、奥陶纪、石炭纪和三叠纪，主要发育在相对稳定的陆表海局限盆地，具有面积大、硫酸盐岩厚度大、成盐旋回简单等特点，多数处于构造运动导致的海退旋回中，甚至处于末期阶段。陕北奥陶纪膏盐盆地与鄂尔多斯盆地陆核几乎重叠，上扬子地区的四川三叠纪成盐盆地位于川中陆核之上（郑绵平等，2010）。这些资料与国外巨型海相成盐盆地发育于克拉通盆地内的认识是一致的。

华北地台奥陶纪蒸发盐岩类（石膏、硬石膏）沉积分布在今东经 108°～120°，北纬 32°～40°的广大地区，发育面积超过 $60 \times 10^4 km^2$，是中国大型蒸发盆地之一（图 3-1）。

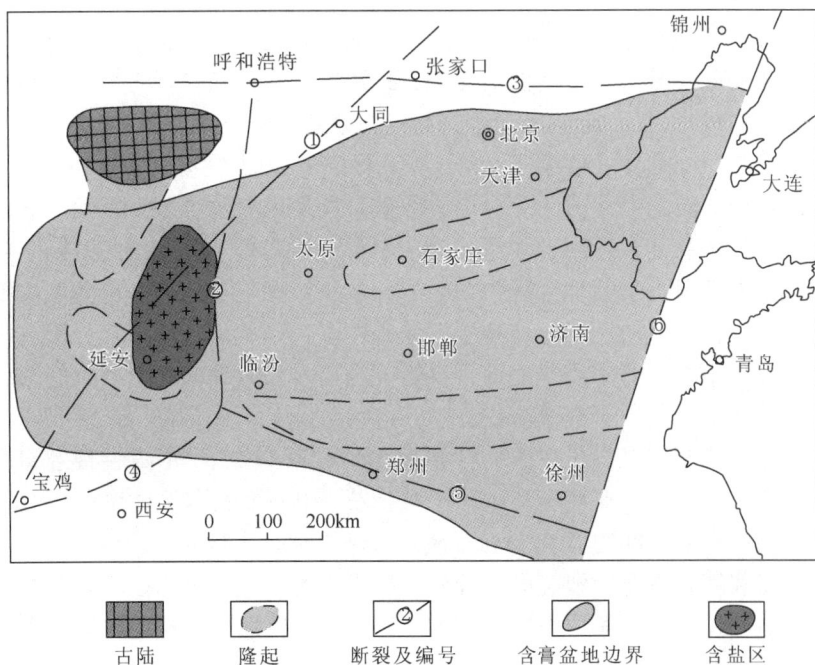

图 3-1 华北蒸发盆地内构造略图（刘群等，1994 年）

①大同—吴旗断裂；②吕梁断裂；③乌拉山断裂；④渭北断裂；⑤郑州—宿县断裂；⑥坦庐断裂

早奥陶世华北地台周边有古陆与岛群，内部自东向西依次形成多级膏盐盆地，大致为：吕梁山以西形成陕北含钾盐的石盐盆地（米脂拗陷），吕梁山以东主要是石膏沉积区，在晋、冀、鲁等省形成大型石膏矿床，仅在山西临汾钻井中见到次生石盐脉。华北含膏盆地地处华北克拉通盆地的中部，位于三拗二隆构造带的中央拗陷带（冯增昭等，1990）。拗陷带以临汾—邯郸—济南一线为中心，呈近东西向展布，同时受大同—吴旗断裂、乌拉山断裂、郯庐断裂、郑州—宿县断裂和渭北断裂所控制。这一大型拗陷盆地为大规模的盐类沉积提供了良好的构造条件。陕北石盐盆地处于华北含膏盆地的西部，构造上称其为米脂拗陷或陕北拗陷，这个北北东向拗陷是一长期的继承性拗陷，同时，该拗陷的中心部位也是大同—吴旗深大断裂所通过的部位。据长庆油田和原地矿部三普等单位研究证实，大同—吴旗深大断裂在古生代期间有相对活动的迹象。据此可以推断，陕北石盐盆地可能是一同期沉积的拗陷盆地，在马家沟组由山西断隆区（离石隆起）越过吕梁断裂带进入沉陷较深的陕北箕状盆地，有利于汇聚广大区域内的卤水，形成石盐盆地。

3.1　白云岩与硫酸盐岩复合建造

鄂尔多斯盆地马家沟期，由于华北地台西侧贺兰裂谷扩张，在地壳均衡作用下导致裂谷肩部翘升，同时南面渭北隆起地块向北逆冲和左行走滑，导致盆地的西缘和南部形成一"L"形的隆起带。同样在地壳均衡补偿条件下，在"L"形隆起带内侧发育一个边侧补偿拗陷盆地（米脂拗陷）。由于盆地北面为伊盟古隆，从东面逐渐抬升过渡为广袤的华北地台。因此，盆地内海水主要由东面华北地台供给。马家沟期华北地台经历了 3 个周期的干湿气候交替（伴随地壳升降）阶段。在干旱气候条件下，华北地台区为白云岩段沉积，拗陷盆地区海水高度浓缩，为硬石膏岩和岩盐岩段的沉积；在潮湿气候条件下，华北地台为石灰岩段沉积，拗陷盆地区环境闭塞，海水靠华北地台供给，经历漫长旅途向盆地补给的海水也必将浓缩，为白云岩及硬石膏段沉积。

马五期，鄂尔多斯盆地中部位于拗陷盆地核部与"L"形隆起带之间，发育为浅水和较浅水盆缘坪亚环境，沉积了含硬石膏结核和柱状晶的微晶白云岩。但因其所经历的地质时间约 1.972Ma，在大跨度的时间范畴内，一方面，受鄂尔多斯盆地西缘祁连裂谷海槽和南面秦岭海槽扩张影响，盆地发生以沉陷为主、脉动式的升降运动，另一方面，受短周期的干湿气候变化影响，盆地内海水含盐度频繁变化。

上述因素间接导致鄂尔多斯盆地中部马五$_4$—马五$_1$亚段沉积时，盆缘云（泥）坪、盆缘硬石膏坪、盆缘膏云坪等三种主要沉积环境交互出现，形成了不同的白云岩与硫酸盐岩复合建造，奠定了优质岩溶型储层发育基础（图 3-2 和表 3-1）。

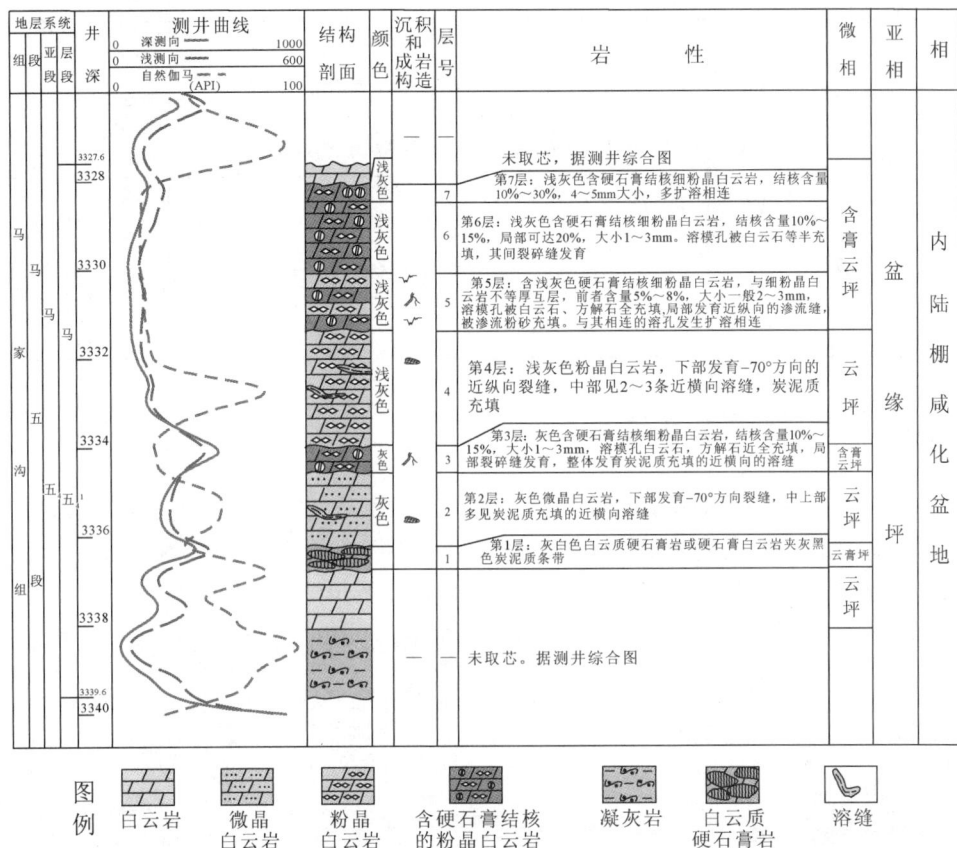

图 3-2　鄂尔多斯盆地中部陕 179 井马家沟组马五 4^1 小层复合建造

表 3-1　鄂尔多斯盆地中部马家沟组白云岩与硫酸盐岩复合建造组合

组	段	亚段	层	现存厚度/m	白云岩与硫酸盐岩复合建造	沉积环境
马家沟组	马五	马五₁	马五₁¹	0～8	微晶-细粉晶白云岩为主，夹含硬石膏结核白云岩	盆缘云（泥）坪夹盆缘膏云坪
			马五₁²	0～9	含硬石膏结核白云岩，细粉晶白云岩为主	盆缘膏云坪
			马五₁³	0～4	含硬石膏结核白云岩为主，夹细粉晶白云岩	盆缘膏云坪
			马五₁⁴	0～6	微晶-细粉晶白云岩为主，夹含硬石膏结核白云岩	盆缘云（泥）坪夹盆缘膏云坪
		马五₂	马五₂¹	0～4	微晶-细粉晶白云岩	盆缘云（泥）坪
			马五₂²	0～4.5	细粉晶白云岩为主，夹含硬石膏结核白云岩	盆缘云（泥）坪夹盆缘膏云坪

续表

组	段	亚段	层	现存厚度/m	白云岩与硫酸盐岩复合建造	沉积环境
马家沟组	马五	马五₃	马五₃¹	5~6	微晶-细粉晶白云岩	盆缘云（泥）坪
			马五₃²	10~12	微晶白云岩，夹白云质硬石膏岩	盆缘云（泥）坪夹盆缘硬石膏坪
			马五₃³	9~10	白云质硬石膏岩、微晶-细粉晶白云岩为主	盆缘硬石膏坪、盆缘云（泥）坪
		马五₄	马五₄¹	10~14	含硬石膏结核白云岩、粉晶白云岩为主，夹硬石膏岩	盆缘膏云坪-盆缘云（泥）坪
			马五₄²	13-15	微晶-细粉晶白云岩为主，夹白云质硬石膏岩	盆缘云（泥）坪夹盆缘硬石膏坪
			马五₄³	8~14	微晶-粉细晶白云岩为主，夹白云质硬石膏岩	盆缘云（泥）坪夹盆缘硬石膏坪

3.1.1　泥粉晶白云岩建造

　　泥粉晶白云岩建造发育于盆缘云（泥）坪环境，天气湿热，海平面较高，海水盐度略高，主要由泥晶-细粉晶白云岩组成，具泥粉晶结构及镶嵌接触，泥质含量一般为 5%~30%，有时含陆源石英和粉砂，化石少见（图 3-3（a）、（b））。

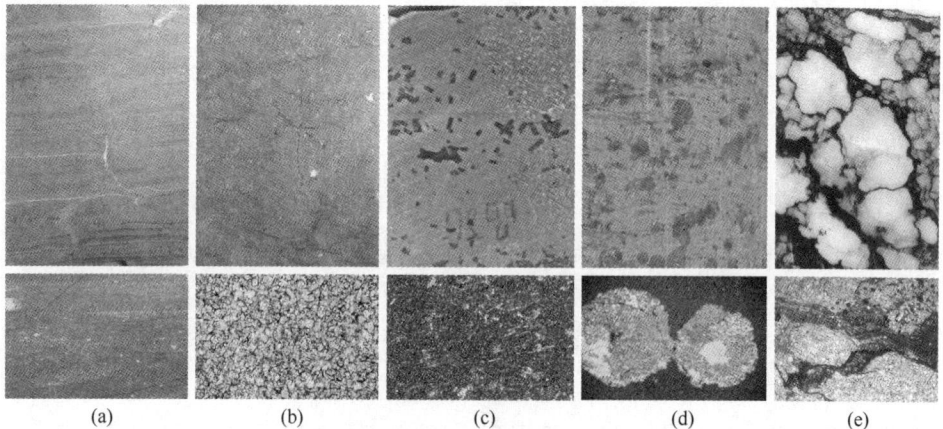

(a)　　　　　(b)　　　　　(c)　　　　　(d)　　　　　(e)

图 3-3　鄂尔多斯盆地中部马家沟组典型复合建造序列示意图

图 3-3（a）上部分为含泥质微晶白云岩，具微波状层理和微冲刷构造，取自陕 187 井、马五段；图下部分为含泥质微晶白云岩，泄水（管）构造内注入的微晶白云岩中含极细的石英粉砂岩，取自陕 187 井、马五段。单偏光、×20倍。图 3-3（b）上部分为细粉晶白云岩，局部见微波状层理，取自陕 149 井、马五段。图下部分为细粉晶白云岩，具镶嵌结构，晶间孔发育取自陕 149 井、马五段，单偏光、×50 倍。图 3-3（c）上部分为含硬石膏柱状晶的微晶白云岩，大小不等的柱状晶纹层交互出现，取自陕 193 井、马五段。图下部分为柱状晶多沿 b 轴延伸的纤状、柱状、和板柱状交代于泥粉晶白云岩中，取自陕 193 井、马五段，单偏光、×10 倍。图 3-3（d）上部分为含硬石膏小结核的粉晶白云岩（硬石膏小结核因硬石膏晶格中替代 Ca²⁺ 的 Fe²⁺ 析出，氧化成 Fe³⁺，故显铁锈色），取自陕 193 井、马五段；图下部分为硬石膏结核交代粉晶白云岩，结核内见大量交代残留的白云石，取自陕 193 井、马五段，正交偏光、×30 倍。图 3-3（e）上部分为含泥白云岩质硬石膏岩、硬石膏结核成鸡雏状构造，取自榆 3 井、马五段；图下部分为鸡雏状硬石膏岩，结核间为泥质白云岩"充填"，后者表现出塑性流动状态，取自榆 3 井、马五段，单偏光、×20 倍。

常见的沉积构造有水平纹层、微波状纹层和波痕等。通过 X 射线衍射和碳、氧同位素分析（表 3-2），微晶-细粉晶白云岩的有序度变化在 0.65～0.95，平均为 0.77，有序度特征显示中等。其 $CaCO_3$ 摩尔含量则为 45.9%～53.2%，平均为 50.71%，略富钙。偏低的有序度反映白云石形成于结晶速度较快的环境。碳、氧同位素值中 $\delta^{13}C$（PDB）为 −1.5‰～0.83‰，平均为−0.32‰；$\delta^{18}O$（PDB）值为 −5.29‰～−10.5‰，平均为−7.58‰，表明微晶-细粉晶白云岩形成时已受到大气水的影响，属于蒸发盆缘云（泥）坪的产物。此外，可见夹少量含硬石膏结核或柱状晶的细粉晶白云岩、微粉晶石灰岩，风暴作用常形成竹叶状白云岩，偶见粉晶屑白云岩及砂粉屑白云岩。

表 3-2　鄂尔多斯盆地中部马家沟组泥粉晶白云岩经 X 衍射和稳定碳、氧同位素分析的相关数据

样品号	岩石名称	层位	X 射线衍射		稳定碳、氧同位素分析数据		
			有序度	$CaCO_3$ 摩尔含量/%	$\delta^{13}C$（PDB）/‰	$\delta^{18}O$（PDB）/‰	井号
1	灰色纹层状泥晶白云岩	O_2m_5	0.70	53.2	−0.92	−5.29	陕 149 井
2	灰色薄层状细粉晶白云岩	O_2m_5	0.75	50.8	0.11	−6.81	陕 175 井
3	灰色中层状细粉晶白云岩	O_2m_5	0.85	51.9	−1.51	−8.42	陕 187 井
4	灰色块状泥晶白云岩	O_2m_5	0.81	48.6	0.83	−9.03	陕 232 井
5	灰色中层状细粉晶白云岩	O_2m_5	0.68	53.1	−1.50	−6.16	陕 15 井
6	浅灰色块状细粉晶白云岩	O_2m_5	0.95	45.9	0.51	−7.27	桃 4 井
7	灰色薄层状细粉晶白云岩	O_2m_5	0.65	50.7	0.29	−10.5	乌 16-9 井
—	平均	—	0.77	50.71	−0.32	−7.58	—

3.1.2　含（膏）白云岩与白云岩复合建造

1）含（膏）白云岩与白云岩复合建造特征

含（膏）白云岩与白云岩复合建造发育于盆缘膏云坪环境，天气较为干热，海平面较低，海水盐度较高，可分为以下两类。一类为含硬石膏小结核的细粉晶白云岩（图 3-3（d））和细粉晶白云岩组合，为天然气主要储集体。由于短周期的气候变化，水体含盐度变化较大，导致上述两类岩性在不同的层段中发育程度不等，可以组成中、厚层的不等厚互层。硬石膏结核大小 1～5mm，含量为 10%～30%，多被溶蚀形成溶模孔。另一类为薄-中层状硬石膏质微晶白云岩（图 3-3（c））和微粉晶白云岩。硬石膏呈板柱状均匀分布于白云岩中，或呈纹层状、条带状、透镜状、串珠状集合体分布，可见水平纹层理、块状层理。白云岩晶体表面较污浊，半自形或其他形，多呈镶嵌接触，少数具雾心亮边。

经 X 射线衍射分析（表 3-3）表明，该类白云岩中的白云石一般具有较高的相对有序度，为 0.87~1，平均为 0.95；$CaCO_3$ 摩尔含量为 48%~51.1%，平均 49.2%，比较接近化学计量。据此看，其白云岩化作用应是在比较稳定的条件下发生的。经碳、氧同位素分析数据（表 3-4）显示，碳同位素 $\delta^{13}C$ 值为 $-1‰$~0.80‰，平均为 0.16‰，氧同位素 $\delta^{18}O$ 值为 $-6.4‰$~$-10.5‰$，平均为 $-8.34‰$，可以看出碳同位素 $\delta^{13}C$ 为低正值，氧同位素 $\delta^{18}O$ 为较大负值，并且最小达 $-10.50‰$，可见碳、氧同位素都有曾受大气淡水或较高温度影响的可能，但与同期石灰岩相比，$\delta^{13}C$ 值明显偏高。表 3-4 显示，同期灰岩的 $\delta^{13}C$ 值为 $-0.62‰$~$-3.27‰$，平均为 $-2.00‰$；$\delta^{18}O$ 值为 $-10.37‰$~$-7.73‰$，平均约 $-8.82‰$。相比之下白云岩的 $\delta^{13}C$ 值明显高于灰岩对照样的 $\delta^{13}C$ 值，其 $\delta^{13}C$ 值达 1.84‰，二者的 $\delta^{18}O$ 值基本相同（仅低 0.18‰）。

表 3-3 鄂尔多斯盆地中部含硬石膏结核的白云岩经 X 衍射及 $CaCO_3$ 摩尔含量分析的数据

岩石名称	层位	有序度	$CaCO_3$ 摩尔含量/%	井号及井深/m
浅褐灰色膏模泥-粉晶白云岩	O_1m_5	0.87	51.1	洲 6 井/3/40-62
浅褐灰色膏模粉晶白云岩	O_1m_5	1	49	桃 2 井/3417.74
浅褐灰色膏模粉晶白云岩	O_1m_5	1	49	城川 1 井/3635.80
浅灰色膏模泥晶白云岩	O_1m_5	0.96	49	陕 101 井/3761.60
灰色膏模泥-粉晶白云岩	O_1m_5	1	48	陕 101 井/3787.40
灰色膏模泥-粉晶白云岩	O_1m_5	0.89	49	陕 153 井/3028.04
平均值	—	0.95	49.2	—

表 3-4 鄂尔多斯盆地中部含硬石膏结核的白云岩碳、氧同位素特征

岩石名称	层位	$\delta^{13}C$ (PDB)/‰	$\delta^{18}O$(PDB)/‰	井号及井深/m
浅灰色膏模泥晶白云岩	O_1m_5	1.03	-6.13	陕 101 井/3761.60
灰色膏模泥晶白云岩	O_1m_5	0.24	-8.71	陕 101 井/3787.40
灰色膏模泥-粉晶白云岩	O_1m_5	0.52	-8.2	陕 153 井/3028.04
浅褐灰色膏模粉晶白云岩	O_1m_5	0.80	-6.4	城川 1 井/3635.80
浅褐灰色膏模泥-粉晶白云岩	O_1m_5	-1	-10.5	洲 6 井/3/40-62
灰白色膏模泥-粉晶白云岩	O_1m_5	-0.61	-10.08	洲 6 井/3/49-62
平均值	—	0.16	-8.34	—
岩石名称	层位	$\delta^{13}C$ (PDB)/‰	$\delta^{18}O$(PDB)/‰	井号及井深/m
灰色颗粒灰岩（对比样）	O_1m_5	-2.12	-10.37	柳林剖面
生屑灰岩（对比样）	O_1m_5	-0.62	-8.36	柳林剖面
灰色砂屑灰岩（对比样）	O_1m_5	-3.27	-7.73	铁瓦殿剖面
平均值	—	-2	-8.82	—
平均差值	—	高 1.84	高 0.48	研究样比对比样

　　根据岩石学、X 射线衍射与碳氧同位素分析资料，此类白云岩的形成机理有如下可能：蒸发泵白云石化，并受大气淡水改造；埋藏成岩白云石化；局限海-回流渗透白云石化。若为第一种情况，即蒸发泵白云石化，则有违较高的有序度和接近于化学计量的 $MgCO_3/CaCO_3$（摩尔比）值。若为第二种情况，则大量的硬石膏岩难于与之伴生，并且埋藏环境中生成的白云石晶体一般较粗大。若为第三种情况，在陆棚内盆地中，海平面接近或低于中央古隆起，西部很少或没有海水补给，东部补给的海水有限，大气淡水也很少，而蒸发量却很大。盆地上部水体经强蒸发后浓度变大，Ca^{2+}、Mg^{2+}、SO_4^{2-} 等浓度越来越高，海水变重并不断下沉，下沉的重海水在重力驱使下将沿盆底向盆地的最低处回流，同时通过沉积物的粒间孔隙向沉积层内渗透。当水体中的 $CaSO_4$ 浓度达到饱和时，硬石膏开始以结核或其自形晶的形式沉淀。硬石膏的沉淀消耗了一定的 Ca^{2+}，使海水中的镁/钙比值升高，高镁/钙比值的海水渗透到沉积物中使沉积物发生白云石化（图 3-4）。

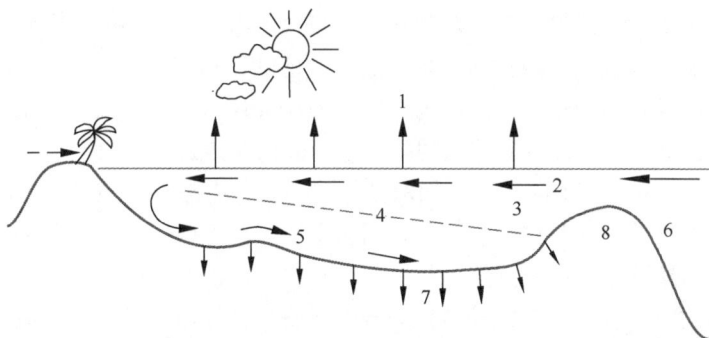

图 3-4　鄂尔多斯盆地中部局限海-回流渗透白云石化模式

1. 蒸发作用；2. 海水注入；3. 水体密度增加；4. 密度分层线；5. 蒸发浓缩海水；6. 广海；
7. 渗流滤出；8. 沉积构造隆起

　　由于鄂尔多斯盆地范围较大，局限海-回流渗透白云石化过程相对稳定、缓慢，有利于白云石化作用的正常进行，所以它所形成的白云石有序度较高、镁/钙比接近化学计量，并且白云岩与硬石膏岩伴生。在中奥陶世至中石炭世的大约 1.4 亿年左右的表生期内，硬石膏甚至盐岩的溶解使白云岩孔隙、孔洞十分发育，进而使白云岩长期处于饱含大气淡水环境中。白云岩形成于高浓度的海水中，其重碳、氧同位素的 $\delta^{13}C$、$\delta^{18}O$ 值偏高，而大气淡水则富集轻同位素。当含重碳、氧同位素白云岩被含轻碳、氧同位素大气淡水浸泡时，处于不平衡状态，要重新建立平衡就会发生同位素交换，正因为如此，（含）膏质硬石膏质（泥）粉晶白云岩才具有了较高的有序度、接近化学计量的镁/钙比值和较低的碳氧同位素 $\delta^{13}C$、$\delta^{18}O$ 值等特征。

2）硬石膏柱状晶和小结核分布规律

含（膏）白云岩与白云岩复合建造中广泛发育的毫米级、厘米级的硬石膏柱状晶和小结核，其产状、大小及含量变化多端。

据大量的岩心及薄片观察发现，硬石膏结核绝大多数均已溶蚀形成溶模孔，且呈不规则的小球状赋存于粉晶白云岩中，主要存在以下三种典型的分布形式。

（1）Ⅰ型，中-高成核数量中核径。发育于薄-中层含硬石膏结核溶模孔的粉晶白云岩中（图3-5（a）），溶模孔含量高，达15%～25%，并常含少量硬石膏柱状晶，核径一般为2～3mm，这是最常见的形式。与不含或少含结核的粉晶白云岩常呈递变和互层关系。含硬石膏结核层下部的结核数量和核径常呈逆粒序构造，即下部为不含或少含硬石膏结核的粉晶白云岩，向上结核数量逐渐增多、核径变大；而含结核层的上部，结核的数量和核径逐渐减少、变小，并递变为不含或少含硬石膏结核的粉晶白云岩，呈正粒序构造。剖面结构表明，在一段时间内，短周期性的由相对湿热的粉晶白云岩沉积环境逐渐转变为干旱炎热气候，海水浓缩，硬石膏结核析出，随后又渐变为相对湿热且抑制硬石膏结核析出的沉积环境。短周期性变化时间的长短决定了所沉积的两种白云岩薄层或纹层的相对厚度。

基岩中白云石晶径较粗，一般为0.03～0.04mm，个别可大于0.05mm，达到粗粉晶级，常含1%～2%或更多的晶间隙。有少数粉晶白云岩中白云石的大部分或一部分发育为沿a轴（401面）伸长的双锥柱状体，其内晶间孔隙可以更高些。这种形式的含硬石膏结核粉晶白云岩层段，因易于发生表生成岩期淋滤作用，其内有较多半充填的结核溶模孔，并可含一些硬石膏柱状晶溶模孔，伴生有被含粒间孔渗流粉砂半充填的裂碎缝和扩溶裂碎缝，基岩白云石晶径较粗，或多或少地存在晶间孔隙，有利于埋藏溶解作用，构造裂隙也最为发育，因此是最重要的储集岩之一。

（2）Ⅱ型，中-高成核数量小核径。发育于薄层状含小核径硬石膏结核溶模孔的粉晶白云岩中（图3-5（b）），溶模孔含量中等，为5%～10%，很少伴生有硬石膏柱状晶，核径仅1mm左右。从结核个数来讲，可能与Ⅰ型式白云岩中的个数不相上下，但因核径小，因而在岩石中的含量较少。含结核层向上、下过渡为不含硬石膏结核的细粉晶、甚至微晶白云岩。基岩中的白云石晶径较细，一般为0.01～0.03mm，有的在显微镜低倍镜头下几乎成微晶级。

这类岩石由于结核细小，相当一部分溶模孔又被后来的方解石充填，结核溶模孔间裂碎缝不发育或偶尔见到。基岩中白云石晶径细小，晶间孔隙几乎不存在，因此埋藏溶解作用也不发育，很难成为好的储层段。

（3）Ⅲ型，低成核数量大核径。分布于薄层状含大核径硬石膏结核的粉晶白云岩中（图3-5（c）），剖面上硬石膏结核核径和数量呈正粒序或逆粒序分布。因而由下向上结核量为10%～0%，或0%～10%，核径可大于5mm，由于结核核径大，因而结核数量较少。基岩中白云石晶径较细，仅 0.01～0.03mm。由于这种型式的含硬石膏结核粉晶白云岩出现的频率低，即使出现，地层厚度也较小，不太可能成为有效的储层该型白云岩。该型白云岩在鄂尔多斯盆地中部的马五 $_4$～马五 $_1$ 亚段内以西的井中较为多见。

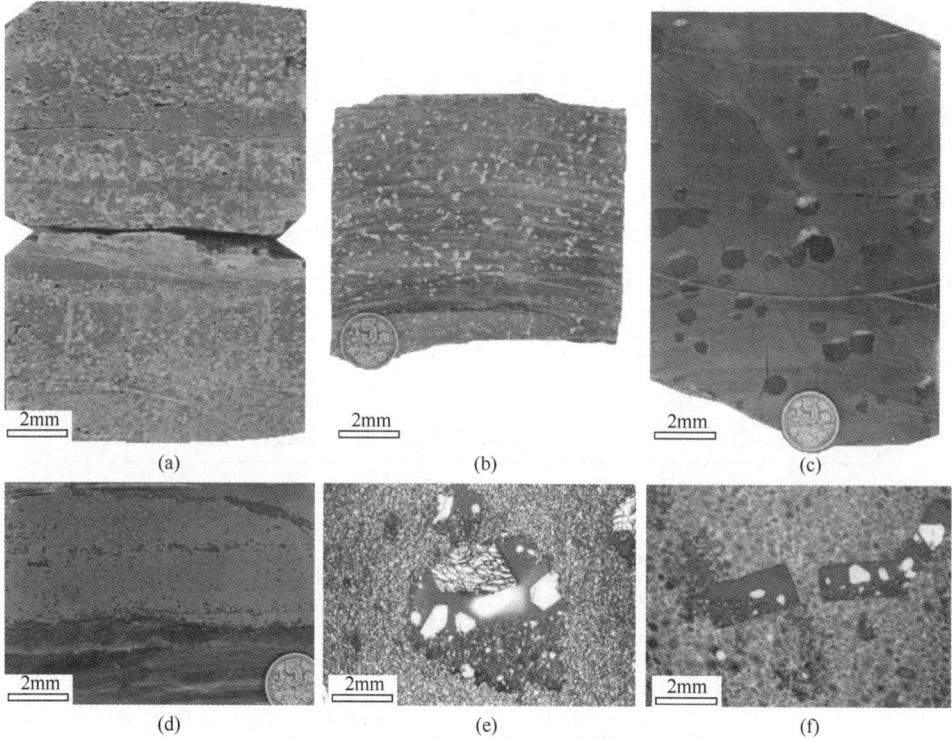

图 3-5　鄂尔多斯盆地中部硬石膏柱状晶和小结核典型赋存形式

图 3-5（a）为含硬石膏结核粉晶白云岩与粉晶白云岩成不等厚的薄互层（或纹层），取自榆 38 井、马五段。图 3-5（b）为含硬石膏结核的细粉晶白云岩，其中结核溶模孔已完全被方解石交代-充填，隐约可见纵向的方解石细脉，取自陕 250 井、马五段。图 3-5（c）为硬石膏结核，具正粒序构造，结核溶模孔上部被方解石充填，显示"假示底"构造，取自莲 3 井、马五段。图 3-5（d）为细粉晶白云岩，其中含纹层状、星散状的硬石膏柱状晶，取自陕 221 井、马五段。图 3-5（e）为硬石膏结核溶模孔，被细粉晶亮晶白云石、石英、方解石半充填，取自城川 1 井、马五段，铸体片、单偏光、×45 倍。图 3-5（f）为呈板状的硬石膏柱状晶溶模孔，被细粉晶亮晶白云石、石英半充填，取自 G42-8 井、马五段，铸体片、单偏光、×50 倍。

硬石膏柱状晶主要在细粉晶白云岩中呈星散状赋存，含量一般不超过 5%，但个别层内有硬石膏晶体成纹层状产出，纹层内含量可达 20%～30%，而且晶体长度较大，有的长径可达 2～3mm（图 3-5（d））。硬石膏柱状晶为斜方晶系，由于 a 轴和 c 轴在基本晶胞中的长度几乎相等，因之沿 a 轴的切面几乎为正方形。硬石膏晶可以为板柱状，也可以沿 b 轴方向生长成细长柱状。硬石膏柱状晶出现的频率较高，但含量小，较大的溶模孔被细粉晶亮晶白云石、石英半充填后，有的又被方解石交代-充填。细小晶体溶模孔有的被方解石充填，有的则可保存，但毕竟含量小，对储渗空间的贡献值也很小。

上述不同赋存形式的硬石膏柱状晶和小结核溶模孔绝大多数均经历了细粉晶白云石、石英、方解石等矿物多期复杂的但又不同程度的充填和交代-充填，剩余的溶模孔隙量为 0%～75%（图 3-5（e）、（f））。

3.1.3　白云质硬石膏岩与白云岩复合建造

在海平面低、天气干热的条件下，可有白云质鸡雏结核状硬石膏岩产出，大多为厘米级结核，塑性变形强烈，基质为深灰色含泥微晶白云岩（图 3-3（e）），经 X 衍射分析表明，其主要矿物成分为：硬石膏占 65%～75%，石膏占 5%～10%，黏土矿物、白云石等共占 15%～30%（表 3-5）。本类沉积中常夹微粉晶白云岩或与之成互层，层理变形显著。

表 3-5　鄂尔多斯盆地中部马家沟组含泥白云质硬石膏岩化学成分特征

岩性	层位	化学分析结果/%								井号
		SO_3	CaO	MgO	Fe_2O_3	Al_2O_3	K_2O	Na_2O	H_2O	
含泥白云质硬石膏岩	$O_2m_5^3$	43.6	34.7	1.2	1.0	5.3	0.2	1.0	6.8	陕 175
白云质硬石膏岩	$O_2m_5^4$	41.5	30.5	7.5	2.1	4.3	3.0	1.4	5.4	陕 15
含泥白云质硬石膏岩	$O_2m_5^4$	48.1	30.2	5.1	1.7	4.9	2.0	0.9	6.1	林 5
含泥白云质硬石膏岩	$O_2m_5^3$	40.5	38.1	10.3	1.6	3.8	0.7	1.2	3.5	陕 167
平均	—	43.4	33.5	6.0	1.6	4.6	1.5	1.1	5.4	—

值得注意的是，因环境频繁变化，各小层可出现白云岩与硫酸盐岩复合建造组合关系频繁变化的情况。

3.2　白云岩与硫酸盐岩复合建造演化与成因

3.2.1　白云岩与硫酸盐岩复合建造演化

1）白云岩与硫酸盐岩复合建造纵向演化

马五$_5$—马五$_1$时所经历的地质时间约 1.972Ma（根据 1990 年国际地层表，奥陶系的地质时期为 510～439Ma，时间间隔计 71Ma。按机械的三等分，中奥陶统马家沟组沉积期为 23.667Ma，共分六个段，或分为六个阶，每一阶的沉积时间为 3.944Ma，马五段（阶）共分十个亚段（亚阶），那么，马五 $_5$—马五 $_1$ 的沉积时间大致为 1.972Ma）。在这样长的地质时间内，鄂尔多斯盆地中部必将遭受强度较小的区域构造运动，特别是鄂尔多斯盆地西缘祁连裂谷海槽和南面秦岭海槽的扩张，导致盆地发生以沉陷为主的脉动式升降运动。同时短周期的干、湿气候变化导致海平面的小幅度升降，盆地内海水含盐度频繁改变。

同一时间段内，在鄂尔多斯盆地中部不同位置上，或不同时间段内同一位置上所形成的沉积物明显不同。例如，某井区在干热气候条件下，原先海水已浓缩至原体积的 19%以下，含盐浓度已达 15%～17%，处于硬石膏-白云岩坪环境，将沉积出含硬石膏柱状晶或结核的细粉晶白云岩。如果气候继续保持干旱、炎热，海水继续浓缩，硬石膏析出量会继续增加，逐渐转变为白云岩-硬石膏坪环境，沉积出层状硬石膏岩。当含盐度大于 26%后将会析出石盐，转变为硬石膏-石盐岩盆地环境。相反，如果气候由干旱转为湿热，海平面升高，海域含盐度降至 17%以下，硬石膏不再析出，仅能缓慢沉积出粉晶白云岩，随后湿热气候持续，或盆地基地下陷，海平面继续上升，海水含盐度继续降低，当接近正常海水 3.5%的含盐度时，可逐渐过渡并沉积出准同生微晶白云岩，或微、粉晶石灰岩和生物（屑）石灰岩，转变为白云岩-石灰岩坪或石灰岩坪。综上所述，尽管该井区处于内陆棚盆地西侧盆缘坪的环境中，但不同时间段内其沉积微环境不一样，纵向上沉积岩的岩性、组构也不一样。

2）白云岩与硫酸盐岩复合建造横向演化

鄂尔多斯盆地中部处于一个特殊的古地理环境（图 3-6）。从东西方向看，西边为"L"形古隆起带，向东逐渐过渡为补偿拗陷膏岩盆地。从南北方向看，北面为伊盟隆起古陆，南边为"L"形古隆起带的东西方向段，即庆阳—黄陵段。

鄂尔多斯盆地中部位于北、西、南三面均向其缓倾斜的内陆棚盆缘坪环境中，东部则进入补偿拗陷盆地。这样的地质背景下，三面隆起区向盆地中部倾斜的洋底坡度是有差别的。鄂尔多斯盆地为一南北向矩形的内陆棚盆地，由西向东的缓倾斜坡度较大。其次是北面伊盟古陆向东南膏岩盆地的倾斜坡度，而"L"形古隆起的庆阳—黄陵段隆起幅度较小，同时离盆地中部距离较远，对盆地中部的洋底坡度及其影响较小。在这样一个古地理环境中，海域中含盐度高、比重大的重卤水必然流向补偿拗陷盆地，即含膏岩盆地。同时，"L"形隆起带和北面伊盟古陆在局部时间内，特别是气候相对潮湿时大气降水将会降低盆地边缘海水的含盐度。

因此，鄂尔多斯盆地中部平面上各个井区海水的含盐度明显不同，东西向变化较大，南北向变化较小。在同一时间（段）内西侧可沉积出石灰岩、白云质石灰岩，而向东则可以沉积出白云岩、含硬石膏结核的粉晶白云岩，再向东便接近拗陷盆地，其中可沉积出白云岩、鸡笼铁丝构造的白云质硬石膏岩和层状硬石膏岩（图 3-7）。鄂尔多斯盆地中部的南北方向上也应该有这一趋势，但不及东西方向明显。

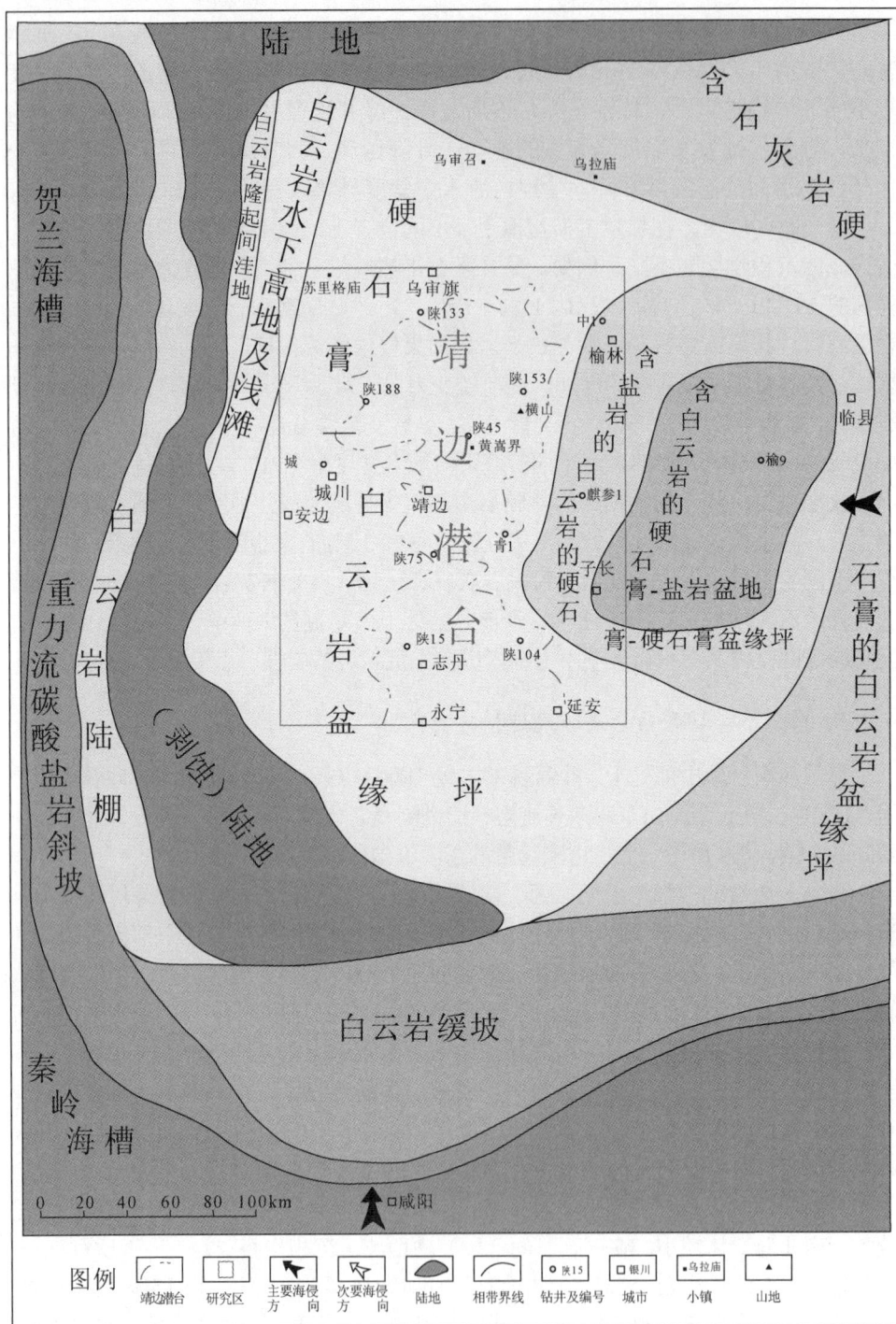

图 3-6 鄂尔多斯盆地马家沟组五段岩相古地理图（长庆油田分公司，2007）

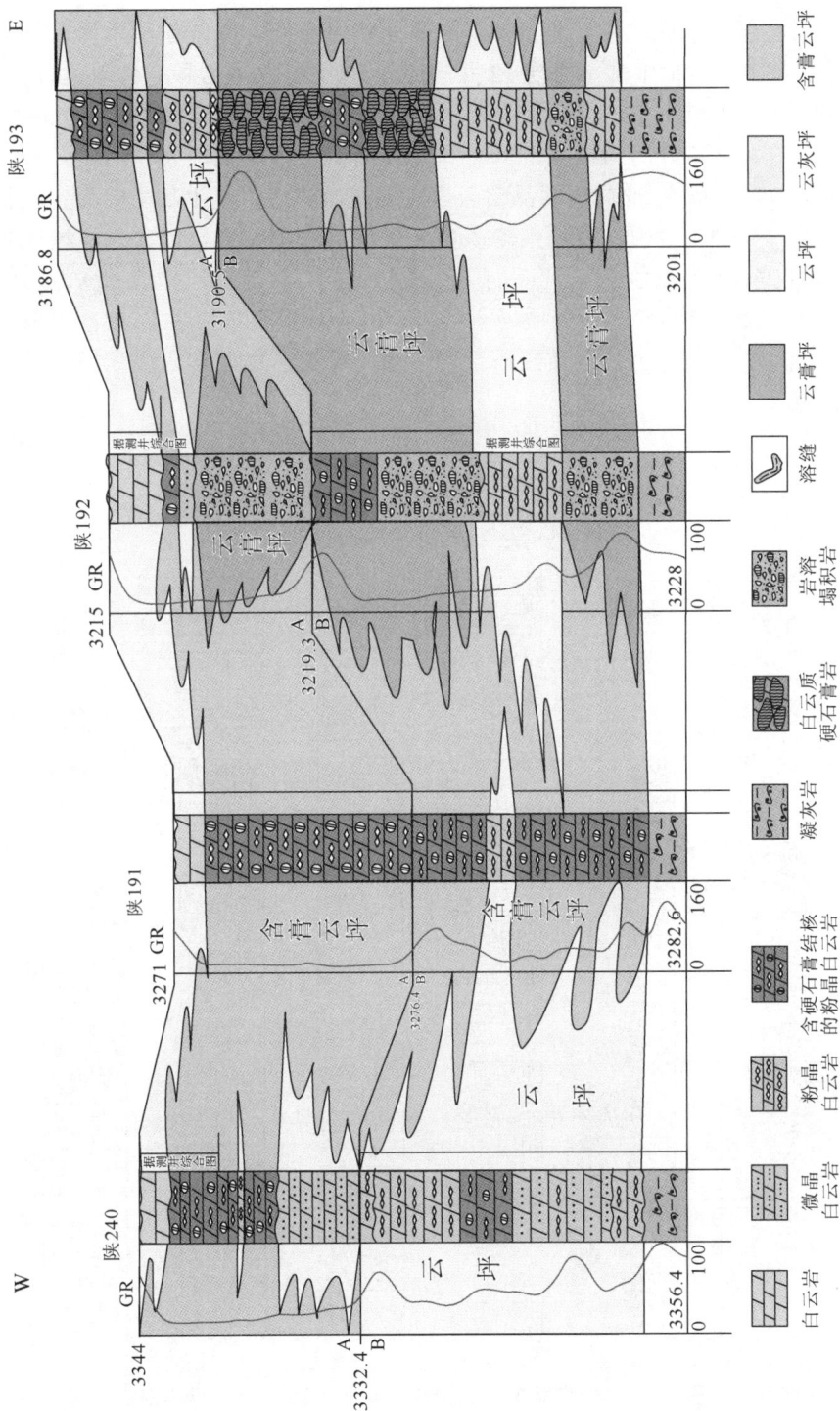

图 3-7　鄂尔多斯盆地中部马家沟组马五 $_4^1$ 小层东西向沉积相对比图

马五$_4^1$小层沉积时气候干旱炎热，海平面相对较低。图 3-8 所示为马五$_4^1$小层穿越鄂尔多斯盆地中部中心陕 12 井的横向对比图,从取心段岩性对比看(未取心段岩性可根据测井和岩心综合图恢复),位于最西面的莲 4 井残厚 5.9m,下段为岩溶建造岩,角砾屑为微晶的云岩和细粉晶白云岩,上段为粉晶白云岩。向东到陕 70 井,中、下部为微粉晶白云岩夹含岩溶建造岩,上部主要为含硬石膏结核粉晶白云岩,含硬石膏结核粉晶白云岩地层厚度、结核的含量及核径明显增加。再向东到陕 12 井,马五$_4^1$的中下部开始发育鸡笼铁丝构造的含泥质硬石膏岩、鸡雏状结核的含泥白云质硬石膏岩。再向东到陕 247 井,中部出现大套厚层的鸡笼铁丝构造的含泥质硬石膏岩。由此可见,由西向东沉积环境的含盐度逐渐递增。

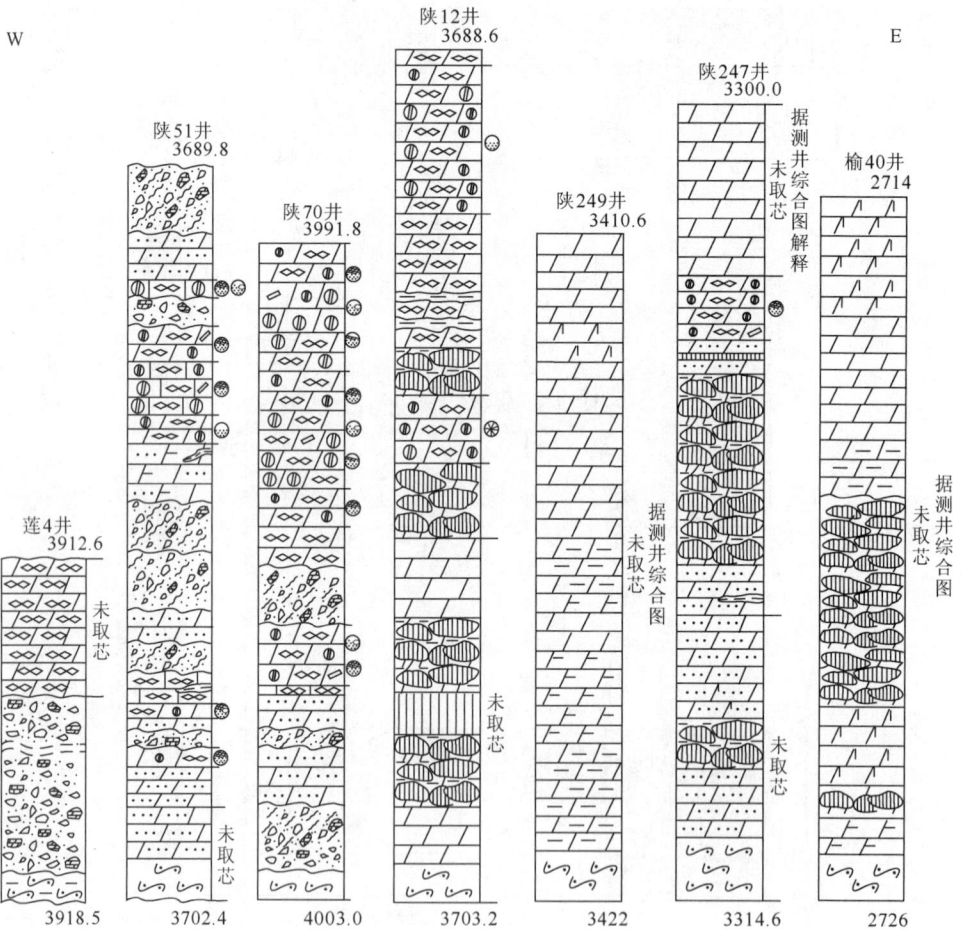

图 3-8 鄂尔多斯盆地中部莲 4 井至榆 40 井马五$_4^1$小层横向对比图

图 3-9 所示为马五 $_4^1$ 小层纵向穿越陕 12 井的南北向纵向对比图。最北面的陕 234 井仅上段夹少量含硬石膏柱状晶和结核的粉晶白云岩。向南到陕 175 井,上段有层状鸡笼铁丝构造的硬石膏岩出现。再向南到鄂尔多斯盆地中部林 5 井,鸡雏状白云质硬石膏岩夹层状硬石膏岩占据小层厚度的一半以上。最南面的陕 126 井和陕 136 井已无层状硬石膏存在。由此看出,大致位于鄂尔多斯盆地中部的林 5 井在马五 $_4^1$ 时期处于含盐度最高的沉积环境中,代表含盐度的沉积微相分别向北和向南逐渐递减。

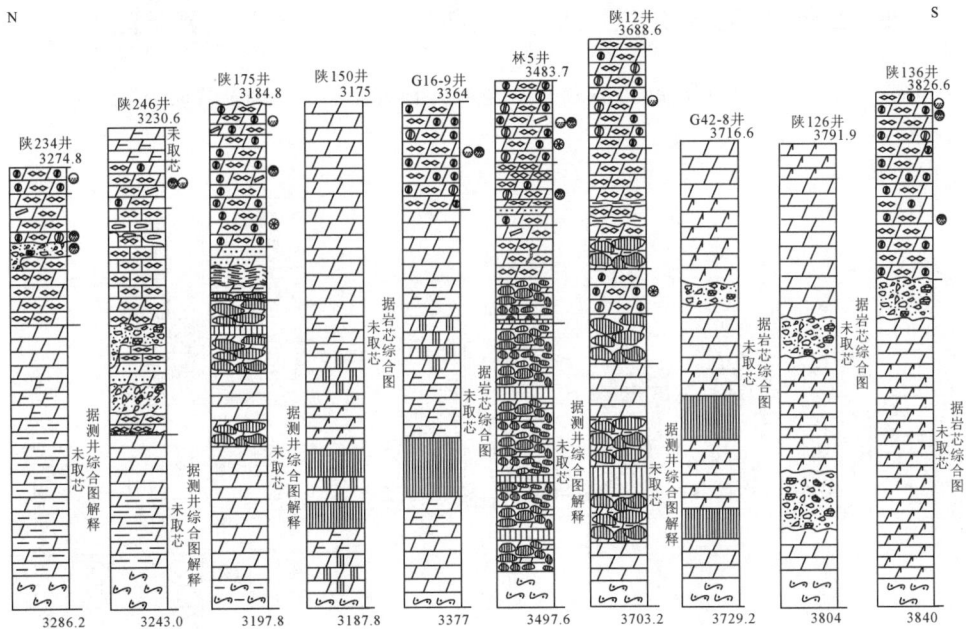

图 3-9　鄂尔多斯盆地中部陕 234 井至陕 136 井马五 $_4^1$ 小层纵向对比图

马五 $_4^1$ 层横向和纵向岩性演化和展布的规律,在其它小层中也同样表现出来。如马五 $_1^3$ 层在沉积时,海盆中整体含盐度略低于马五 $_4^1$ 沉积时期。在穿越鄂尔多斯盆地中部中心东西向的陕 14 井至麒 3 井剖面对比图(图 3-10)中,含硬石膏结核的粉晶白云岩中结核的数量、核径均由西向东递增。而在南北向的统 17 井至陕 101 井剖面对比图(图 3-11)中,由北面的统 17 井向南至位于鄂尔多斯盆地中部中心的林 5 井等,含硬石膏结核粉晶白云岩中结核的数量、核径也是不断递增的,再向南,两者又有所递减。

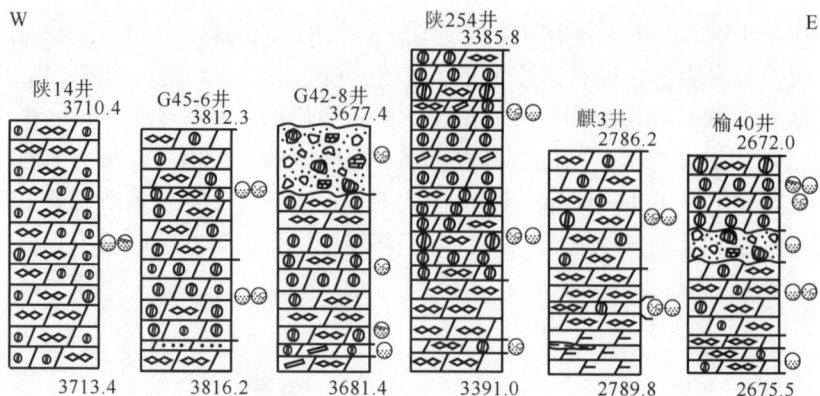

图 3-10　鄂尔多斯盆地中部陕 14 井至麒 3 井马五 $_1^3$ 小层分布及纵向对比图

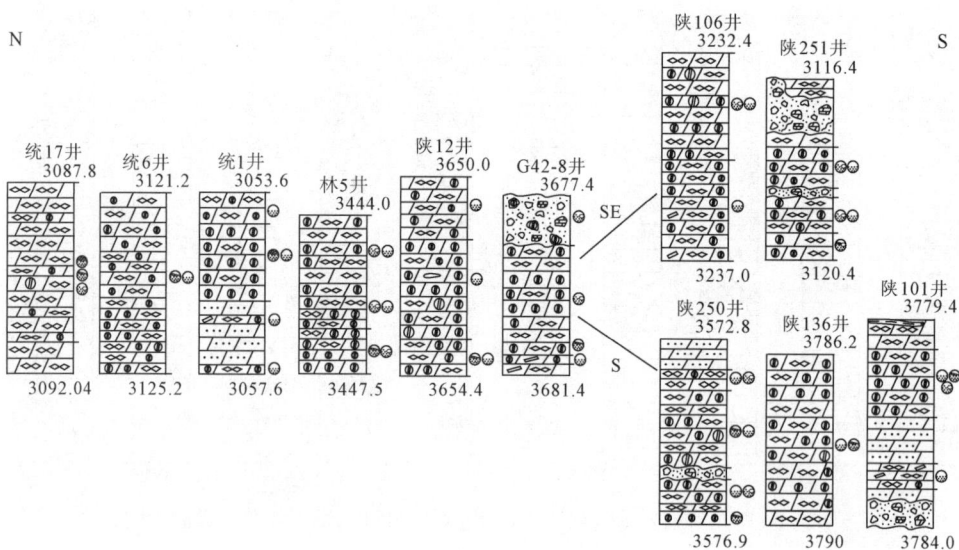

图 3-11　鄂尔多斯盆地中部统 17 井至陕 101 井马五 $_1^3$ 小层分布及纵向对比图

3.2.2　硬石膏柱状晶和小结核成因探讨

自 20 世纪 60 年代以来，国外对地质历史时期局限-蒸发海相地层及伴生蒸发矿物的研究取得了一系列进展，初步建立了相应的基础理论体系。Kendall（1984）发现许多古代蒸发岩是在封闭、超咸的水盆的水下沉积的，如美国德克萨斯州中新墨西哥州的二叠系卡斯堤尔组储层、加拿大西部中泥盆统的马斯克格组和温尼伯戈西斯组储层。Given et al.（1987）对整个地质历史时期蒸发海相的地层和蒸发矿物的分布规律有精辟的分析；Loucks et al.（1985）、Amthor et al.（1991）在对美国德克萨斯州下奥陶统的中泥盆统局限-蒸发海相地层的研究中，发现了受硬石膏和石盐控制的堤礁储层。近年来，国内相关研究主要集中于鄂尔多斯盆地马家沟组，普遍认为特定环境沉积的含硬石膏柱状晶和小结核的粉晶白云岩是储层发育的物质基础。

国内外众多学者对鄂尔多斯盆地中部白云岩的成因机理做了深入研究，取得了大量共识。目前主流观点认为，该区内微晶白云岩为准同生白云岩化，晶粒白云岩为埋藏白云岩化，但局部仍然存在热液白云岩化。但缺少针对硬石膏柱状晶和小结核成因的探讨。通过对鄂尔多斯盆地中部 87 口井岩芯的宏观观察，以及对 426 个铸体薄片的微观分析表明，硬石膏柱状晶和小结核均为局限内陆棚环境中交代先期白云岩的产物，既可以在准同生期随海水继续浓缩对沉积界面及附近白云质沉积物发生交代，也可以于早成岩浅埋藏期由浓缩的隙间水交代半固结甚至固结的白云岩。其证据简述如下。

（1）在林 5 井马五 $_4^1$、陕 12 井马五 $_3^2$ 和马五 $_4^1$ 等小层均见到保存完好的硬石膏结核，结核中由若干个硬石膏晶体呈向心花瓣状生长，达二级鲜艳的干涉色，内部均含有分散的交代基岩后的细粉晶白云石包裹体（图 3-12（a））。由此可见硬石膏结核是细粉晶白云岩沉积后交代析出的。

（2）多口井岩心中均发育呈不等厚薄互层的高能沉积竹叶状白云岩与低能沉积细粉晶白云岩，两种岩心中均含组构一致的硬石膏结核（图 3-12（b））。硬石膏结核既可交代于竹叶片内，也可交代在竹叶片间的粉晶屑白云石填隙物内，还可见同一结核跨越于竹叶片和填隙物两者之间交代。竹叶状白云岩是白云岩沉积后在准同生半固结状态下遭受高能环境影响破碎、搬运和再沉积的产物。如果说硬石膏结核与白云岩是同时形成的，那么，受高能环境影响，硬石膏结核也会遭受一定程度的破坏，更不可能出现在白云石粉晶屑填隙物内。因此硬石膏结核是竹叶状白云岩及与之成互层的粉晶白云岩形成后，海水继续浓缩至硬石膏结晶的区间交代而成的。

（3）亮晶砂屑、粉晶屑白云岩、亮晶生物（屑）白云岩、亮晶鲕粒白云岩中的硬石膏柱状晶和小结核溶模孔或被方解石再充填的溶模孔中残留下上述白云岩的部分组构。这些白云岩经早成岩亮晶胶结作用已基本固结成岩，以后被硬石膏柱状晶和小结核交代（图 3-12（c）、（d））。最具代表性的是陕 251 井马五 $_4^1$ 段亮晶细鲕粒白云岩中硬石膏结核的交代现象。鲕粒沉积后被亮晶白云石环边胶结，仍残余约 15%的原生粒间孔（图 3-12（e）左）。此后，硬石膏结核分散沉淀在原粒间残余孔隙中，同时交代掉部分鲕粒和早期的亮晶白云岩，并将未交代部份包裹在结核内，结核边缘因鲕粒及残余粒间孔的存在而呈花边状。由于白云石溶解度远小于硬石膏，因此硬石膏结核溶解后，残余下原被包裹于其内的交代残余的鲕粒和亮晶白云石。埋藏期硬石膏结核中的溶模孔与周边亮晶鲕粒白云岩中的粒间残余孔隙一并被连晶方解石充填、胶结（图 3-12（e）右）。细粒且大小均匀的鲕粒是在相对湿热、水体稍深、动荡的正常海水中形成的沉积物，浅埋藏期潮湿的气候，在鲕粒间发育的粉晶亮晶方解石环边胶结物，残余 15%～20% 的粒间孔，随着气候转为干旱，早期沉积物白云岩化。继后气候保持干旱，海水快速浓缩，处于浅埋藏经早期胶结的鲕粒白云岩残余粒间孔被第二世代胶结物充填满以前，就发生硬石膏结核的交代作用。后期，结核中硬石膏溶解后，溶孔与周边鲕粒间残余粒间孔一并被连晶方解石充填。由此看出，这些亮晶颗粒白云岩中，硬石膏柱状晶和小结核是浅埋藏早成岩期由浓缩的粒间水中析出和交代的产物。

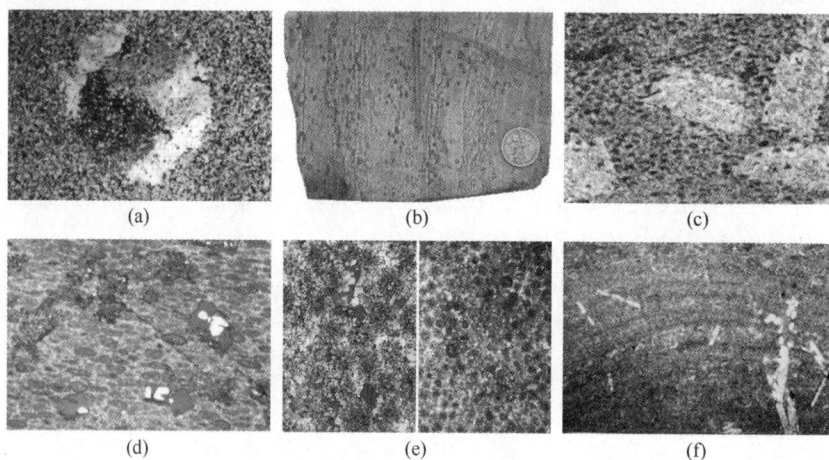

图 3-12　硬石膏柱状晶及小结核交代白云岩

图 3-12（a）为粉晶白云岩中交代的硬石膏结核。结核由若干个硬石膏晶体由中心向外镶嵌生长，内有交代残余的粉晶白云石及幻影，取自陕 12 井、马五段，铸体片、正交光、×30 倍。图 3-12（b）为竹叶状白云岩，下部与粉晶白云岩的薄互层之间具有明显的冲刷构造，相同组构的硬石膏结核交代于两种岩性内，取自陕 223 井、马五段。图 3-12（c）为浅埋藏期硬石膏板柱状晶交代入亮晶砂、粉屑白云岩中，并包裹了原岩的组构，溶模孔已被方解石充填，方解石内包裹有原亮晶砂、粉屑白云岩的残余，取消莲 4 井、马五段，铸体片、单偏光、×30 倍。图 3-12（d）为浅埋藏期硬石膏板柱状晶交代入亮晶介形虫白云岩中，板柱状晶中包裹了原岩的组构，溶模孔被方解石充填，取自 G42-8 井、马五段，染色片、单偏光、×65 倍。图 3-12（e）左为细粒亮晶鲕粒白云岩，15% 残余粒间孔隙于埋藏期被连晶方解石充填，取自陕 251 井、马五段，染色片、单偏光、×65 倍。图 3-12（e）右为浅埋藏期交代入亮晶鲕粒白云岩的硬石膏结核，取自陕 251 井、马五段，染色片、单偏光、×30 倍。图 3-12（f）为硬石膏柱状晶交代并切割叠层石的藻纹层构造，取自陕 175 井、马五段，铸体片、单偏光、×10 倍。

（4）硬石膏柱状晶交代叠层石白云岩也与之印证，硬石膏柱状晶交代叠层石白云岩，并切割藻纹层（图 3-12（f））。藻叠层石初始沉积为方解石质，经准同生白云岩化使之成为叠层石白云岩，然后才有硬石膏柱状晶交代并切割藻层纹。

（5）薄片中柱状晶溶模孔的原始矿物为硬石膏晶。在不少薄片中能见到板柱状、细长柱状以及近正方形的硬石膏晶体的溶模孔，溶模孔也可以被半充填甚至全充填。硬石膏为斜方晶体，基本晶胞中 b 轴和 c 轴方向长度几乎一样，具有沿 b 轴方向延长的结晶习性，因而沿 b 轴方向的晶体切面为板柱状或长柱状，而沿 a 轴方向的切面为假正方形，即在这些切面上两晶面间的夹角应该为 90°。而软石膏为单斜晶体，常成板状体，晶面夹角为 52°和 128°。在所观察到的薄片中，只能见到前者，即所见的为硬石膏晶的溶模孔。

（6）陕 12 井马五 $_4^1$ 中保存完好的含硬石膏结核粉晶白云岩的上、下地层均为具鸡笼铁丝构造的白云质硬石膏岩，陕 175 井马五 $_4^1$ 中含硬石膏结核粉晶白云岩位于马五 $_3^3$ 层状硬石膏岩和鸡笼铁丝构造白云质硬石膏岩之下，两口井中的鸡笼铁丝构造白云质硬石膏岩和层状硬石膏岩均保存原始沉积状态，无表生成岩淋溶现象。这佐证了夹于其内的或下伏的含硬石膏结核是交代粉晶白云岩的产物，并非是表生期的沉积物。

（7）显微镜下赋存硬石膏柱状晶和硬石膏结核，特别是在后者的白云岩中毫无例外的为粉晶白云岩，在微（泥）晶白云岩中很少见到。从理论上讲，微晶白云岩沉积时的水体含盐度较低，准同生白云岩化形成速度较快，因此在微晶白云岩中常发育水平纹理层。而粉晶白云岩是在海水相对浓缩的环境中缓慢结晶形成的，未溶解的硬石膏结核中均有细粉晶白云石的包裹体。这也佐证了硬石膏结核是细粉晶白云岩沉积后，海水继续浓缩至石膏类矿物析出后产生的。

3.2.3　硬石膏柱状晶和小结核演化规律

正常循环的海水含盐度为 3.5%，海水中镁/钙比值大致为 3∶1，海水对方解石和白云石都是饱和的。方解石可以被生物汲取组成骨壳或以灰泥形式沉淀出来，但白云石却不能。但当气候炎热、海水浓缩，Mg^{2+} 的活度增强，白云岩可以与 CO_3^{2-} 结合组成单分子层，并交代早先形成的方解石。当海水浓缩至原体积的 19%以下，含盐度从 3.5%增大到 15%～17%，海水密度达到 1.1g/cm^3 时硬石膏开始析出。海水浓缩至原体积的 7%，含盐度达到 26%，密度为 1.2g/cm^3 时，石盐开始析出。硬石膏的沉淀区带海水浓缩至原体积的 19%～7%，含盐度为 17%～26%，密度为 1.1～1.2g/cm^3（图 3-13）。

如果海水含盐度仅仅比硬石膏析出的门限值略大，在已沉积的粉晶白云岩表层中形成星散的硬石膏结晶中心，海水中析出的少量 $CaSO_4$ 围绕结晶中心缓慢沉淀，形成细小的硬石膏柱状晶星散地交代于先期沉淀出的白云岩中。如果海水含盐度间歇性地有所升高，则硬石膏结晶中心有所增加，硬石膏柱状晶成纹层状沉淀出来，而且晶体也较前种情况要大些。当海水含盐度提高，析出的 $CaSO_4$ 相对

海水的成分 含量/(g/kg)	盐类	体积	海水收缩过程中盐类的结晶区域	析出状态
0.12	CaCO₃	1000		方解石
1.27	CaSO₄	900		石膏、杂卤石、硬石膏
27.21	NaCl	800		石盐
0.09	NaBr	700 600		从石盐开始与氯化物成固溶体
2.25	MgSO₄	500		泻利盐、无水泻盐、钾盐、镁矾
0.74	KCl	400		钾石盐
3.35	MgCl₂	300		光卤石、水氯镁石
0.01	硼酸盐	200		硼酸镁共结物
35.05	结晶盐	100	(1)　(2)	固体结晶盐的体积
浓缩洋水的密度/(g/cm)³			1.0　1.1　1.2　1.3　1.4	
阶段			预备阶段　｜　自析阶段	
盆地类型			卤水湖　｜　干湖	
带的形成区域			方解石-白云石　｜　石膏-硬石膏带　｜　石盐带　｜　钾石盐带　光卤石带　水氯镁石带	

（图中斜线标注：浓缩海水的体积）

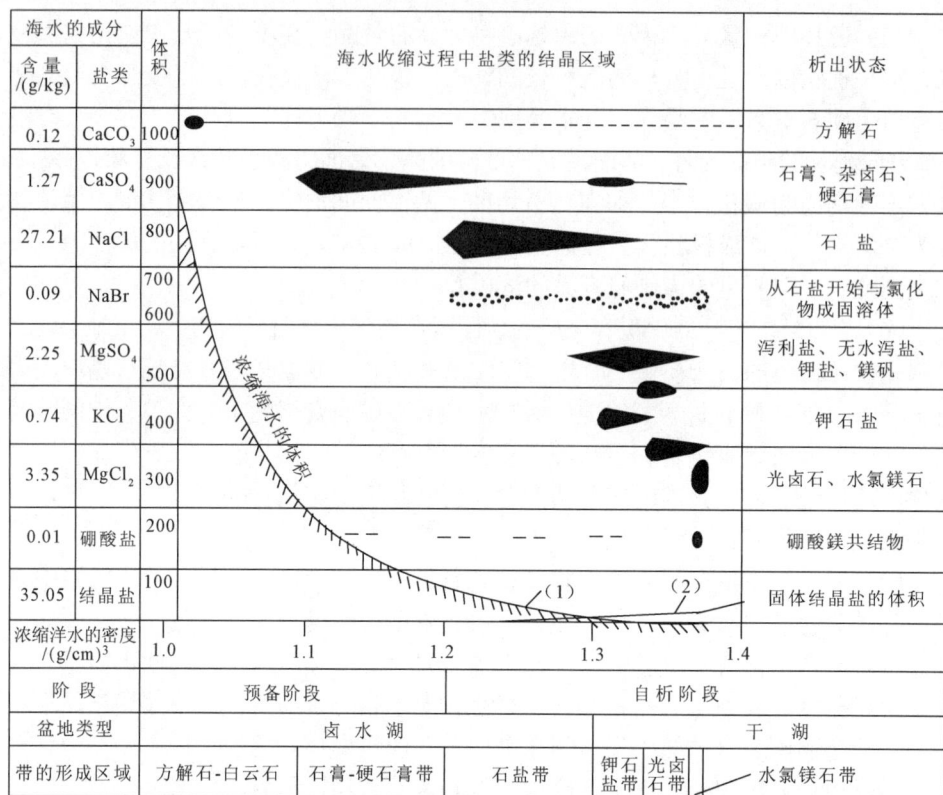

图 3-13　海水浓缩过程中主要可溶组分析出顺序和析出固相盐体积变化图（冯增昭，1993）

注：①为海水浓缩时的体积变化曲线；②为所析出固相盐类体积的变化。

较多，速度较快，在原已沉积的粉晶白云岩表层中发育较多的硬石膏成核中心，并依次形成硬石膏结核，或先有少量硬石膏柱状晶，后有小结核析出。每个小结核由若干个硬石膏晶体环绕成核中心向外生长，由于生长速度基本一致，所以内部由若干个硬石膏晶体嵌合，外围圆形的硬石膏结核交代于先期沉积的白云岩中。溶液中矿物晶沉淀出的成核数量和结晶速度、晶体大小取决于溶液中溶质的浓度和结晶时的温度。①海水浓缩至密度大于 1.1g/cm³ 后，如果气候干热，海水温度升高较快且继续浓缩，会形成较大数量的硬石膏成核中心，而核径的大小取决于海水中适合于结核生长的含盐度持续时间的长短。如果温度继续升高，海水中含盐度上升，结核继续生长，将会形成数量较多、核径较大的硬石膏结核，同时基岩白云石晶径也相对较粗（Ⅰ型，中-高成核数量中核径）。如果温度相对稳定，致使海水中含盐度不再升高或略有升高，CaSO₄ 围绕成核中心形成小结核后，海水中 CaSO₄ 含量降至析出浓度之下，则结核停止生长，因而形成数量较多，但核径仅 1mm 左右的硬石膏结核，基岩白云石晶径也较细（Ⅱ型，中-高成核数量小核径)。②海水浓缩至密度大于 $1.1g/cm^3$ 后,如果气候并非十分干热,致使海水中 $CaSO_4$ 的含量提高较为较慢,海水中只能形成少量成核中心,$CaSO_4$ 围绕少数成核中心缓慢析出,将在先期沉积的白云岩内形成分散的、数量少但核径较大的硬石膏结核(Ⅲ型,低成核数量大核径)。上述典型成因演化过程因气候等因素影响频繁变化,还存在一些过渡情况。

第4章 白云岩与硫酸盐岩复合古岩溶体系

4.1 古岩溶划分沿革

古岩溶依照不同的分类标准可有多种分类方案：按形成时间可将其分为早古生代岩溶、晚古生代岩溶等；按发育层位可将其分为奥陶系岩溶、石炭系岩溶等；按深度可将其分为浅部岩溶、深部岩溶等；按岩性可将其分为石灰岩岩溶、白云岩岩溶等；按构造位置可将其分为断裂带深循环型岩溶、大型凹陷边缘型岩溶、隐伏向斜翼部岩溶等；按形成岩溶的地质作用分可将其分为水蚀岩溶、生物岩溶等。

目前古岩溶分类极不统一，Kerans 和 Donaldson（1988）在研究加拿大北部中元古界 DismalLake 群古岩溶剖面时，按古岩溶的发育时期将古岩溶划分为早期岩溶、中期岩溶（成熟期岩溶）和晚期岩溶（老年期岩溶）。Choquette 和 James（1988）对古岩溶进行了地层学分类，将古岩溶分为沉积古岩溶、局部古岩溶和区域古岩溶三种主要类型。沉积古岩溶是指碳酸盐岩台地沉积物因高沉积速率加积而出露水面并遭受大气水作用而发育的岩溶；局部古岩溶是由于同沉积期的构造运动（如断块运动），使碳酸盐岩台地的一部分暴露而发育的岩溶。区域古岩溶的形成与重要的海平面升降或构造运动造成的大面积大陆暴露有关，常常是地层学中的主要不整合面，这类岩溶发育的范围和深度一般都比局部岩溶要大。贾疏源（1990）、李定龙等（1992，1994）按成因将古岩溶分为三种类型：沉积岩溶或层间岩溶、风化壳岩溶或暴露岩溶、缝洞岩溶或埋藏岩溶。沉积岩溶或层间岩溶指同生期或成岩早期，碳酸盐沉积物（岩）短暂的暴露于地表接受大气淡水渗入淋滤所发育的岩溶，沉积学家曾经将这类岩溶称为"微岩溶"，也有人称之为早表生期岩溶（夏日元等，1996；马振芳等，2000）或层间岩溶（李汉瑜等，1991）。风化壳岩溶或暴露岩溶是指碳酸盐岩因构造抬升长期暴露于地表，大气水渗入循环其中，伴随风化壳形成而发育的岩溶。有些学者将其称为晚表生期岩溶，也有人将其称为侵蚀期岩溶、侵蚀面岩溶或不整合面岩溶。缝洞岩溶或埋藏岩溶是指碳酸盐岩深埋地腹后，由上覆地层在压实过程中不断排出的酸性压释水运移其中所产生的岩溶。有的学者将其称为深埋期岩溶，也有人称其为压释水岩溶。兰光志（1995）首先根据古岩溶发育时岩层的产状和岩石的固结程度，将古岩溶分为水平型和褶皱型两大类，然后再跟据岩溶岩类型将其细分为水平型石灰岩古岩溶、水平型白云岩古岩溶、褶皱型石灰岩古岩溶、褶皱型白云岩古岩溶四种类型。水平型古岩溶是指岩层产状水平或近于水平，岩石半固结或基本固结时形成的古岩溶，包括层间古岩溶和侵蚀面古岩溶。褶皱型古岩溶是指在已褶皱的碳酸盐岩层内形成的古岩溶，古岩溶作用初期以溶蚀为主，后期剥蚀作用增强，在地表往往形成古岩溶地貌，在地下形成岩溶洞穴系统，洞穴的分布与古地貌关系密切，即所谓地表和地下的双层结构。王兴志等（1996）根据岩溶作用的形成机理和先后顺序、持续时间、特征、影响因素以及与储集空间的关系，将古岩溶划分为同生-准同生期岩溶、表生期岩溶、埋藏期岩溶和褶皱期岩溶四种类型。夏日元（2001）把古岩溶分为表生成岩期古岩溶和埋藏成岩期古岩溶两大类，表生成岩期古岩溶又可进一步划分为同生期层间岩溶和裸（暴）露期风化壳岩溶；埋藏成岩期古岩溶又可进一步划分为中-深埋藏期压释水岩溶和深埋藏期热水岩溶两个种类。深埋藏期热水岩溶是指地层被深埋后，在不同深度由承压热水与易溶岩类作用形成的岩溶。李德生等（1991）按作用时间将岩溶分为现代岩溶和深埋古岩溶，又将深埋古岩溶，称为深部岩溶，并认为它是深埋地下的可溶性岩在地质历史时期中形成的岩溶。但是深部岩溶作为岩溶学中的术语，一般系指河流基准面以下的岩溶，按《中国岩溶研究》（中国科学院地质研究所，1979）的定义，它是指位于所处水文体系的排泄基准面以下所发生的岩溶作用及所形成的孔洞或洞穴，也有人把位于地下水面以下的深处岩溶称为深部岩溶或深岩溶。郭建华（1996）所称的深部岩溶专指岩溶的形成是在远离不整合面以下的地下深处（大于 200～250m）或没有不整合面的地下深处。并认为深部古岩溶的发育有三种成因类型：热水岩溶、有机酸溶解岩溶和海水-淡水混合水岩溶。

综上所述，层间岩溶、沉积岩溶、早表生期岩溶、同生期岩溶的含义基本上一致。风化壳岩溶、暴露岩溶、侵蚀期岩溶、侵蚀面岩溶、不整合面岩溶、（晚）表生期岩溶和裸（暴）露期风化壳岩溶几乎可以看成是同一岩溶类型的不同名称，缝洞岩溶与压释水岩溶所指的是同一种岩溶类型，这里所说的埋藏期岩溶或埋藏岩溶实质上就是有机酸溶解岩溶，也有人称之为埋藏溶解作用或埋藏溶蚀作用，深部岩溶实质上就是广义的埋藏（期）岩溶（表 4-1）

4.2　复合古岩溶成因分类

目前，国内外一大批学者将岩溶理解为岩石的一切溶解作用，包括不同的溶解作用类型（同生期溶蚀作用、表生期溶蚀作用、埋藏期岩溶作用），但也有不少学者趋向于将早期近地表和晚期近地表阶段以大气水成岩作用为特色的岩溶作用归为岩溶作用。例如，王振宇（2001）认为，岩溶作用只是大陆成岩环境中的一种成岩作用类型，它可以发育于早期近地表大气水成岩环境中，也可以发育于晚期近地表大气水成岩环境（表生成岩环境）中。与埋藏成岩环境的溶蚀作用相比较，岩溶作用和近地表淋滤、溶蚀作用皆发育于大气圈系统中，是一个开放体系，即溶蚀作用过程中的流体迁移与物质传输与大气圈系统保持着交换。岩溶作用是地表和近地表溶蚀、淋滤作用的进一步发展，除酸性水来源于大气水，溶蚀作用过程中大气水受重力驱动具有重力分带、与大气圈连通的共同特征之外，地下洞穴系统的流水侵蚀、机械搬运、沉积、垮塌及独特的地貌单元的发育，是岩溶作用的显著特征。由此认为埋藏期溶蚀作用不能视为一种岩溶作用。综上所述，前者是广义的岩溶分类，后者属于狭义的古岩溶定义和分类。本书将岩溶作用看作广义的成岩作用，属于碳酸盐岩成岩环境中的一种成岩作用类型，按成岩阶段和成岩环境来划分复合古岩溶类型则应该是比较恰当的（表4-1）。

表 4-1　国内外古岩溶类型划分沿革

项目	分类方案									
	Kerans（1988）	Choquette（1988）	李德生（1991）	兰光志（1995）	郭建华（1996）	贾疏源（1991）	李定龙（1992）	王兴志（1996）	夏日元（2000）	何江（2015）
分类依据	古岩溶发育时期	古岩溶地层学	古岩溶作用时间	岩层产状与岩石固结程度	古岩溶作用深度	成岩作用阶段（成因）分类				
细分类别	早期古岩溶	沉积古岩溶	现代岩溶	水平型古岩溶	浅部古岩溶	层间古岩溶	沉积古岩溶	同生期古岩溶	同生期层间岩溶〔表生期古岩溶〕	同生-准同生期古岩溶
	中期古岩溶	局部古岩溶				风化壳古岩溶	风化壳或暴露古岩溶	表生期古岩溶〔表生期古岩溶〕	裸露期风化壳岩溶	表生期古岩溶
	晚期古岩溶	区域古岩溶	深埋古岩溶	褶皱型古岩溶	深部古岩溶	缝洞系古岩溶	埋藏岩溶或压释水古岩溶〔埋藏期古岩溶〕	埋藏期古岩溶	压释水岩溶〔埋藏期古岩溶〕	压释水岩溶〔埋藏期古岩溶〕
								褶皱期古岩溶	热水岩溶	热水岩溶

4.2.1　鄂尔多斯盆地马家沟组成岩环境演化

早古生代鄂尔多斯盆地主要为陆表海，周围被古陆和岛屿所环绕，形成厚层碳酸盐沉积。早加里东期的怀远运动使自早奥陶世晚期以来的沟、弧、盆体系的主动大陆边缘的肩部隆起（中央隆起），也使其以后的地体增生、位移，从而造成边缘断裂的反转和盆地整体抬升、风化、剥蚀、淋滤（何自新，2003）。区内马家沟组地层自沉积以来的 4.5 亿年中，受到多期岩溶作用改造（王敏芳等，2004），形成白云岩与硫酸盐岩复合古岩溶储层。

在马家沟沉积期，鄂尔多斯盆地中东部主要是一套清水陆棚环境产物，发育了丰富的盆缘膏质结核云坪、盆缘云膏坪、盆缘膏云坪、盆缘云泥坪、盆缘灰泥坪和一定数量的较深水滩沉积。马五沉积时，在中央古隆起和伊蒙古陆的边缘地带可发育较多的浅水滩和潮坪沉积，对于形成于盆缘膏质结核云坪、盆缘云膏坪等的沉积物来说，基本未受同生-准同生期大气淡水和混合水成岩环境的改造，在经历了短暂的海底成岩环境后，便被上覆沉积物直接埋入地表之下，接受埋藏成岩环境的改造。对于向上变浅的、且在同生期发生暴露的潮坪和浅水滩体沉积序列来说，在经历短暂的海底成岩环境后，便暴露于水体之上或水面附近，短时间受到同生-准同生期大气淡水、混合水成岩环境的改造，随着上覆沉积物的堆积而逐渐进入埋藏成岩环境。

在上述沉积物（岩）较理想的成岩环境演化过程中，马家沟组先后受到多期大的构造运动影响，使其沉积物（岩）所经历的成岩环境更为复杂，特别是奥陶纪末的加里东运动导致马家沟组上部地层长期抬升至海平面之上，接受了长达 1.4 亿年左右的风化剥蚀作用，长时间受到表生期大气淡水成岩环境的控制。在早石炭纪后，随地壳的持续下降，马家沟组长时间受到中-深埋藏环境的成岩改造。因此，马家沟组成岩环境类型及演化过程复杂多变。

本书在研究成岩作用的基础上，结合区域地质资料，将鄂尔多斯盆地中部马家沟组的成岩环境演化过程慨括为以下三类（图4-1）。

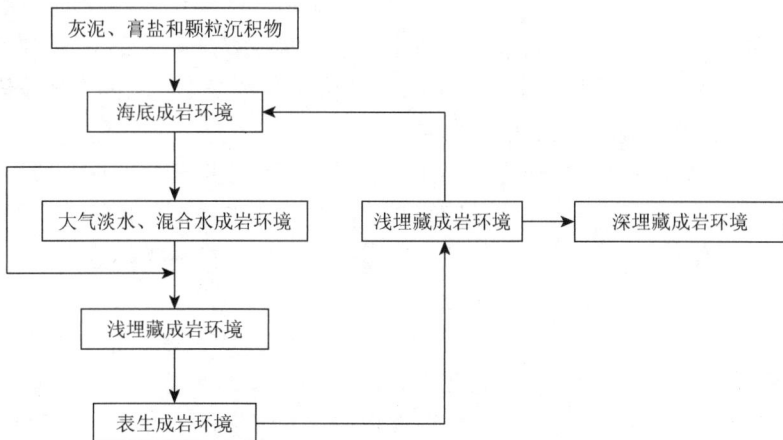

图 4-1　鄂尔多斯盆地马家沟组成岩环境演化示意图

（1）海底成岩环境→大气淡水、混合水成岩环境→浅埋藏环境→表生成岩环境→浅埋藏成岩环境→中-深埋藏成岩环境，主要出现于马五时中央古隆起和伊蒙古陆边缘的向上变浅，且在同生-准同生期暴露于水体之上的潮坪和各种浅滩相沉积序列中。

（2）海底成岩环境→浅埋藏成岩环境→表生成岩环境→浅埋藏成岩环境→中-深埋藏成岩环境，主要出现于中央古隆起北东侧马五段及以上奥陶系清水陆棚盆缘坪沉积中。

（3）海底成岩环境→浅埋藏成岩环境→中-深埋藏成岩环境，主要出现于中东部马五段以下且未受到表生期大气淡水改造的马家沟组地层中。

4.2.2 鄂尔多斯盆地马家沟组成岩作用序列及成因分类

成岩阶段可根据马家沟组相邻层段烃源岩的镜质体反射率 R_o 值，以及储集空间内方解石、白云石、石英和石膏等胶结物或化学充填物的有机质包裹体的均一温度、有机质演化程度、岩石结构组分和储集特征等来划分。本书主要参考能源部 1992 年颁布的石油行业标准《碳酸盐岩成岩阶段划分规范》，晚成岩阶段的 R_o 值范围为 0.5‰～4‰，古温度范围为 85～200℃。按照这一划分标准，区内马家沟组白云岩和灰岩烃源岩中的 R_o 值为 1.53‰～2.6‰；孔、洞、缝内粒状亮晶方解石、白云石、石英、石膏胶结物及充填物中的有机质包裹体均一温度为 90～195℃，部分可高达 300℃以上；有机质演化也进入高-过成熟的干气阶段；储集空间以次生成因的孔、洞、缝为主，原生孔隙较少。综合考虑，本书认为马家沟组储层段地层已处于晚成岩阶段的晚期，成岩环境属于深埋藏环境。

马家沟组地层自沉积以后，经历了复杂的成岩环境演化，其成岩阶段也发生了相应的变化，由早至晚经历了同生成岩阶段、早成岩阶段、表生成岩阶段，再次转变为早至晚成岩阶段。不同成岩阶段及相应成岩环境中发生的主要成岩类型、特征及其对储集空隙发育的影响如图 4-2 所示。

成岩序列是指叠加于同一岩体之上的各种成岩作用的先后顺序。成岩作用发生的先后顺序、类型、强度和特征除直接受成岩作用的控制外，还受沉积相、沉积物（岩）的结构组分和经历的构造运动等因素影响。图 4-3 示意性地表示了马家沟组所经历的几种主要成岩演化过程。

（1）成岩演化序列多发生于西部中央古隆起和北部伊蒙古陆边缘的潮坪和浅水滩沉积物中，具体表现如下。首先经过海底同生成岩环境，发生泥晶化、海底胶结等成岩作用，在频繁的海侵、海退过程中，大部分沉积物（岩）经过同生-准同生期低海平面时的大气淡水、混合水成岩环境改造，发生白云岩化、溶解和化学

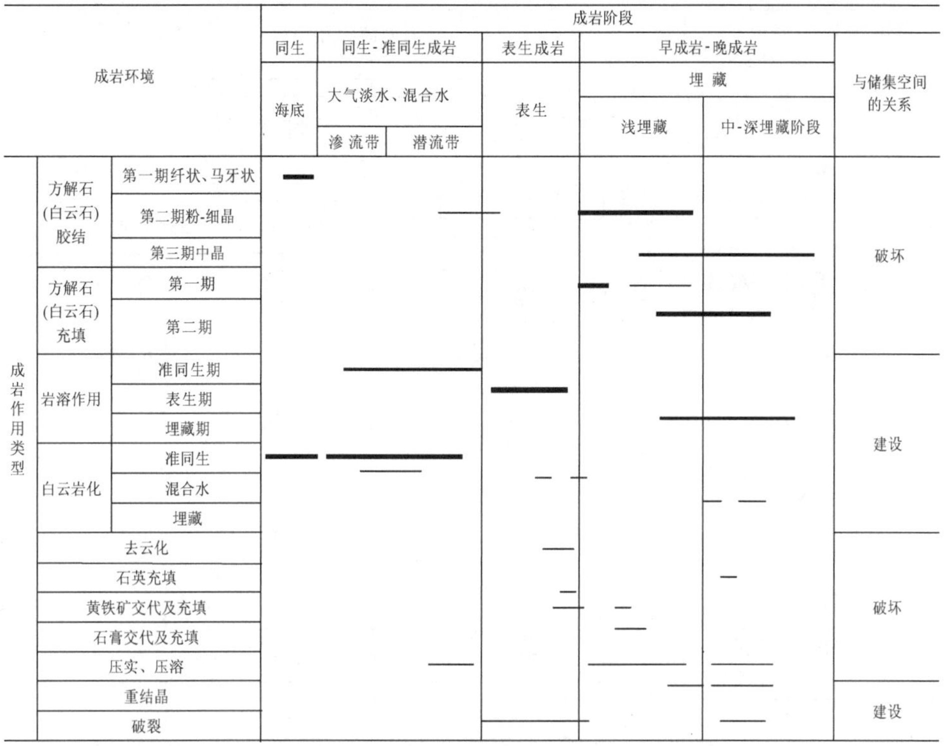

成岩环境			成岩阶段						与储集空间的关系
			同生	同生-准同生成岩		表生成岩	早成岩-晚成岩		
			海底	大气淡水、混合水		表生	埋藏		
				渗流带	潜流带		浅埋藏	中-深埋藏阶段	
成岩作用类型	方解石(白云石)胶结	第一期纤状、马牙状	▬						破坏
		第二期粉-细晶					▬		
		第三期中晶					▬▬	▬	
	方解石(白云石)充填	第一期					▬	▬	
		第二期						▬▬	
	岩溶作用	准同生期		▬▬					建设
		表生期				▬▬			
		埋藏期					▬▬	▬	
	白云岩化	准同生	▬▬	▬					
		混合水		▬				─	
		埋藏					─	─	
	去云化						─		破坏
	石英充填						─		
	黄铁矿交代及充填						─		
	石膏交代及充填						─		
	压实、压溶				─			─	
	重结晶						─		建设
	破裂						─		

图 4-2　鄂尔多斯盆地马家沟组主要成岩环境、成岩作用类型和成岩阶段

沉淀物的充填等成岩作用后,进入浅埋藏成岩环境;另一部分沉积物未经过同生-准同生期低海平面时的大气淡水、混合水成岩环境改造,便直接进入浅埋藏成岩环境,发生压实和胶结等成岩作用。在加里东运动的影响下,鄂尔多斯盆地中部马家沟组上部地层,特别是马五段由浅埋藏成岩环境进入大气淡水控制的表生成岩环境,并发生构造破裂,接受大气淡水的溶解、机械和化学沉淀物的充填等岩溶作用的改造,改造时间长达 1.4 亿年。马家沟组中、下部地层基本未经过表生成岩环境就直接进入埋藏成岩环境。随着马家沟组上覆地层的形成,整个马家沟组进入埋藏成岩环境,发生压实、压溶、重结晶、溶蚀和化学充填等成岩作用,形成形态主要受到沉积相控制的滩相透镜状储层和少量形态受到表生期岩溶作用控制的不规则状储层。发生于该成岩演化过程中的多期构造运动,可产生一定数量和多期复杂的裂缝系统,使成岩序列更加复杂。

(2)成岩演化序列多发生于鄂尔多斯盆地中、东部广大的清水陆棚盆缘坪的膏盐质、云泥和灰泥沉积物中,其成岩序列较第一类简单,具体表现如下。首先经过短暂的海底成岩环境改造,发生白云岩化、胶结和脱水收缩等成岩作用后,马四段以下地层便直接进入埋藏成岩环境,接受压实、胶结、压溶、重结晶、溶解和化学充填等成岩作用的改造,可形成储集性能较差的层状储层,但不构成奥陶

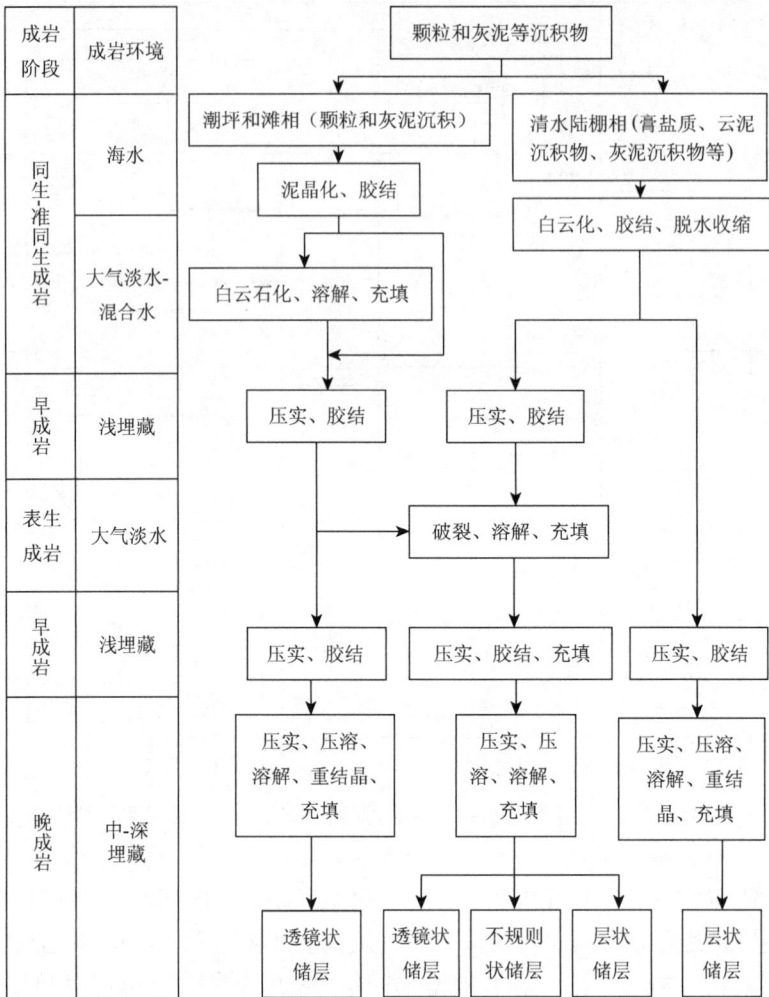

成岩阶段	成岩环境
同生-准同生成岩	海水
	大气淡水-混合水
早成岩	浅埋藏
表生成岩	大气淡水
早成岩	浅埋藏
晚成岩	中-深埋藏

图 4-3 鄂尔多斯盆地中部马家沟组储层综合成岩演化序列

系气藏的主要储集层。而马五段及以上地层在经过浅埋藏成岩环境后又进入表生成岩环境，发生破裂、溶解和充填等成岩作用，形成大量的储集空间，随后进入埋藏成岩环境，接受多种成岩作用改造，最终形成具有良好储集性能的层状储层。与此同时，局部井区富含膏盐沉积的地层在表生期大气淡水作用下，形成一定数量的大溶洞，并多被岩溶角砾岩充填，岩溶角砾岩上覆地层在重力作用下可形成碎裂岩（裂缝性白云岩），从而构成主要以岩溶角砾岩和碎裂岩为主的、储集性能较差的不规则储层。

以成岩环境演化和成岩作用序列为主线，根据岩溶作用形成的机理、先后顺序、持续时间、岩溶特征、控制影响因素以及与储层的关系等，可将古岩溶作用划分为同生-准同生期岩溶、表生期岩溶和埋藏期岩溶三类，并且分别与同生成岩阶段（大气淡水环境）、表生成岩阶段（表生环境）和早-晚成岩阶段（埋藏环境）对应，其中埋藏期岩溶又可划分为压释水岩溶及热水岩溶。

4.3 复合岩溶岩划分及特征

复合岩溶岩指奥陶系马家沟组白云岩与硫酸盐岩复合建造形成后，因复合古岩溶作用多期叠加形成的岩石。碳酸盐岩出露地表后即遭受各种风化营力影响，当含有不同溶质的岩溶水进入到岩体内部可伴生多种化学反应，发生水化、淋滤、氧化等多种化学作用，形成大量的溶蚀空隙，后期被各类机械、化学沉积物半充填或全充填，叠加埋藏成岩期各类溶蚀充填等作用，形成各种岩溶岩。

基于岩石及薄片系统观察，将岩溶岩划分为岩溶建造岩、岩溶改造岩。

4.3.1 岩溶建造岩

岩溶建造岩为溶洞中沉积固化的化学沉积物、机械产物、外来搬运沉积物。根据岩溶建造岩成因机理，可将其细分为残积岩溶岩、塌积岩溶岩、填积岩溶岩、冲积岩溶岩和淀积岩溶岩。

1）残积岩溶岩

残积岩溶岩为风化壳顶部岩溶作用产生的未溶组分在原地堆积，后固结成岩的岩石。如残积角砾屑碳酸盐岩（图 4-4（a）），砾石为破碎的碳酸盐岩角砾，砾间常被碳酸盐岩细碎屑和铝土质泥岩充填，常见团块状、结核状的黄铁矿交代，残余的溶蚀空间多被石炭系下渗的产物充填，基本上不具备储集性。在盆地内部，除了剥蚀沟槽和零星区块外，残积岩以层状、透镜状、不规则状大面积分布于风化壳顶部。

2）塌积岩溶岩

塌积岩溶岩为常见的溶蚀产物。区内塌积岩中砾石成分较为单一，以白云岩、石灰岩和硬石膏岩为主，呈不规则的角砾状，砾间常被不含孔隙的含泥质白云质细碎屑填隙，基本上不具备储集性能（图 4-4（b））。但也见少部分塌积岩砾间是被含粒间孔的渗流粉砂填隙，通过对这类角砾屑白云岩的观察发现，角砾屑边缘常常有磨蚀圆化和港湾状再溶解现象，表明这类角砾岩塌积后又经历了强劲的地下径流簸洗和溶蚀作用，砾间被地下径流或渗流水带来的渗流粉砂填隙，具备一定的储集性。

特别值得提出的是，在鄂尔多斯盆地中部马五 $_3^3$、马五 $_4^1$ 等小层，岩性多为夹有硬石膏岩的碳酸盐岩，由于石膏遇水极易溶蚀成洞穴，引起顶板岩石的压裂塌落，其塌落的岩石角砾与残留的石膏混合胶结成塌积膏溶角砾岩。另外，夹层如果是硬石膏，其在转化成石膏时，体积膨胀，也可使顶板岩石压裂崩塌形成塌积膏溶角砾岩。例如，林 5 井的马五 $_3^3$ 岩性主要为鸡雏状白云质硬石膏岩与细粉晶白云岩的不等厚薄互层，在中部间夹 1m 左右的膏溶角砾屑白云岩，部分角砾为鸡雏状硬石膏岩垮塌而成，砾间被白云质细碎屑等充填（图 4-4（c））。

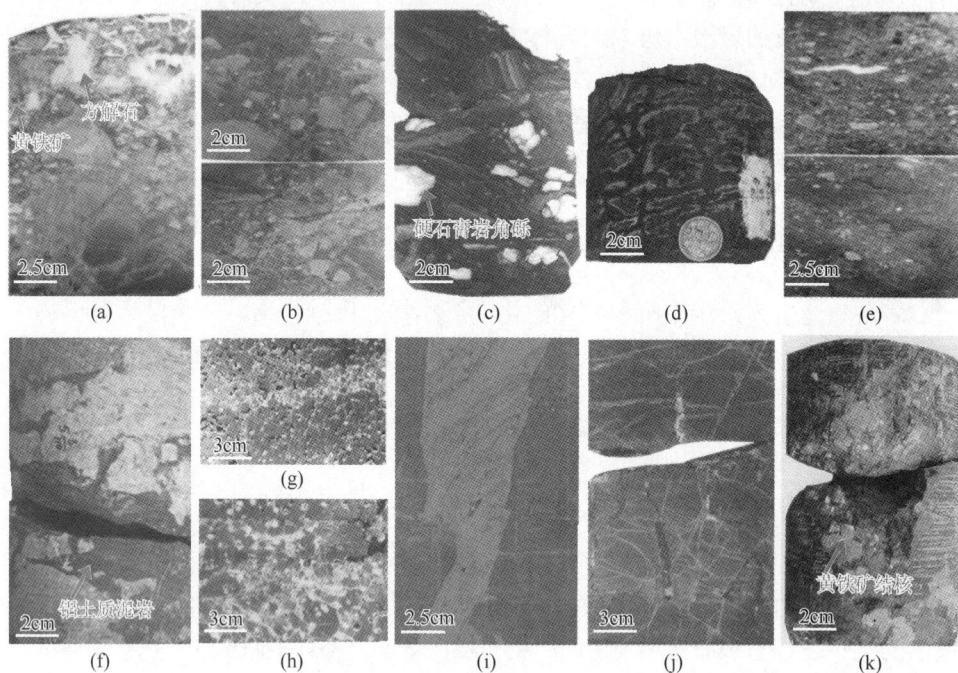

图 4-4 鄂尔多斯盆地中部马家沟组马五 $_4$—马五 $_1$ 亚段岩溶岩特征

图 4-4（a）为距地表一定深度的残积砾岩，石灰岩砂、砾屑混积，砾屑溶蚀较弱，半棱角至半圆形，砾石间被砂、粉屑和铝土质泥质共同填隙。左上方为交代的黄铁矿，上部溶洞中由方解石充填，取自宜探 1 井，马五段，2416.50m。图 4-4（b）为岩溶溶洞充填角砾屑白云岩。角砾屑成分多样，大小悬殊，砾间被白云岩粉屑、砂屑、泥屑及渗流粉砂充填，取自陕 52 井，马五段，3332.51m。图 4-4（c）为溶洞积岩，主要为白云岩角砾，白色的为硬石膏岩角砾，呈明显的崩落状，取自林 5 井，马五段，3478.15m。图 4-4（d）为岩溶溶洞，充填来自中石炭统的炭质泥岩，发育不规则纺锤形的收缩缝，其中又有方解石充填，取自陕 250 井，马五段，3570.10m。图 4-4（e）为岩溶溶洞地下径流搬运的冲积角砾屑白云岩，可显示出若干次径流流量不同、能量不一的搬运、沉积过程，取自于陕 52 井，马五段，3352.67m。图 4-4（f）为岩溶溶洞淀积的浅黄红色钟乳石，钟乳石间被来自地表的灰色铝土质泥岩充填，取自于陕 251 井，马五段，3101.52m。图 4-4（g）为含硬石膏结核的细粉晶白云岩，溶模孔的中、下部被细粉晶-亮晶白云石充填，上部保存完好，成"假示底构造"，结核溶模孔发育被充填的裂碎缝，取自 G10-9 井，马五段，3177.21m。图 4-4（h）为含硬石膏结核粉晶白云岩，密集的裂碎缝和扩溶裂碎缝将岩石切割成"角砾岩"状，取自 G10-9 井，马五段，3176.86m。图 4-4（i）为纵向溶沟中被脉动式下渗的大气淡水携带的渗流粉砂充填，下部呈下凹的蹼状充填构造，并含有一些基岩的小角砾，取自统 6 井，马五段，3117.05m。图 4-4（j）为岩溶溶洞顶板粉晶白云岩中发育卸荷裂缝，形成张裂岩，取自陕 34 井，马五段，3934.49m。图 4-4（k）为黄铁矿结核部分交代微粉晶石灰岩，取自宜探 1 井，马五段，2412.55m。

3）填积岩溶岩

下渗水流携带搬运的物质在岩溶洞穴中沉积固结后形成的岩石叫填积岩。填积物既可来自洞穴发育的同层，也可来自一定分布范围内的其他物质。奥陶系风化壳常见的洞穴填积岩为渗流粉砂填积岩和黑色的炭泥质填积岩（图 4-4（d））。

4）冲积岩溶岩

由近水平方向的地下暗河搬运碎屑物质冲积形成，其组构、规模与地下暗河的水化学条件、规模和流速、岩性等密切相关。常见砾屑和砂屑白云岩，颗粒定向性明显，砾间常被含泥白云岩细碎屑充填。此外，因地下暗河流速相对缓慢，颗粒磨圆性及分选程度较差（图 4-4（e）），储集性能差。

5）淀积岩溶岩

由岩溶水流经岩溶空隙时，过饱和碳酸盐岩溶质逐渐结晶沉淀形成。例如，岩溶洞穴常沿渗流系统发育，可使主渗流通道不断拓宽。当含过饱和 $CaCO_3$ 的岩溶水下渗到达溶洞后，CO_2 分压将明显降低，间接导致 $CaCO_3$ 析出，发育为方解石质的淀积岩（图 4-4（f））。

4.3.2　岩溶改造岩

经岩溶作用影响，强度适中，岩石仅部分被溶蚀或破坏的统称为岩溶改造岩。基于不同岩溶方式和发育演化过程，可将其分为岩溶溶蚀岩、岩溶变形岩及岩溶交代岩。

1）岩溶溶蚀岩

其为岩溶作用仅使母岩部分溶解，原岩主体得以保存的岩类，常发育溶孔、缝及溶沟等岩溶现象。表生裸露成岩期，受大气淡水的淋滤作用影响，目的层位发育的硬石膏小结核大多演化为膏模孔（图 4-4（g）），经历了多期矿物的复杂充填后，剩余溶模孔量分布为 0%～75%。需强调的是，硬石膏结核溶解过程还可伴生大量裂碎缝及扩溶裂碎缝（图 4-4（h））。而常规溶缝、沟越向上越发育，常被细砂砾屑、泥岩、含粒间孔的渗流粉砂等物质充填（图 4-4（i））。上述表生期形成的溶蚀空间部分于埋藏成岩期被再次扩溶，导致岩溶溶蚀岩具多期叠加特征。

2）岩溶变形岩

其为母岩原始产状受岩溶作用影响发生明显形变的岩类，区内常见岩体经受岩溶作用后张裂、假角砾化构成的张裂岩。例如，鸡雏状的白云质硬石膏岩吸水溶解并膨胀，造成上覆白云岩地层挤压变形，此后，硬石膏层溶解形成溶蚀空洞，造成上覆白云岩层卸压，伴生一系列裂隙，发育为张裂岩（图 4-4（j））。

3）岩溶交代岩

其为母岩受岩溶水所携带矿物质影响，产生交代作用形成的岩类，目的层位常见黄铁矿化、次生灰岩化等交代岩类（图 4-4（k））。

需关注的是，岩溶岩经过不同期次、漫长时期的成岩作用影响，不同成因的岩溶岩类可能相互叠加、反复改造，研究中应以主导因素进行识别和划分。

4.4　同生-准同生期复合古岩溶

该期岩溶作用发生于沉积物形成之后不久，沉积物尚未完全脱离其沉积环境，成岩环境属于同生-准同生期。由于其岩溶作用形成于沉积阶段的暴露期，在地层中以小规模的层状和透镜状出现。该期岩溶对鄂尔多斯盆地马家沟组马五段储层，特别是对中央隆起和北部伊盟陆边缘马五段受浅滩控制的透镜状储层的形成与演化起着重要的作用：一方面，其岩溶作用形成的部分孔、洞可保留至今，构成现今储层段内常见的储集空间类型；另一方面，其岩溶部位也是地层中的脆弱部位，易于后期各种溶液的运移，为后期岩溶作用的产生奠定了基础。

4.4.1　同生-准同生期复合古岩溶控制因素

1）构造条件的改变

在加里东运动早期，南缘的秦祁构造带处于扩张阶段，北缘为活动陆缘，盆地本部受其影响而产生不均衡升降运动，导致中东部海平面频繁变化，并在低海平面-高位域期形成大面积含膏盐的碳酸盐岩沉积。这些膏盐沉积在平面上围绕盆地拗陷中心分布，并在快速海侵、缓慢海退层序中，因受大气降水淋滤而发育层间岩溶。地壳运动的差异性和古气候环境的变化，对同生期层间岩溶具有明显的控制作用。

2）成岩环境条件的改变

在较高级别（五级）海平面升降旋回（周期为 0.03～0.08Ma）的下降过程中，靠古隆起或古陆边缘一侧浅水区的盆缘坪和浅水滩体沉积物（岩）会间歇性地暴露于海平面之上，接受大气淡水和混合水的改造作用，由沉积-同生成岩环境转变为同生-准同生成岩环境。该过程的转变导致沉积物（岩）的介质环境条件发生了明显的变化。早期沉积-同生成岩环境为封闭-半封闭的弱还原-弱氧化、中性-弱碱性状态，沉积物被饱和-过饱和的高盐度海水所包围。而同生-准同生期成岩环境具有开放-半开放的氧化-弱还原、酸性-弱酸性的介质条件，沉积物（岩）的孔隙内为不饱和的大气淡水和混合水所充填。介质环境条件的转变，势必导致沉积物（岩）与孔隙水之间的平衡遭到破坏，由此引起物质的重新分配组合，以建立新的平衡，其平衡的过程便是该期岩溶的过程。

3）矿物稳定性条件的改变

在准同生期白云化过程中，白云化可在其沉积旋回的中、上部形成一定数量的针状、板条状的石膏，加之早期沉积阶段在单一沉积旋回中、下部形成的少量结核状石膏，局部含量可达 5%～10%。同时，准同生白云化的过程并未彻底改变原沉积物的灰质矿物成分，地层中仍含有一定数量的文石、高镁方解石，这一点可从现今部分沉积旋回的中、下部仍保留有一定数量的灰质组分得到证实。上述石膏、文石和高镁方解石在沉积期高盐度的孔隙水（海水或封闭的海水）中是稳定的，当进入同生-准同生成岩阶段后，会受到大气淡水或较低盐度混合水的影响而产生一系列的变化。同样，白云石也欠稳定，会发生一定程度的溶解。

4.4.2　同生-准同生期复合古岩溶作用机理

同生-准同生期岩溶作用是随着白云岩化的主导过程进行的。水岩作用主要发生于沉积物与间隙水之间，因含间隙水的富钙灰泥层抬升至蒸发盆缘环境，在干旱蒸发条件下失水浓缩，Mg^{2+} 富集可促进含膏灰泥的白云岩化和石膏质结晶，即发生如下化学过程。

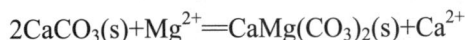

$$2CaCO_3(s)+Mg^{2+}=CaMg(CO_3)_2(s)+Ca^{2+}$$

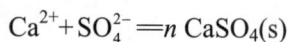

$$Ca^{2+}+SO_4^{2-}=n\,CaSO_4(s)$$

1）开放环境

在开放条件下，以白云岩化反应的自由能及白云石的溶度积 $K_{s0}=2\times10^{-7}$（25℃，1atm[①]）为例分析，在海水转化为咸水的溶液介质中，Mg^{2+} 富集，$CaCO_3$ 稳性减小；当沉积水蒸发产生石膏沉淀时（如马五$_1^2$、马五$_2^2$ 中常见石膏假晶和晶模孔），体系中白云石具有较高的稳定势。降雨时，雨水沿蒸发形成的干裂缝及白云石晶间孔隙下渗，在淡水和大气二氧化碳的作用下，白云石和石膏发生溶解，即发生如下化学过程。

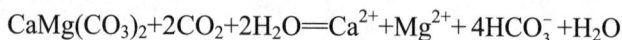

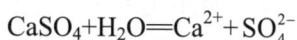

$$CaMg(CO_3)_2+2CO_2+2H_2O=Ca^{2+}+Mg^{2+}+4HCO_3^-+H_2O$$

$$CaSO_4+H_2O=Ca^{2+}+SO_4^{2-}$$

石膏的溶解则增强了白云石的溶解，并产生新的方解石沉淀，即有如下化学过程发生。

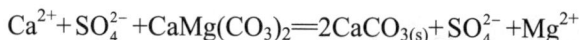

$$Ca^{2+}+SO_4^{2-}+CaMg(CO_3)_2=2CaCO_{3(s)}+SO_4^{2-}+Mg^{2+}$$

由于雨水的二氧化碳分压较低，尽管有很强的溶蚀能力，但白云石很快达到饱和，溶蚀量较小，因此，往往只是沿裂缝面造成溶蚀。然而，入渗淡水与间隙咸水混合稀释后，对石膏的溶解能力则明显增强，不仅使白云石晶间散布的石膏晶体和细鲕粒溶解，而且使岩性段上部的石膏结核产生溶解。同时，因淡水及混合水的溶蚀作用，在马五$_1^1$、马五$_1^2$ 等岩性段上部发育延伸数厘米到数十厘米的微溶缝，并呈向下尖灭特征，充填含泥较高的灰云质泥晶，具有微咸水白云石和方解石的碳、氧同位素特征。在上述岩性段的中下部，水溶解了部分石膏晶粒和结核而残留晶模孔和结核模孔，进而在沉降压实过程中发生形变，晶模孔呈拉长状，结核模孔呈偏圆状，其底部因石膏溶解迁出，残留泥粉晶状白云石充填物，充填物的同位素及化学组成特征与基质白云石相似，如陕153 井马五$_1^3$ 的电子探针分析结果所示（图4-5、表4-2）。早期充填的微晶白云石与基质白云石的主要化学成分 MgO、CaO、FeO 等含量基本一致，其充填物中较富 CaO、SO_3、Al_2O_3、MnO，而基质中较富 SiO_2、SrO、FeO、MgO，表明经淡水及混合水淋溶，在形成充填白云石的溶液中 Mg^{2+}、Sr^{2+}、SiO_2 组分含量降低，而石膏溶解的 Ca^{2+}、SO_4^{2-}、MnO 等组分含量略有增高，反映了两类白云石的形成条件具有一定继承性。

---

① 1 个标准大气压。

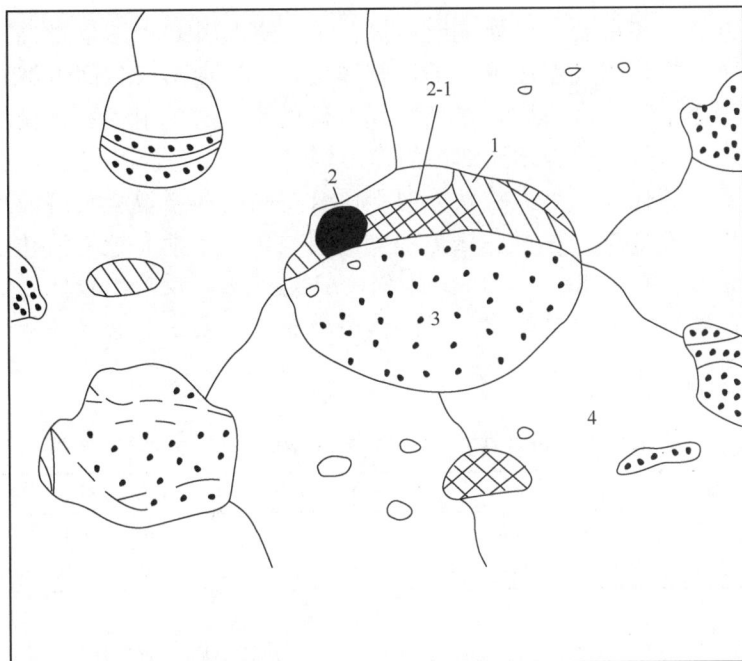

图 4-5　陕 153 井马五 $_1^3$ 的电子探针测点分布示意图

注：1 为充填石膏，2 为充填铁白云石，2-1 为充填方解石，3 为充填白云石，4 为基质白云石。

表 4-2　陕 153 井马五 $_1^3$ 溶孔充填物和基质电子探针分析结果

测点号	FeO	MgO	CaO	SO₃	Al₂O₃	SiO₂	MnO	SrO	Sb	样品类型
1	0.08	0.06	38.99	56.74	0.04	0.03	0.02	0.58	0.06	充填石膏
2	1.46	17.45	29.55	0.94	0.14	0.13	0.02	<0.01	0.06	充填铁白云石
2-1	0.75	3.78	43.53	0.30	0.29	0.34	0.05	0.01	0.06	充填方解石
3	0.44	16.24	26.81	0.95	0.43	0.07	0.14	<0.01	0.03	充填白云石
4	0.49	16.60	26.56	0.49	0.18	0.21	0.03	0.02	0.03	基质白云石

2）半封闭环境

在沉降接受沉积阶段，成岩环境由开放（氧化）环境变为半封闭（弱还原）环境，蒸发影响减弱。淡水引起的溶蚀作用，随岩层埋深增大而消失，逐渐转变为以压实、胶结与固化成岩作用为主。由于地静压力大于沉积区海水静压，水岩作用表现为含盐度较海水高的岩层间隙水与岩石矿物间的物质交换与转化。间隙水中 Mg^{2+} 的浓度随深度而降低，Ca^{2+}、K^+ 等则反之而增加（Siever et al., 1965）。而且因缺氧和细菌作用，环境 pH 降低，呈弱还原状态。在此条件下，间隙水中方解石和白云石已处于饱和状态，压滤水因 Ca^{2+} 浓度增高（与黏土矿物的离子交换作用及温度增高的溶解作用有关）而形成粒间方解石胶结和缝合线微型缝中的方解石脉，以及交代石膏假晶。岩层中的石膏脱水转变为硬石膏。水中的硫酸盐因还原细菌的作用转化为还原态，且与水中 Fe^{3+} 结合形成黄铁矿等硫化物，呈微粒状分散于白云石晶间和微裂缝及溶蚀孔洞中。经对比分析（表 4-3），基质白云岩晶间的黄铁矿比后期充填于溶孔中的黄铁矿晶团有含量更高的 Sr、S，而少有 Si、Al 等元素，反映出较低温度的富锶生成环境。在压实成岩过程中，岩溶作用减弱，主要是对盆缘坪暴露阶段形成的溶孔进行压缩和充填。

表 4-3　陕 109 井马五 1^2 溶孔与基质黄铁矿化学特征对比表

期次	类型	形态	Fe	S	SrO	MgO	CaO	Al_2O_3	SiO_2	MnO	Sb
早期	基质晶间	微晶粒	41.83	53.36	0.09	0.13	0.34	0.01	0.11	0.09	0.11
晚期	溶孔充填	晶质团块	40.46	51.60	0.05	1.14	2.54	1.28	1.07	0.08	0.11

总体上，在早表生期的暴露与浅埋环境下，溶孔中多为咸水微晶白云石和咸水粉细晶方解石充填，其主要矿物地球化学特征如下。①咸水微晶白云石，结晶细微，充填于孔洞底部，混杂有较多尘状物质。Al_2O_3、MnO 含量高于基质，分别为 4300ppm 和 1400ppm，同位素 ^{13}C 和 ^{18}O 稍比基质轻，$\delta^{13}C$ 为$-1.375‰\sim$ 1.131‰，均值为$-0.145‰$，$\delta^{18}O$ 为$-10.050‰\sim-6.709‰$，均值为$-8.224‰$，显示出有淡水影响，但仍属盐水环境。沉积时古温度为 $53\sim77℃$，平均温度约 $64℃$。②微咸水粉细晶方解石，经去膏化后形成，Sr 含量较高（312.3ppm），Fe 和 Mn 的含量分别为 825ppm 和 75ppm，具中等强度阴极发光特征，主要充填在膏模孔和溶孔底部以及早期构造缝中。同位素 ^{13}C 和 ^{18}O 比白云石充填物稍轻，$\delta^{13}C$ 为$-1.313‰\sim0.692‰$，均值$-0.551‰$，$\delta^{18}O$ 为$-11.484‰\sim-6.985‰$，均值为$-8.598‰$。沉积时古温度为 $55\sim88℃$，平均约 $66℃$。

4.4.3　同生-准同生期复合古岩溶识别标志

在马家沟期，中央古隆起边缘和北部伊盟陆边缘的浅水台坪和浅滩随着较高级（五级）海平面的下降，早期海平面附近及以下的沉积物（岩）的环境转变为同生-准同生成岩环境。在开放的氧化环境中，受大气淡水和混合水的影响，在台坪和滩内可短时间建立起淡水透镜体，形成岩溶作用。其岩溶模式如图 4-6 所示。

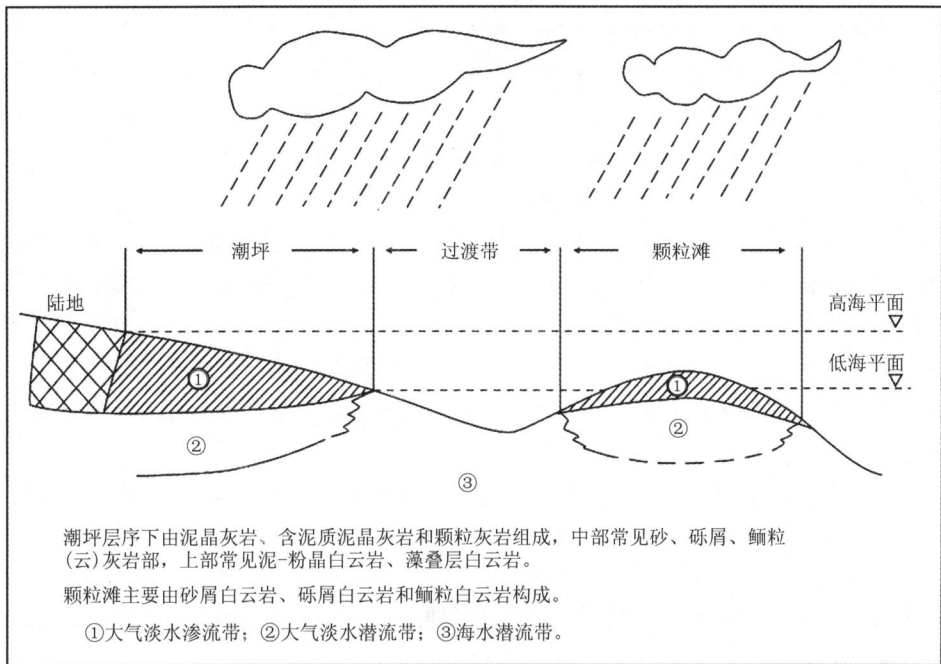

潮坪层序下由泥晶灰岩、含泥质泥晶灰岩和颗粒灰岩组成，中部常见砂、砾屑、鲕粒（云）灰岩部，上部常见泥-粉晶白云岩、藻叠层白云岩。

颗粒滩主要由砂屑白云岩、砾屑白云岩和鲕粒白云岩构成。

①大气淡水渗流带；②大气淡水潜流带；③海水潜流带。

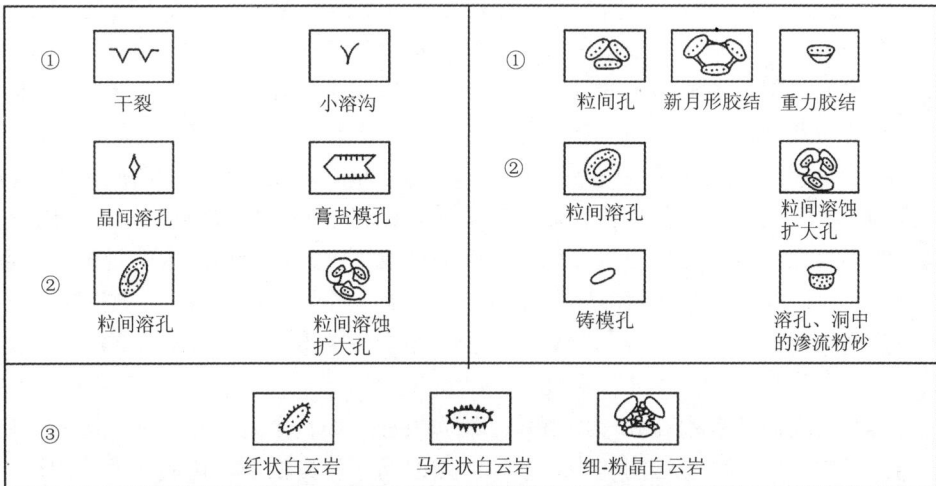

图 4-6　鄂尔多斯盆地马家沟组同生-准同生期古岩溶模式图

富含 CO_2 的大气淡水在向下渗透的过程中，会对周围沉积物（岩）中不稳定的结构组分发生选择性和非选择性的淋滤、溶解作用，形成大小不一、形态各异的孔、洞、缝等岩溶产物。淋滤、溶解作用既可选择性溶解不稳定的矿物，如石膏、石盐、文石和高镁方解石，形成各种膏盐模孔、膏模孔洞、粒间溶孔、粒内溶孔和铸模孔等，又可进行非选择性溶解，形成少量小规模的溶沟、溶缝等。局部过饱和的大气淡水会在颗粒接触部位或颗粒下方形成新月型或重力型胶结。这些岩溶产物既可在后期成岩过程中消失，也可部分保留至今形成有用的储集空间。通过对岩心、薄片、铸体、阴极发光和微量元素等进行详细地综合分析，可归纳总结出马家沟组马五段地层中同生-准同生期的岩溶标志。

（1）干裂。主要出现在部分沉积旋回的顶部，在岩心纵剖面上呈上宽下窄的"V"字形，横剖面上显现板片状角砾，角砾几乎无位移，具有略圆化的溶蚀边缘，角砾间被上覆地层沉积物或渗流泥、粉砂完全充填（图4-7（a））。这说明这些地层顶部曾短时间暴露于水体之上，在干旱炎热的气候条件下形成干裂，在多雨季节受到大气淡水的淋滤改造发生圆化，后期沉积物或下渗物可分布于早期干裂角砾之间。

（2）不规则小溶沟、溶缝。仅分布于部分沉积旋回的上部，常与干裂相伴生，多以高角度与围岩相交。溶沟、溶缝宽一般为0.2～0.5cm，长数厘米至十余厘米，边部具有明显的溶蚀圆滑特征。一般说来，在同一溶沟、溶缝中，由上向下，宽度变窄，并逐渐消失在下伏岩性中，内部常被灰、褐灰色细粒机械碎屑、渗流泥、粉砂和上覆沉积物全充填（图4-7（b））。

（3）膏盐模孔、洞。主要分布在原岩为含膏质的泥-粉晶白云岩中。原岩中的膏质组分多以纤状、板片状单晶出现，纤状集合体膏质结核较少，膏盐质组分在大气淡水的作用下溶解，形成并保留其外部形态的膏模孔、洞。由于单晶膏盐质纯，溶解后残余物较少，而以集合体形式存在的石膏结核中含有一定数量的泥质等不溶残余物，当膏盐质溶解后，岩溶残余物分布于膏盐模孔、洞的底部，形成示底构造。上述单晶膏盐模孔在后期埋藏成岩过程中，大多被粗粒亮晶白云石充填，局部可保留至今，但对现今储集空间的影响不大。而该期形成的膏模孔洞数量少，且在后期压实和溶解作用的影响下，具有少充填、拉长变形、顺岩层方向定向排列的特征（图4-7（c）），这些特征是与表生期形成的膏模孔洞的主要区别之一。

（4）粒间溶蚀扩大孔和粒内溶孔。粒间溶蚀扩大孔主要分布在滩相的砂、砾屑白云岩中，属于原生粒间孔中第一期纤状或马牙状白云石环边胶结部分溶蚀扩大后的产物，局部可溶蚀部分颗粒，孔隙具明显的溶蚀边缘（图4-7（d）），孔隙底部有时可见少量渗流粉砂、渗流泥，其产物是渗流带的典型标志之一。粒内溶孔是部分颗粒内部被选择性溶解的产物，当颗粒内部被完全溶解，仅保留其外部形态时，则称之为颗粒铸模孔。这些孔隙类型分布较少，局部井段富集，如苏2井的马五段是滩相透镜状储层的重要储集空间。

（5）其他标志。在少量颗粒岩中可偶见已被溶蚀改造的重力型和新月型亮晶白云石胶结物，在局部小溶孔、溶洞和溶沟中也可见到少量渗流粉砂充填物。

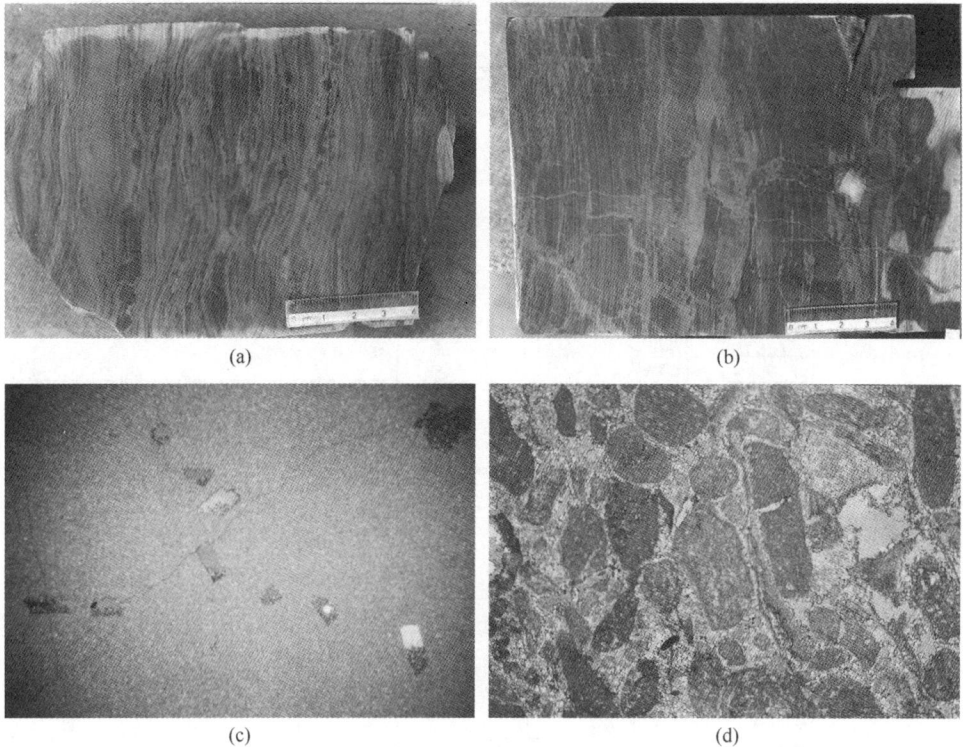

图 4-7　同生-准同生期复合古岩溶识别标志

图 4-7（a）为褐灰色泥晶白云岩和藻叠层泥晶白云岩，见较多圆滑的干裂角砾，角砾间被上覆沉积物全充填，取自召探 1 井，马五段。图 4-7（b）为潮坪褐灰色泥晶灰岩，见圆滑的干裂角砾和小溶沟，并被上覆地层沉积物和渗流粉砂等全充填，取自城川 1 井，马五段。图 4-7（c）为泥-粉晶白云岩中发育较多少充填的膏模孔洞，膏模孔、洞定向顺层排列，具拉长变形的特征，取自城川 1 井，马五段。图 4-7（d）为亮晶砾屑白云岩，具两期胶结，第一期为零星分布的单环边马牙状亮晶白云石，第二期是粉-细晶白云石，两期胶结物具明显溶蚀的痕迹；局部颗粒呈凹凸接触，其中发育大量的残余粒间孔、粒间溶孔、粒内溶孔和铸模孔等，取自苏 2 井，马五段。

4.4.4　同生-准同生期复合古岩溶分布规律

同生-准同生期岩溶作用的分布规律主要受到沉积相控制，其岩溶作用多发生于周期性暴露的沉积相带之中。中央隆起带东侧边缘和北部伊盟陆边缘的一带在马五段沉积时，浅水盆缘坪和浅水颗粒滩发育，在周期性海平面升降作用的影响下，常间歇性暴露于水体之上，有利于同生-准同生期岩溶作用的进行。

以苏 2 井为例（图 4-8），在第 9 次～第 12 次取芯段（井深 3576～3606m）共发育 4～5 个浅滩-盆缘坪沉积旋回，代表 4～9 次较高级（五级）海平面升降的产物。

地层	井深/m	岩相柱	成岩组构	大气环境	物性		孔隙类型	岩性特征描述
					Φ/%	k×10⁻⁵/μm²		
马家沟组六段	3576			大气渗流			鸟眼孔、膏盐模孔	见少量高角度小溶沟、溶缝，被全充填，具全充填的鸟眼孔、膏盐模孔和黄铁矿
	3580			大气潜流			晶间孔、晶间溶孔、粒间溶孔及铸模孔	粒间孔、粒间溶孔、粒内溶孔和铸模孔发育，构成蜂窝状半充填、面孔率2%～10%
				海底潜流			粒间孔、粒间溶蚀	马牙状环边白云岩胶结物明显，见少量粒间孔和粒间溶孔
	3586			大气渗流			晶间微孔	岩性致密，见少量近垂向分布的充填小溶沟、干裂和缝合线
	3590			大气潜流			粒间溶孔、粒内溶孔、铸模孔、溶洞	粒间孔、粒间溶孔、粒内溶孔和铸模孔发育，少量溶洞，见溶孔、洞中分布有渗流粉砂
	3596			大气渗流			粒间微孔、晶间孔	岩性致密，见小溶沟、干裂中被渗流泥、粉屑全充填，少量晶间微孔和晶间溶孔扩大
				大气潜流			粒间孔、粒间溶孔、铸模孔	粒间孔、粒间溶孔和铸模孔发育，呈针孔状，面孔率5%～15%
				大气渗流			晶间微孔	岩性致密，具全充填的干裂和小溶沟
				大气潜流			晶间孔、粒内溶孔、铸模孔	粒间溶蚀扩大孔、粒内溶孔和铸模孔常见，面孔率2%～3%
	3606			海底潜流			—	—

∀∀ 干裂	Y 小溶沟	⊞ 膏盐模孔	◇ 晶间孔	□ 粒间孔	◈ 晶间溶孔
◇ 晶间溶蚀	⊖ 溶孔中渗流粉砂	⋈ 粒间溶蚀扩大孔	✿ 马牙状胶结	◎ 粒间溶孔	∿ 缝合线

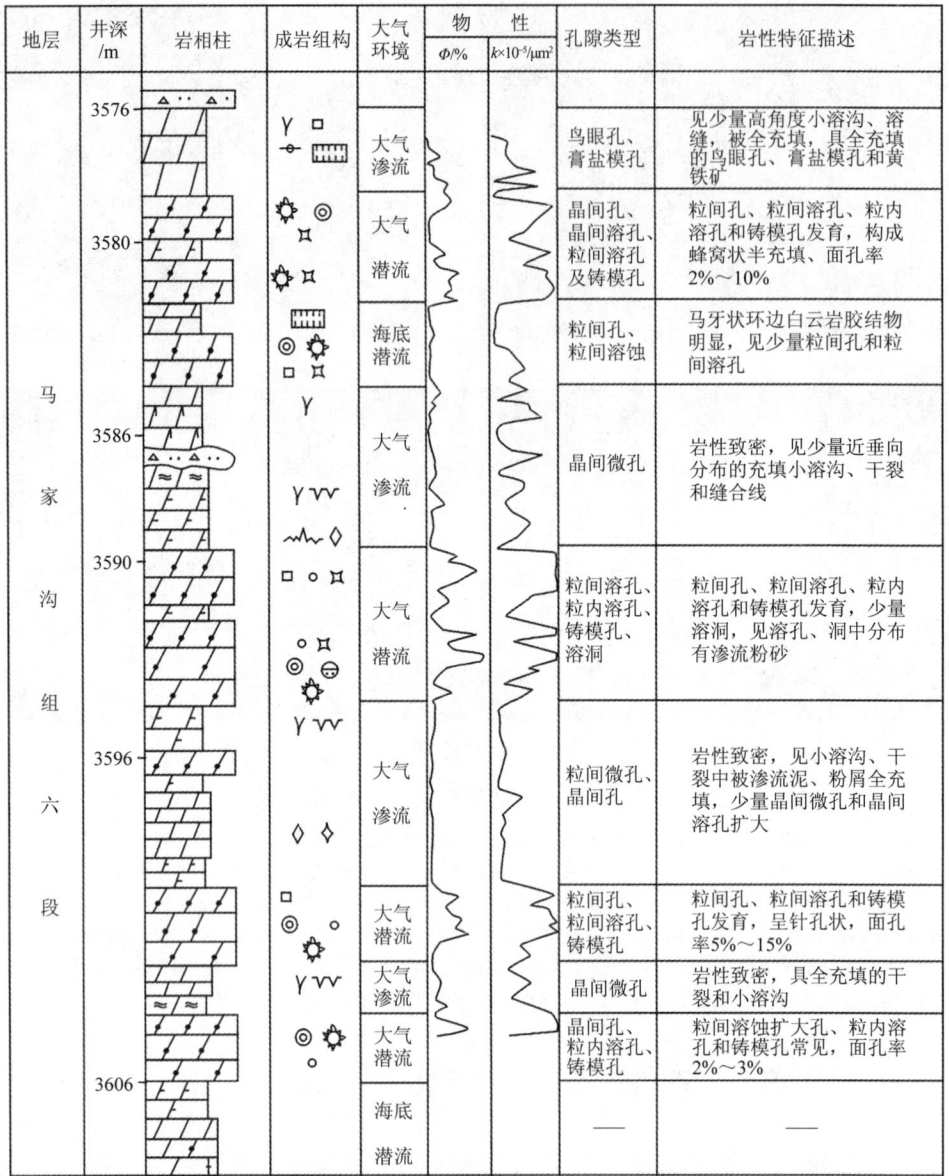

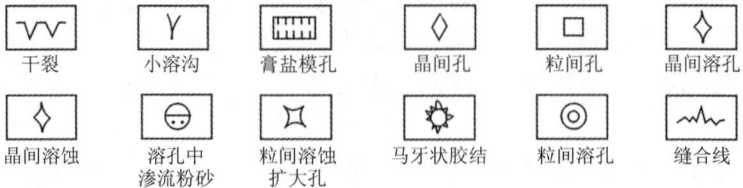

图4-8 苏2井马家沟组取芯段岩溶特征（郑聪斌，1998）

单旋回的下部属于潮下低能-较低能沉积，厚 0.2～1.5m，多由深灰、灰色泥晶白云岩、泥质泥晶白云岩、灰质泥晶白云岩和颗粒白云岩组成，生物扰动构造较发育，该部位多位于同生-准同生岩溶旋回的海水潜流带中，大气淡水对其影响不大，储集空间以少量残余粒间孔为主，局部可有少量粒间溶孔、粒内溶孔和颗粒铸模孔。单旋回流中部是潮间高能带的产物，厚 1.5～5m，主要由砂、砾屑白云岩构成，常处于同生-准同生岩溶旋回的大气淡水潜流带中，较强的下渗大气淡水可在其中形成较多的粒间溶孔、粒内溶孔和颗粒铸模孔等，储集性能良好；单旋回流上部位于潮上低能地带，沉积产物厚 0.56m，以浅灰、褐灰色藻叠层白云岩、泥-粉晶白云岩为主，多处于同生-准同生岩溶旋回的大气渗流带中，可形成少量溶沟、溶缝、膏盐类矿物假晶、圆化的干裂角砾和晶间溶孔。其中单旋回中部层段的砂、砾屑白云岩的储集性能最好，面孔率一般为 2%～20%，孔隙度具有由上至下增加的趋势。单旋回下部孤立的孔、洞较少，多被亮晶方解石和白云石充填。单旋回上部可见少量规模极小的溶沟、溶缝和少量晶间孔、晶间溶孔，多被细粒机械碎屑物全充填，物性较差。其沉积和岩溶特征表明，该段地层在同生-准同生期先后受到多期大气淡水的溶解改造作用，并在大气淡水渗流带和潜流带形成较多孔、洞、缝，其中构成大气淡水渗流带的岩层（主要是单旋回沉积的上部地层）虽可形成一定数量的溶沟、溶缝和少量膏模孔，但由于后期的充填、压实和多期胶结作用，其孔隙难于保存至今。单旋回的中部砂、砾屑白云岩层段一般处于大气淡水潜流带，不饱和的下渗大气淡水可导致该层位中部分颗粒和胶结物的溶解，形成粒间溶蚀扩大孔、粒内溶孔和铸模孔，这些孔隙虽经过后期成岩作用的改造，但可部分保留至今，是有利于储层的形成与演化的部位。单旋回的下部常处于海水潜流带，在其颗粒岩中多发生海底胶结作用，溶解作用难于进行，形成的溶解孔隙极少，物性差。因此，同生-准同生期岩溶作用形成的储集层段在纵向上出现较为频繁，多以厚度为 1.5～5m 的层状分布于较致密层中，其分布规律主要受到沉积相在纵向上演化过程的控制。

4.5　表生期复合古岩溶

中奥陶世平凉期，在加里东运动的影响下，奥陶系上部地层抬升至海平面之上，长期接受大气淡水的影响，在长达 1.3 亿～1.5 亿年左右的风化剥蚀过程中，奥陶系上部地层先后进入表生成岩阶段，形成表生期岩溶。该期岩溶作用不仅使区内大部分地区的马家沟组马六段及上覆的志留系、泥盆系和下石炭统地层基本缺失，在奥陶系顶部与上覆上古生界之间形成了一个区域性不整合或假整合面，而且在奥陶系马家沟组上部形成了大量的岩溶产物，其中所形成的孔、洞、缝虽经后期成岩作用的改造有所变化，但其残留部分仍是现今长庆奥陶系气田的主要储集空间。

4.5.1　表生期复合古岩溶控制因素

1）构造条件的改变

在马家沟组沉积过程中，鄂尔多斯构造较为稳定，古地形总体具有北、西侧高，中部和东部低的基本特征。北部为伊盟古陆，西侧为中央古隆起，其中、东部是主要的沉积区。中奥陶世晚期，由于受南北构造带的挤压，西侧的贺兰裂谷重新开始活动，海水从西南方向退出，至奥陶纪末，区内的海相沉积历史完全结束。随后接受了长时间的风化剥蚀作用，使奥陶系顶面经历了剥蚀、溶蚀作用的交替改造，形成了区域性风化壳岩溶。在对盆地古岩溶的研究中，从奥陶系风化壳已识别出的三层区域性水平岩溶管道及洞穴带，记录了间歇性构造抬升对岩溶作用的控制痕迹。

2）易溶岩组合及分布的变化

易溶岩组合及分布是古岩溶发育的物质基础。在相同的外部条件下，易溶岩的结构、溶解度、成份及类型，对古岩溶的发育具有重要影响。

（1）易溶岩矿物组分。在马家沟组马五段沉积时，中、东部地区基本处于高盐度的清水陆棚盆缘沉积环境中，形成了一套富含石膏的白云质沉积物。这些沉积物在高盐度的海水底部成岩环境中相对稳定，但当受到表生期大气淡水的影响时，变得极不稳定，会发生一系列的成岩变化。

（2）易溶岩层组类型。不同碳酸盐岩层形成的组合类型，对古岩溶发育也具有重要影响。根据白云岩和硫酸盐岩的厚度比例及其组合形式，层组结构类型可以划分为连续型、夹层型和互层型、间层型等。鄂尔多斯盆地中部中奥陶统马五段以白云岩与膏泥质白云岩、硬石膏岩互层型为主，单层厚度一般为 2～3m。不同的层组类型，其岩溶发育特征具较大差异。

（3）均匀状白云岩型。虽然在裸露岩溶环境条件下，白云石的溶蚀能力比方解石弱，但白云岩容易脆裂，且机械破坏量比灰岩大，所以在白云岩连续型层组中，岩溶发育相对均一，岩溶形态以溶孔、小孔洞和溶隙为主。白云岩主要沿晶间孔隙或晶体接合面渗透溶蚀，由于颗粒之间的镶嵌结构逐渐被破坏，沿劈理裂缝形成破碎，许多结晶学家认为镶嵌结构和晶体内劈理裂隙的出现是由于晶格生长不完善所引起的。在两个晶体的镶嵌接触面上，晶体的塑性和抗剪强度减小，扩散系数变大，斯麦柯尔把这一性质称为"结构灵敏性"，该接触面为扩散溶蚀的主要途径，使白云石晶体间的联结力减弱，结构变得越来越疏松，从而产生整体岩溶化作用。初期以渗透-溶蚀为主，后期以分解-淋滤为主。野外新鲜露头附近主要是白云岩碎块，风化剧烈时逐渐形成白云岩砂，甚至白云岩粉砂，经搬运再沉积可形成渗流砂白云岩。白云岩溶解作用过程在岩体中常均匀进行，一般不会导致岩溶分异，很难形成大型管道和溶洞，也不易形成悬崖峭壁，而是使整个岩体均匀地溶蚀分解和机械崩解，最后形成缓丘状馒头山。如果在白云岩之上有石灰岩地层覆盖，则会在缓丘状馒头山的山顶上耸立着残丘，形成冠状戴帽山。溶蚀试验结果表明，白云岩的物理破坏量大于灰岩。野外观察结果也说明，在白云岩整体岩溶化的后期，物理破坏作用大于化学溶解作用。白云岩地区形成的少数溶洞则以形状单一的裂隙状洞穴为特征。

　　（4）白云岩与膏岩互层型。本区马家沟五段地层中含有硬石膏岩，按产状可分结核状硬石膏岩和层状硬石膏岩。结核状硬石膏岩呈结核状分布于泥粉晶白云岩中，是准同生期石膏在松软沉积物中生长形成的，常与泥粉晶白云岩伴生。层状硬石膏岩呈层状，水平纹理发育，常与云坪白云岩伴生。硬石膏夹层的存在及其膏溶作用对区内岩溶发育有很大影响，膏溶特征为边溶蚀边垮塌，横向上延伸范围较广，垂向上可形成较深的垮塌陷落柱，从而加剧了岩溶发育程度。

3）成岩环境条件的改变

　　加里东运动导致马家沟组上部进入表生成岩环境，介质条件发生了明显的变化：①由沉积-同生-浅埋藏期的高盐度饱和-过饱和海水转变为表生期的富含 CO_2 的不饱和大气降水；②由沉积-同生-浅埋藏期半封闭的还原系统转变为表生期的开放氧化系统；③由沉积-同生浅埋藏期的沉积环境转变为表生成岩环境。对于裸露期岩溶而言，气候条件是岩溶作用的重要外部营力。而地壳表面的气候因素，具有明显地带性。本区奥陶系碳酸盐岩在加里东裸露阶段，盆地所处古地理区带是古岩溶形成和发育的关键。根据国家地震局（1991）古地磁研究成果揭示，华北板块在早寒武世时位于南纬 30°～40°（图 4-9），然后一直向北漂移，至中奥陶世时处于古赤道附近，再向北漂移并伴随顺时针旋转，到晚二叠世至早三叠世漂移速度逐渐变慢，并至晚侏罗世停止北移，变为向反时针方向旋转并向西移，约在早白垩世就位于现今位置。吴汉宁等（1990）通过古地磁分析，将华北板块以太原为参照点，确定其漂移轨迹，在纬度方向上与上述的运动轨迹基本相同。上述古地磁研究成果，揭示了鄂尔多斯盆地在加里东阶段，正处于古赤道附近，属于湿热的气候区带，从而使奥陶系裸露期具备了有利于古岩溶形成和发育的古气候条件。

　　奥陶系侵蚀面所分布的凝灰岩与铝土岩表明，裸露期风化壳岩溶发育阶段经历了两种古气候条件的演变。其中铝土岩是湿热气候条件下强烈风化的产物，而黏土化凝灰岩则代表了干热气候的特征。根据舍尔曼的研究资料，平均降雨量为 0～127cm 的地区，黏土中以蒙脱石为主；平均降雨量 127～254cm 的地区，黏土-高岭石

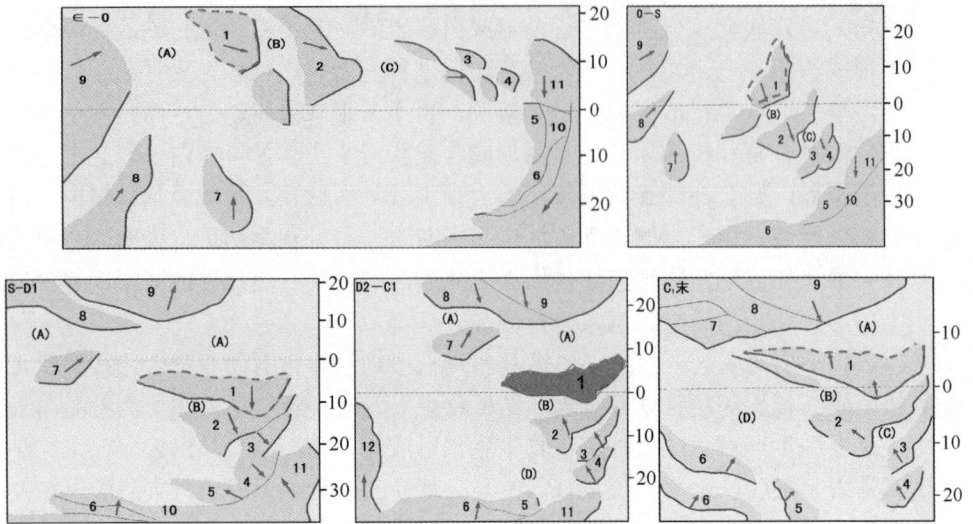

图 4-9　板块漂移与古气候演化关系图（国家地震局，1991）

1. 中朝板块；2. 扬子板块；3. 南华板块；4. 古南海板块；5. 印支板块；6.羌塘地体、冈底斯地体；7. 塔里木板块；8. 哈萨克斯坦板块；9. 西伯利亚板块。10.印度板块；11. 澳大利亚；12. 非洲；13. 南极洲；（A）. 中亚蒙古洋；（B）. 秦岭海槽；（C）. 华南样；（D）. 古特提斯洋；（E）. 中新特提斯洋；（F）. 印度洋；（G）. 太平洋

占优势成分；平均降雨量 254～4000cm 的地区，黏土为铝土矿风化壳。由此可以看出黏土化的凝灰岩显然形成于蒙脱石化的干旱气候环境中。巴拉索夫研究了俄罗斯地台两组沉积物中的稀土元素含量，一组是在干旱气质条件下形成的，另一组是在潮湿气候条件下形成的，并发现在干旱气候条件下形成的泥质岩和砂质岩中的 REE 丰度十分相似，相反在潮湿气候条件下形成的黏土中 REE 丰度比砂岩高 1.5 倍以上，同时沉积物中的 LREE/HREE 比值高于干旱区黏土的比值，这与奥陶系侵蚀面铝土岩 REE 丰度为 2862.27ppm、砂岩为 395.52ppm、黏土化凝灰岩为 879.31ppm 的丰度特征是相似的。在现代的热带气候中，也存在着干旱的地区，如中东。同样在奥陶系风化壳发育阶段，铝土岩与凝灰岩也记录了两种不同气候环境。

4.5.2　表生期复合岩溶作用机理

1）岩溶动力作用及其影响控制因素

在裸露条件下岩溶系统具有开放型的特征，岩溶作用的动力因素主要是水、溶入水的 CO_2 和可溶性岩层，主要影响因素是气候、水动力条件和含水介质结构。奥陶系含膏白云岩岩溶层组在裸露环境中的岩溶作用主要有溶解（包括淋滤溶解、渗透溶解和差异性溶解）、去白云岩化（含交代作用和选择性溶解作用）、动力侵蚀与充填、沉淀充填与胶结等作用过程。

溶解作用主要化学反应有

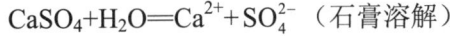

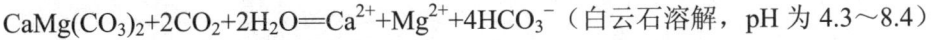

$$CaSO_4+H_2O=Ca^{2+}+SO_4^{2-}　（石膏溶解）$$

$$CaCO_3+CO_2+H_2O=Ca^{2+}+2HCO_3^-　（方解石溶解，pH 为 4.3～8.4）$$

$$CaMg(CO_3)_2+2CO_2+2H_2O=Ca^{2+}+Mg^{2+}+4HCO_3^-　（白云石溶解，pH 为 4.3～8.4）$$

去白云岩化的主要化学反应有

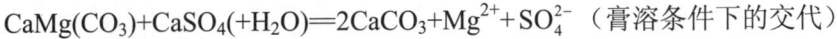

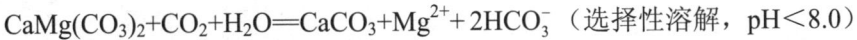

$$Ca^{2+}+CaMg(CO_3)_2=2CaCO_3(s)+Mg^{2+}　（交代作用）$$

$$CaMg(CO_3)+CaSO_4(+H_2O)=2CaCO_3+Mg^{2+}+SO_4^{2-}　（膏溶条件下的交代）$$

$$CaMg(CO_3)_2+CO_2+H_2O=CaCO_3+Mg^{2+}+2HCO_3^-　（选择性溶解，pH<8.0）$$

充填作用有物理作用和化学作用。在水流通畅、空间较大的情况下以物理充填为主，充填物成分复杂，多为溶蚀残余物（黏土、石英等）和岩屑、角砾及地表水冲积物等。在水流缓滞和微细孔隙-裂隙及温度、压力突变带则以化学充填为主，充填物的主要矿物成分是方解石、石英及白云石。化学充填的方解石为自形、半自形，微量元素含量如下：锰平均为 166.45×10^{-6}，铁平均为 259.5×10^{-6}，$\delta^{13}C$ 平均为$-1.55‰$，$\delta^{18}O$ 平均为$-8.76‰$。白云石呈细粉晶，干净明亮，主要化学成分钙/镁接近 1：1，$\delta^{13}C$ 平均为$-1.77‰$，$\delta^{18}O$ 均值为$-9.0‰$。铁、锰含量较高，平均值分别为 120.5×10^{-6} 和 234.2×10^{-6}，锶含量较低，平均 56.9×10^{-6}。由此反映了大气降水作用下溶质具有迁移、富集特征。

岩溶发育条件的变迁、碳酸盐岩的岩性与介质结构为岩溶形态组合的主要控制因素。含膏白云岩岩溶系统的主要特点如下：①白云岩含水层具有孔隙-裂隙介质结构特征，溶质传递以渗流形式为主；②地表条件下，岩溶介质中方解石的溶蚀速度大于白云石，差异性溶蚀作用显著。在岩溶系统中水-岩作用以白云石晚于方解石达到平衡（饱和）为特征；③灰岩比白云岩具有更强的岩溶化作用，尤其在降雨量充沛的湿热条件下，灰岩系统可形成大规模的岩溶形态组合（大洼地、落水洞、地下河与洞穴系统等）以及非均质性极强的含水层体系，而白云岩系统的岩溶形态组合以小形态为主，多见蜂窝状溶孔、小溶隙、溶缝，在岩层产状较平缓的情况下，沿层面的溶蚀发育，穿层性较差；④石膏的溶解可促进白云岩的岩溶化，与膏岩互层或夹膏层的白云岩岩溶系统，在岩性接触面附近形成强岩溶发育带，常有较大空间的溶洞、溶缝。同时硬石膏吸水膨胀，造成白云岩的裂隙化，且随着石膏溶解迁出，易产生接触面的崩塌使岩石的角砾化作用增强；⑤白云岩含水层以慢速渗流为主，水流交替较缓慢，CO_2 输入不畅，水对碳酸盐岩的溶蚀容量有限。

2）典型白云岩与硫酸盐岩复合建造古岩溶组合特征

（1）含（膏）白云岩与白云岩复合建造复合古岩溶组合特征。在膏云坪环境中，硬石膏主要成柱状晶和小结核状赋存在纹层或薄层的粉晶白云岩中，含量一般为 10%～30%，核径一般为 1～3mm，而且核径的大小与纹层内结核含量呈正相关（图 4-10（a））。硬石膏（CaSO₄）结核具有膨胀性，其在风化壳复合古岩溶发育过程中有其自身的独特性，以建设性为主。

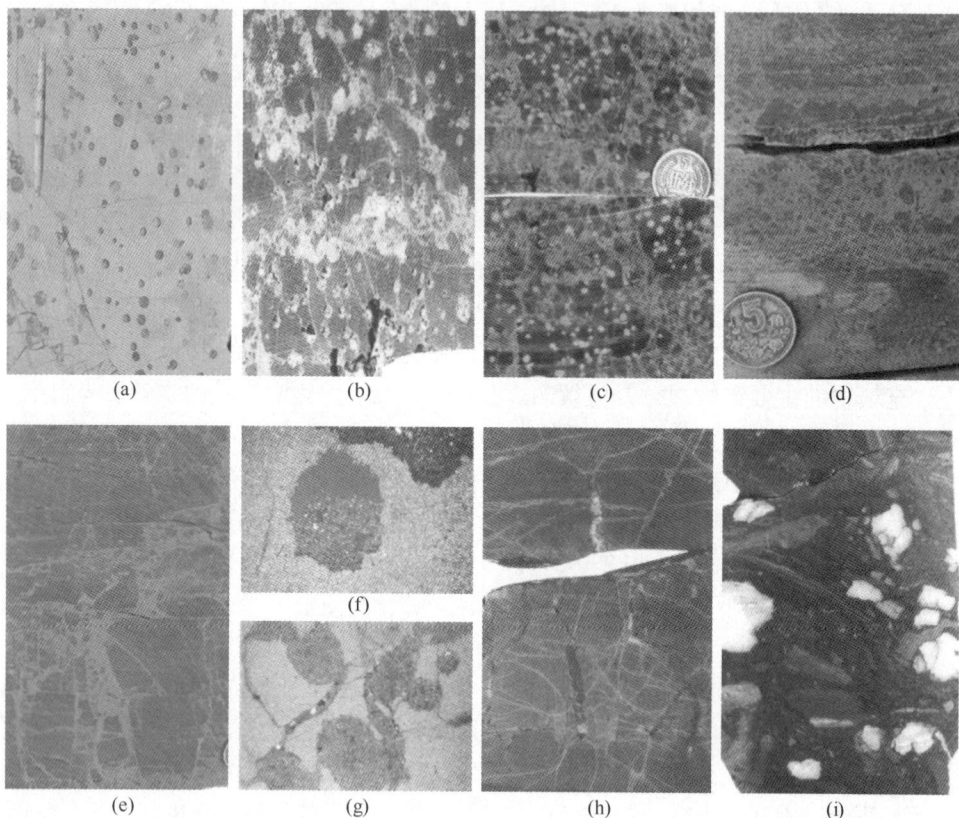

图 4-10 鄂尔多斯盆地中部马家沟组硬石膏溶解促进白云岩古岩溶特征

图 4-10（a）为硬石膏、小结核未发生溶解，取自陕 237 井、马五段。图 4-10（b）所示为沿纵向微裂缝越流下渗的大气淡水使硬石膏结核溶解，溶模孔被细粉晶、亮晶白云石等半充填，由结核溶解派生的裂碎缝连接两个或多个溶模孔，取自 G10-9 井、马五段。图 4-10（c）为含硬石膏小结核粉晶白云岩，硬石膏结核被溶解成溶模孔后又被细粉晶亮晶白云石等半充填，结核溶模孔间的裂碎缝强烈扩溶，取自 G16-14 井、马五段。图 4-10（d）所示为顺层理方向发生强烈的岩溶作用，原岩被溶后呈纹层状或断续纹层状残余，溶解部分均被含粒间孔隙的渗流粉砂充填，取自陕 221 井、马五段。图 4-10（e）为粉晶白云岩中发育以纵向为主的岩溶管和溶缝内均被含粒间孔的渗流粉砂充填，取自台 2 井、马五段。图 4-10（f）为硬石膏结核溶模孔底部由含孔隙的渗流粉砂充填，下半部被自行细粉晶白云石半充填，白云石由下向上粒径增大，密度减少，取自 G10-9 井、马五段，单偏光、×65 倍、铸体片。图 4-10（g）为硬石膏结核溶模孔间由裂碎缝相互连通，两者均被含粒间孔隙的渗流粉砂充填，取自 G42-8 井、马五段，单偏光、×25 倍、铸体片。图 4-10（h）为岩溶溶洞顶板粉晶白云岩中发育卸荷裂缝，形成破裂岩，取自陕 34 井、马五段。图 4-10（i）为溶洞塌积岩，主要为白云岩角砾，白色的为硬石膏岩角砾，呈明显的崩落状，取自林 5 井、马五段。

中奥陶统鄂尔多斯盆地马家沟组沉积后经太康运动抬升为陆，并受西边贺兰裂谷的俯冲挤压作用，导致大量纵向微裂隙发育，构成岩溶水越流下渗的通道，硬石膏结核与之接触易发生水化作用，可转变为含两个结晶水的石膏（$CaSO_4 \cdot 2H_2O$），且体积膨胀，对结核周边的粉晶白云岩基岩施压。在大气淡水作用下石膏随即溶解形成溶模孔，且又对周围基岩释压。这一反复过程使周围基岩变形、破裂，产生大量的碎裂缝（图 4-10（b））。裂碎缝又提供了新的岩溶水渗流通道，促使溶解作用纵深发育。

同时，硬石膏溶解过程析出 SO_4^{2-}，进入到岩溶水后，可促使白云石离解成 $CaCO_3$ 和 $MgCO_3$，后者较易溶于岩溶水中，从而提高了白云石（岩）的溶解作用。本次选用 5 种混合溶液针对含膏或不含膏细粉晶白云岩进行溶蚀试验：CO_2 浓度为 20mg/L 的溶液；CO_2 浓度为 20mg/L 加上 SO_4^{2-} 浓度为 20mg/L 的溶液；CO_2 浓度为 100mg/L 的溶液；CO_2 浓度为 100mg/L 加上 SO_4^{2-} 浓度为 100mg/L 的溶液；CO_2 浓度为 100mg/L 加上 SO_4^{2-} 浓度为 300mg/L 的溶液，试验时温度为 16～18℃、常压、开放体系，试验时间约为 420h。实验数据表明（表 4-4），当水溶液中 CO_2 含量为 20mg/L 和 SO_4^{2-} 含量为 20mg/L 的状态时，所具有的溶蚀量比水溶液中仅含有 20mg/L 的 CO_2 时的溶蚀量要大。显然，增加的溶蚀量是由溶液中 20mg/L 的 SO_4^{2-} 的溶蚀作用产生的。其他 3 种性质的水溶液中 CO_2 含量均为 100mg/L，SO_4^{2-} 含量为 0、100mg/L、300mg/L，白云石的溶蚀量增加的情况也是明显的。

表 4-4　鄂尔多斯盆地中部白云岩溶蚀量与 SO_4^{2-} 含量关系对照表

岩性	层位	CO_2 增加的溶蚀量(C-A)/(mg/L)	SO_4^{2-} 增加的溶蚀量/(mg/L)				井号
			B-A	D-C	E-D	E-C	
微晶白云石	$O_2m_5^2$	13	19	131	342	503	陕 251 井
叠层石细粉晶白云岩	$O_2m_5^1$	17	24	204	395	413	陕 221 井
细粉晶白云岩	$O_2m_5^1$	15	21	185	381	486	陕 254 井
细粉晶白云岩	$O_2m_5^2$	16	26	196	357	420	陕 175 井
含膏模孔细粉晶白云岩	$O_2m_5^2$	18	32	251	392	571	陕 201 井
含膏模孔细粉晶白云岩	$O_2m_5^4$	21	39	235	402	548	桃 2 井
含膏模孔细粉晶白云岩	$O_2m_5^2$	23	42	278	426	601	林 5 井
均值	—	17.5	29.0	211.4	385.0	506.0	—

A. CO_2 为 20mg/L 的溶液；B. CO_2 为 20mg/L 加 SO_4^{2-} 为 20mg/L 的溶液；C.CO_2 为 100mg/L 的溶液；D.CO_2 为 100mg/L 加 SO_4^{2-} 为 100mg/L 的溶液；E.CO_2 为 100mg/L 加 SO_4^{2-} 为 300mg/L 的溶液

综上所述，岩石随着表生淋溶作用的进一步的发展，越流下渗的大气淡水中纳入大量硬石膏溶解后析出的 SO_4^{2-}，极大地提高了对含镁白云岩的溶解和迁移能力。岩溶作用首先将在地层中空隙较为发育的地方进行，如发育半充填膏模孔的层位，其进一步溶解可局部破碎形成"假角砾"（图 4-10（c））。此外，顺层理方向可进一步扩溶形成近横向的溶缝、沟（图 4-10（d）），已有纵向缝隙扩溶成纵向的溶缝、沟（图 4-10（e））。前期试验数据也表明，本身具备一定孔渗网络的含膏模孔细粉晶白云岩（表 4-3），通过 SO_4^{2-} 增加的溶蚀量明显高于本身较为致密的微晶白云石、细粉晶白云岩。上述扩溶形成的溶孔、缝和沟多数被淡水细粉晶亮晶白云石、自形石英、渗流粉砂（图 4-10（f）、（g））等多种矿物半充填或充填。空隙中多期充填物与基岩共同支撑了上覆地层压力，因此即便白云岩层中含有高达 20%～30% 的溶模孔或扩溶裂碎缝，崩塌现象也较为少见。此外，需强调的是，岩溶过程如果持续进行，且岩溶强度过大，还可形成少量岩溶建造岩。

在自然环境干湿循环条件下，随硬石膏结核的溶解和释压，伴生大量溶蚀孔洞和破裂缝。在各类岩溶蚀孔道中，随着硬石膏酸性溶液的集聚与流失，又极大地加剧了白云岩的溶蚀作用，导致溶蚀通道逐渐延伸、贯通，有利于地下水的循环交替，其循环交替作用和混合作用进一步增强了白云岩的溶蚀能力，形成了有效的溶蚀空间，显示了其建设性的影响。

（2）白云质硬石膏岩与白云岩复合建造复合古岩溶。硬石膏坪沉积中，部分层位鸡雏状的白云质硬石膏岩与白云岩呈互层发育，显示以破坏性的溶解作用为主。由于硬石膏层吸水溶解并膨胀，造成含硬石膏地层本身和上覆白云岩地层的挤压变形和破裂。硬石膏层常呈面式溶解（即由上向下沿层面向层内推进），首先在硬石膏层上部溶蚀形成空洞，随后进一步纵深发展造成硬石膏层整体大范围溶解，其顶部白云岩卸压，伴生大量卸荷裂隙（图 4-10（h））。如果裂隙没有被岩溶水溶蚀扩大，则可以保持原位不崩塌。如在岩溶水的进一步作用下，卸荷裂隙扩溶，白云岩将呈面式崩塌，形成层状膏溶塌积角砾屑白云岩（图 4-10（i）），角砾间多被碳酸盐岩细碎屑和泥质充填，残余孔隙少，储渗能力较差。

4.5.3　表生期复合古岩溶识别标志

1）不整合面及风化残积层特征

长期的沉积间断是形成裸露期风化壳古岩溶的必要条件。鄂尔多斯盆地奥陶系与石炭系之间为假整合接触，侵蚀面之上为奥陶系沉积岩经长期风化剥蚀作用改造后的残积物质，侵蚀面之下为中奥陶统马家沟组沉积，发育大气淡水溶蚀带。在电测曲线上，侵蚀面上部自然伽玛曲线呈特高峰状突起，深、浅测向电阻率呈极低值，为 $1\sim15\Omega\cdot m$，密度曲线底部为特高值段，而下部则相反，具有低伽玛、中高电阻率、中高密度值，且易于识别（图4-11）。

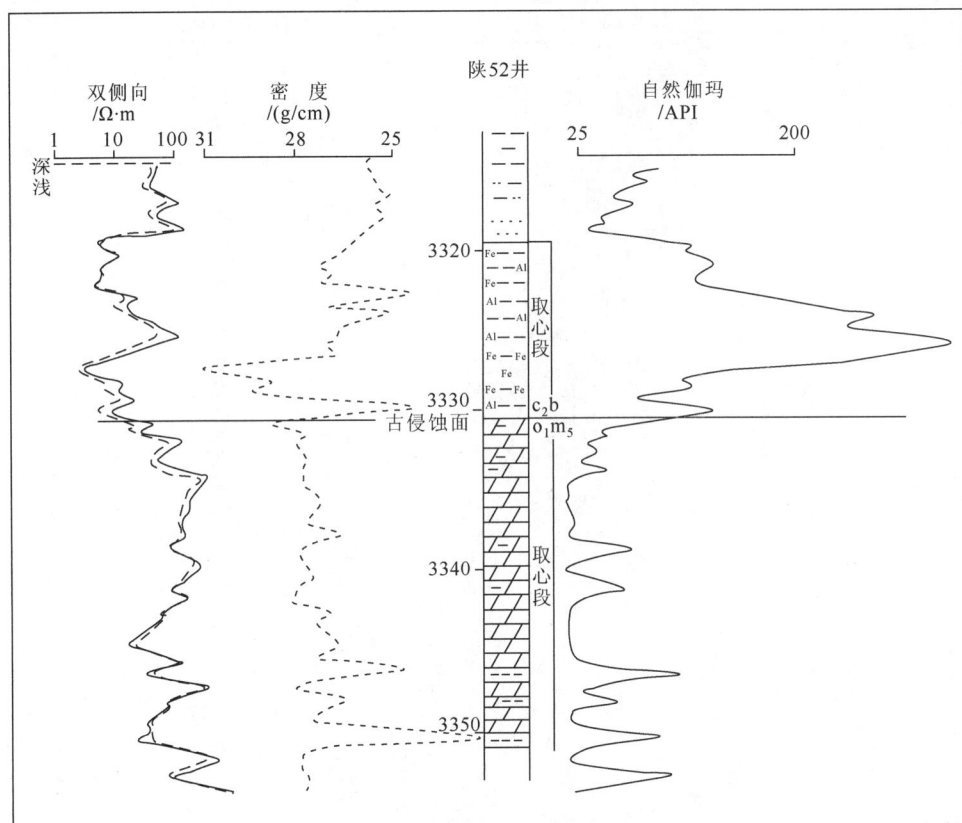

图4-11　陕52井奥陶系顶部古侵蚀面附近测井曲线特征

　　风化残积层属于地层在地表条件下，经物理、化学和生物作用后的最终产物，以层状、透镜状、不规则状分布于奥陶系上覆石炭系地层的底部，厚 $0\sim$ 10m，主要由铝土质泥岩、褐铁矿和风化残积角砾等组成，铝土质泥岩以兰灰、绿灰和褐灰色为主，夹较多黄褐色斑点，矿物成分以三水铝石、高岭石为主，并含大量的白云质角砾、石英、褐铁矿、黄铁矿和鲕状菱铁矿等。褐铁矿常显褐红、黄红色，具鸡窝状、蜂窝状和结核状，成层分布，与下伏奥陶系呈角度不整合接触。

　　山西柳林成家庄的露头剖面如图4-12所示，其奥陶系顶部出露层位为马六

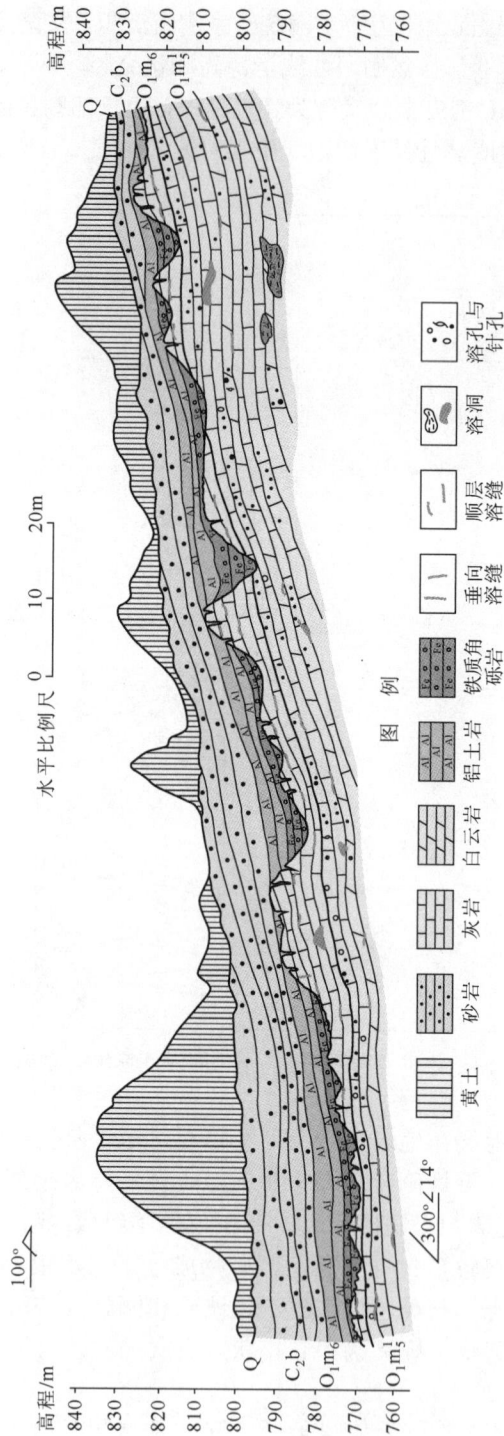

图 4-12　山西柳林成家庄奥陶系古岩溶发育特征（长庆油田分公司，内部资料）

组灰岩，上覆石炭系本溪组地层，接触界面附近为褐铁矿、铁质角砾岩和铝土岩。奥陶系顶部古岩溶形态以波状起伏的古溶沟和淋滤作用形成的垂层溶缝为主，可见有明显的小溶丘和溶槽，褐铁矿和铝土岩充填于溶槽部位，不连续，厚度不均一，最厚处有2～3m，小溶丘则较薄或缺失。奥陶系顶部岩石破碎角砾化明显，破碎带厚1～2m。马六组灰岩中以垂层溶蚀缝、顺层溶缝和小溶洞为主，垂层溶蚀缝间距2～3m，缝宽2～5cm，被泥质、铁质和铝土岩全充填。马五$_1$小层以细晶白云岩为主，顶部与马六组接触部位岩石相对破碎，岩层变形，溶蚀缝特别发育，似有短暂风化迹象，其成因尚有待研究。该层顶部发育有溶蚀孔洞，部分呈相对规则球形，直径2～4mm，铁质和铝土质全充填，因差异风化而突出于岩石表面；部分为不规则扩大溶孔，顺层发育，长2～10cm，高1～2cm。

韩城象山的露头剖面如图4-13所示，其奥陶系顶部出露灰质白云岩及灰岩，上覆石炭系本溪组砂质岩。奥陶系顶部古地形起伏相对较小，古溶沟较浅，深度小于10m，其内以铝土质和泥质充填为主，未见褐铁矿。淋滤作用形成的垂向溶缝比较发育，被泥质和方解石充填。距顶部侵蚀面5～30m处发育有一层膏溶角砾岩层，层厚2～3m，其内岩石破碎，部分成为角砾岩。膏溶层引起上部层位的垮塌变形，强化了其内的岩溶作用，溶蚀缝洞较为发育。不规则扩溶孔顺层发育，受后期改造，规模较大，长一般为5～20cm，高为3～8cm。部分发育为现代溶洞，直径0.5～1.0m。

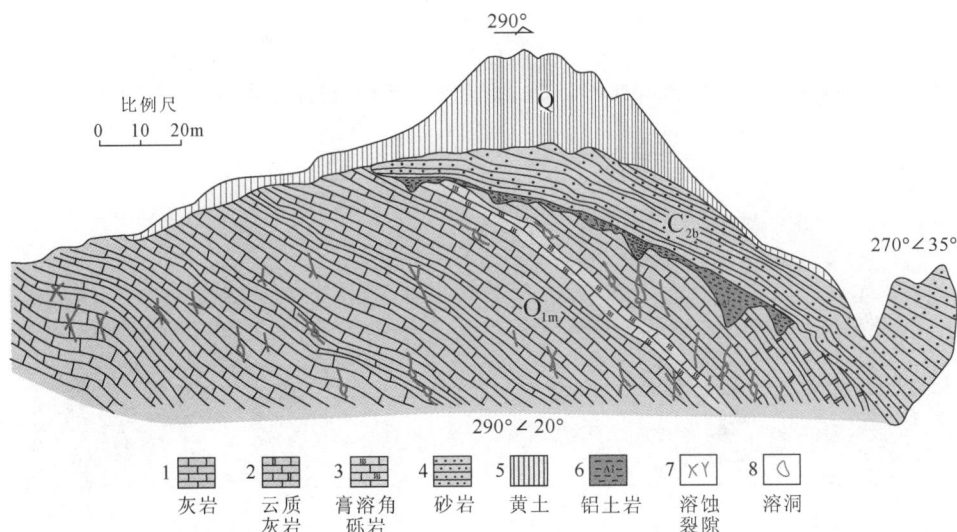

图4-13　陕西韩城象山煤矿奥陶系顶部古岩溶剖面（长庆油田分公司，内部资料）

河津西碸口的露头剖面如图 4-14 所示。其奥陶系顶部出露马六段灰岩，残留厚度 5~10m，上覆石炭系本溪组地层，在侵蚀面附近为铁质角砾岩和铝土质砂岩。奥陶系顶部古岩溶形态波状起伏，古溶沟附近岩层有破碎垮塌变形迹象。淋滤作用形成的垂向溶缝较为发育。马五₁小层以粉晶白云岩为主，溶蚀孔洞顺层发育。剖面中可见数层凝灰岩层，成层性较好，但分布不连续，多为透镜状。此外，在剖面的第 68~69 层，见一宽约 8m、高约 2.5m 的充填溶洞，呈不规则瓶状（图 4-15），充填物为白云岩角砾、浅灰色铝土岩、铁质黏土及铁质结核，与围岩界限清楚，接触不规则。

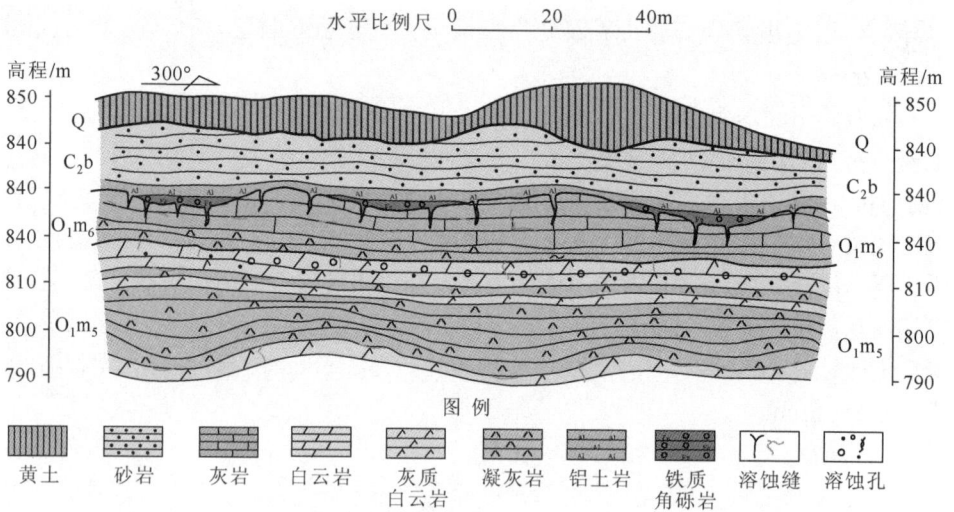

图 4-14　山西河津西碸口岩溶剖面素描图（长庆油田分公司，内部资料）

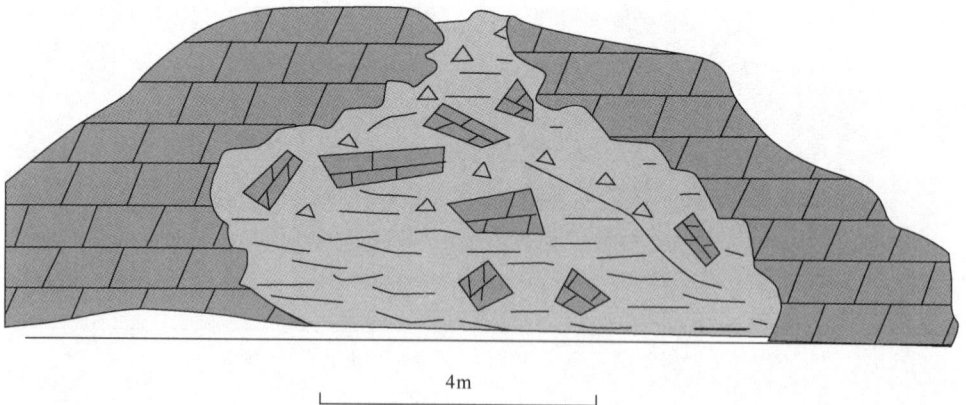

图 4-15　山西河津西碸口剖面第 68~69 层溶洞素描图（长庆油田分公司，内部资料）

2）溶孔、溶缝、溶沟和溶洞特征

（1）溶孔。溶孔以硬石膏结核溶模孔为主，局部溶蚀扩大，形似蜂窝状、椭圆状、豆粒状、串珠状和糖葫芦状等，未充填前的大小一般为 0.1～1.5cm，面孔（洞）率一般 10%～30%，局部可达 40%左右；其中常被多期机械、化学沉淀物半充填或全充填，现今未充填的孔径大小一般小于 5mm，面孔（洞）率一般为 1%～15%。

（2）溶沟、溶缝。目的层位中常见不规则甚至成网状的溶缝、溶沟，且越向上越发育，其中较为特殊的网状溶缝、溶沟发育主要与含硬石膏结核的白云岩有关（图 4-10（b））。硬石膏结核残余溶模孔与扩溶的裂碎缝一起构成风化壳储层最重要的渗储网络。除了纵向的溶缝、溶沟外，也存在大量顺层理方向发育的溶缝、溶沟（图 4-10（e）），因为层理为不同岩性的界面，本身就是易溶的位置。这些溶蚀空间有的被细角砾屑碳酸盐岩或泥岩充填，但也有一部分被含粒间孔隙的渗流粉砂充填，后者具备一定的储集性能。另一类充填物为来自石炭纪的炭质泥岩，或含白云石（白云岩）或方解石（石灰岩）细碎屑的炭质泥岩，在近古侵蚀面的地层中，少数情况下有铝土质泥岩，甚至有细粒含炭泥质的岩屑砂岩，这类充填物中不存在孔隙。上述两类主要的充填物的形成时间具有先后顺序，在 130 余 Ma 淋溶的绝大部分时间内形成的溶沟、溶缝等只能被渗流粉砂或含泥质的渗流粉砂充填，而仅晚期仍未被充填的残余的溶缝、溶沟等才有可能被来自石炭系的炭质泥岩，或混积有马家沟组溶蚀顶面残积细碎屑的炭质泥岩充填。当然，随着上石炭统本溪组及以上地层的沉积，富含有机质的酸性水下渗至马家沟组地层中也可形成一些溶沟、溶洞等，可能被向下渗流的地下水中所携带的"纯净的"炭质泥岩充填。

（3）溶洞。岩溶溶洞分布的深度普遍大于溶沟、溶缝，常呈不规则的形状，洞的大小相差悬殊，多被岩溶溶洞被建造岩充填。

4.5.4　表生期复合古岩溶地貌的恢复

岩溶古地貌是岩溶作用与各类地质作用相互综合的结果，而其形态本身又是岩溶发育与否的重要控制因素之一。因此，恢复前石炭系（即奥陶系）顶岩溶古地貌形态，对于整个鄂尔多斯盆地的奥陶系马家沟组油气勘探工作具有十分重要的意义。前人对鄂尔多斯盆地前石炭纪岩溶古地貌的恢复，多采用上石炭统太原组顶与中奥陶统马家沟组顶间的残余地层沉积厚度来反演的方法，但由于太原组与下伏中石炭统本溪组间、与上覆下二叠统山西组间均为沉积间断假整合接触关系，因此今日所见太原组顶与马家沟组间的残存厚度同原沉积的厚度并不一致。本书以构造地质演化背景为主线，在编绘古地质图的基础上，选取马家沟组五段四亚段一小层（马五 $_4^1$）底部的凝灰岩为标志层，恢复鄂尔多斯盆地中部前石炭纪岩溶古地貌图，这样既保证了制图的等时性，又使古岩溶地貌分布更精细、更符合实际，对古地貌单元的统一划分命名也因此更为系统合理。

1）古岩溶地貌发育的地质背景

华北地台中奥陶统马家沟组在沉积后受全球性构造事件（即晚加里东运动）影响而整体抬升。区域填图资料表明，华北地台中奥陶统峰峰组（在鄂尔多斯盆地也划分为马家沟组六段，下文均称之为马六段）与上覆的中石炭统本溪组间为小角度不整合关系，具有南北两侧对称性。这说明造成这种接触关系的原因是与全球性地壳运动有关的区域性基底变形。这一变形在华北地区表现为中心部位下弯、相应边缘凸起的凹面式抬升。Jacobi（1981）将这种抬升过程和不整合的形成归因于板块俯冲带的边缘上凸（图4-16），用以解释西阿巴拉契亚地区中下奥陶统中切蚀不同地层的不整合面。华北古板块西部贺兰—祁连，北部兴蒙、南面秦岭等海槽先后关闭，形成南北部和西侧边缘凸起、中部凹陷的总趋势，边缘上凹区遭受最强烈的后期剥蚀（刘波等，1997）。王鸿祯（1985）指出，华北板块在中奥陶世后分别发生自北向南和由南而北的大规模俯冲，使华北陆表海遭受南北两面的挤压而抬升为陆。刘本培（2001）也指出，南北两侧洋壳相向的俯冲作用与华北板块中奥陶世后的整体抬升有密切关系。

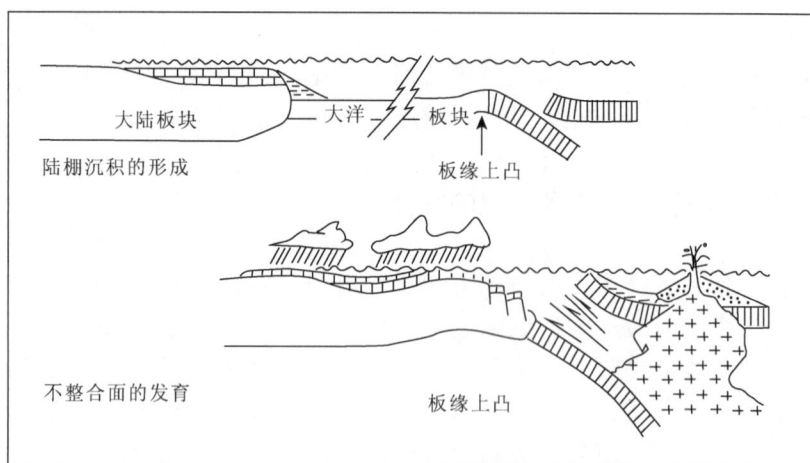

图4-16　与俯冲有关的板缘上凸导致的不整合面的形成过程

（Jacobi，1981，略简化；刘波等，1997）

　　上述区域性基底变形反映在华北地台马六段地层的分布规律上（图 4-17）。该图显示，马六段残厚大于 200m 的地区位于昔阳—邯郸之间，在太原及靠近黄河东岸的山西中阳县等地，马六段残厚都超过 100m；向北到偏关、恒山，向南在黄河北侧地区的马六段残厚几乎为 0，已被完全剥蚀。图 4-17 中马六段等厚线的长轴指向延安和子洲之间，这与鄂尔多斯盆地井下资料马六段保存区的实际情况完全吻合，这印证了华北地台受晚加里东运动的影响发生了基底变形和凹面式抬升。这种凹面式抬升，使得在南北两侧的变形较强、抬升幅度较大、剥蚀强烈，而中部变形较弱、抬升幅度较小、遭受剥蚀的程度较弱，特别是轴线部位可能仅发生纵向抬升。因此，在南北两侧变形较强部位马家沟组与上覆中石炭统间不整合接触的角度较大，向中部不整合接触的角度逐渐递减，轴线部位表现为假整合接触关系。

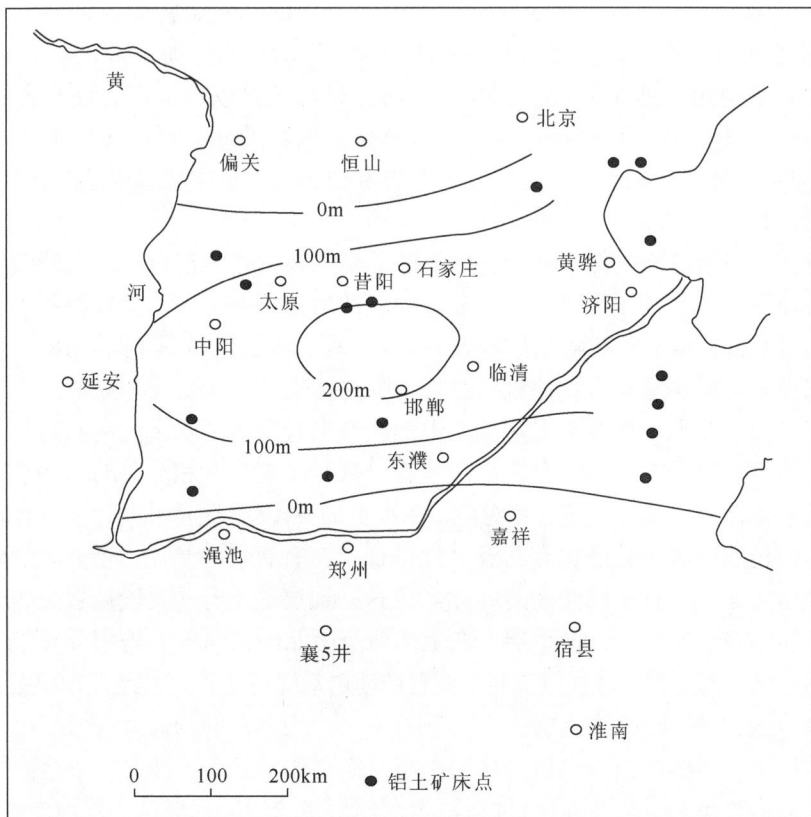

图 4-17　华北地台马六段（峰峰组）等厚线及上石炭统底部铝土矿出露点图

（刘波等，1997）

鄂尔多斯盆地作为华北地台的西缘部分，必将遭受同样的基底变形，但也有它自身的特殊性。盆地南面的秦岭板块向北北东碰撞挤压趋向关闭，使其南缘也有所凸起；北面的中亚—蒙古板块向南南东碰撞挤压，使盆地基底稍发生活化；西侧贺兰裂谷在古特提斯板块向北的推挤作用下，沿早期形成的断裂重新拉开形成碰撞谷，导致西侧裂谷肩（原中央古隆起）又有翘升。同样，在地壳均衡补偿作用下，盆地中东部马家沟沉积期，即存在的补偿拗陷盆地处，又再度发育了近南北向的拗陷。但与之同时，因受到东面华北地台主体抬升的挤压，致使形成的补偿拗陷盆地位置较马家沟期形成的要向西偏移，面积也略有收缩，即中奥陶世-早石炭世沉积间断期间，鄂尔多斯盆地在北、西、南三面凸起、中心部位下凹的背景下经受了向东开口的马蹄形抬升。

2）鄂尔多斯盆地中部奥陶系顶马五$_5$亚段—马六段古地质图

中奥陶世，鄂尔多斯盆地中东部沉积了一套以碳酸盐岩为主夹蒸发岩的地层，称之为马家沟组。马家沟组沉积期经历了三次海进-海退旋回，在纵向上构成了马家沟组的六个岩性段。马一、马三、马五段以白云岩、硬石膏岩和石盐岩为主，偶夹少量石灰岩，马五段为风化壳发育的储层段，又分为若干个亚段和小层，马二、马四、马六段为石灰岩和白云岩，在补偿拗陷盆地还有硬石膏岩产出。

将鄂尔多斯盆地中部 399 口井的奥陶系分层数据按地层自下而上的顺序，勾绘出奥陶系马五$_5$亚段以上各小层和马六段的地层分布范围，然后将各小层的地层分布图叠加，编绘成奥陶系顶马五$_5$亚段—马六段古地质图（图 4-18），这是本书认识鄂尔多斯盆地岩溶古地貌并对其编图的基础。

在古地质图上，在鄂尔多斯盆地中部巴音来登向南至永宁的南北向长方形区块内，马家沟组顶部地层保存较全，马五$_1^1$残余地层呈互相分隔的岛链状，局部有马六段覆盖的小高地。与之相对应，在东部的神 12 井区、子洲井区及老君殿井区、东南角的延深 1 井区也有马五$_1^1$地层保存。有意义的是这三个井区的展布方向也是南北向，而且子洲井区的部分井马五$_1^1$地层之上有马六段地层分布，延深 1 井保存有 17m 厚的马六段地层。在上述两个南北向的马五$_1^1$地层分布带之间，为南北向展布的沟槽状地层缺失带，被剥蚀地层最深可达马五$_3^2$地层，即在这两个南北向马五$_1^1$和马六段地层展布带之间存在一个南北向的剥蚀大沟槽。在马五$_1^1$岛链状地层分布区西侧，出露的地层由新至老有序地分布，西北角的查汗特洛亥地区已被剥蚀至马五$_6$和马五$_7$地层，再向西到定边地区已成马四段地层出露区，表明西侧为抬升剥蚀区。

从所完成的古地质图（图 4-18）上可以明显看出存在四个岩溶古地貌区块的雏形：在桃利庙—靖边—永宁以西地区，马五$_1$亚段地层破坏严重，仅零星分布；

在巴音来登向南至永宁的长方形区块，风化壳表面出露层位以马五 $_1{}^1$ 地层为主，且稳定、连片分布；在小纪汉—榆 70 井—艾好峁—子长的近南北向沟槽状地层缺失区，风化壳表面出露层位以马五 $_1{}^4$、马五 $_2{}^1$ 地层为主，在沟槽状缺失带的中心部位出露层位最深可达马五 $_3{}^2$ 地层；在余兴庄—艾好峁—子长以东地区，马家沟组顶部层位保存较全区与近南东方向的沟槽状地层缺失带相间出现。

3）鄂尔多斯盆地中部前石炭纪岩溶古地貌图

（1）作图基准面。恢复风化壳岩溶古地貌形态，重点是需找到一个在全区范围内稳定分布并且等时的标志层为作图的基准面。

前人对鄂尔多斯盆地前石炭纪岩溶古地貌已做了许多工作，所编制的岩溶古地貌图，是本书的主要参考依据。其所采用的标志层以上石炭统太原组顶部的东大窑石灰岩与其下的 6 号煤层段为主，并用该标志层与下伏奥陶系顶之间厚度的镜像关系作图。根据华北地区石炭系-二叠系的标准剖面——山西太原西山剖面，中石炭统本溪组和上石炭统太原组均为海陆交互相沉积，是脉动式的海侵和海退（海侵为主，否则不可能有沉积）过程中穿时沉积体系。东大窑石灰岩与其下的 6 号煤层段也均为穿时沉积，加上本溪组与太原组间及太原组与下二叠统山西组间均为沉积间断假整合接触关系，盆地内各井点的风化剥蚀程度可以不同，因此今日所见的石炭系厚度与原沉积的厚度是不一致的。

基于对晚加里东期后鄂尔多斯盆地的构造演化及古地质图的认识，选取了马五 $_4{}^1$ 地层底部火山降落灰型含晶屑、石屑的玻屑尘屑凝灰岩层底作为对比标志层来编绘岩溶古地貌图。因为它是等时的，并且大面积地覆盖鄂尔多斯盆地，特别是中部地区。该凝灰岩层在横向上分布十分稳定，除西北角个别井已被剥蚀外，在鄂尔多斯盆地中部五万余平方公里的范围内均有分布，在全区域可追踪对比。由于凝灰岩成层性强，与上、下地层水平接触，界限清晰，厚度稳定，电性上具有高伽玛、高时差、低密度、低电阻率、大井径等特征，在测井曲线上形成突出的"异常层"，极易辨认，特征明显，无疑是相当理想的作图标志层。

（2）岩溶古地貌图的编制。在古地质图的认识基础上，根据鄂尔多斯盆地中部 399 口井奥陶系马五 $_4{}^1$ 地层底及以上地层的残余厚度勾画出等值线图。以构造演化背景为指导，进一步划分出岩溶古地貌区块界限的范围，编制出岩溶古地貌图（图 4-19）。

鄂尔多斯盆地中部西侧"L"形裂谷脊于晚奥陶世后再度隆升，马家沟组地层随之又一次翘升，而且越向西边，翘升幅度越大，在古地质图上表现为被剥蚀出露的地层也越老；向东边翘升幅度递减，出露的地层逐渐变新，于是在马五 $_4{}^1$ 以上地层的残厚等值线图上越向西侧，其残厚等值线数值是越小的。这样，用马五 $_4{}^1$ 以上地层残厚划分岩溶古地貌的办法在东西两侧需要用不同的镜面反映的观念来认识，在西侧，马五 $_4^1$ 以上地层残厚越小，即当时翘升得越高，剥蚀强度越大，地层出露带也越老，而在东侧，马五 $_4^1$ 以上地层残厚越小，表明地势越低，岩溶水多在此处汇聚，地层遭向下侵蚀的幅度越大。

4）岩溶古地貌区块特征

鄂尔多斯盆地为一南北向的矩形盆地，中奥陶世后一直到海西期，在受到自北向南和由南向北的大规模俯冲、挤压以及西缘裂谷肩再次翘升的影响下，古地质图上表现为在北、西、南三面由边缘向中心其地层由老至新呈有序展布。这就是马五 $_1^1$ 地层呈南北向长条形岛链状残存、向北仅存于乌审旗之南的巴音来登井区、向南止于永宁井区的原因。与此同时西侧裂谷肩再次隆起，隆起叠加的幅度较马家沟沉积期更高，鄂尔多斯盆地中部及西侧的地层受到较强的剥蚀。为了取得均衡，鄂尔多斯盆地中部及中东部原马家沟期发育的补偿拗陷盆地也再次活动发生凹陷。裂谷肩与补偿盆地间形成了平缓的过渡地带，即今日巴音来登至永宁间马五 $_1^1$ 地层的岛链状分布区。鄂尔多斯盆地中部及东部由于受黄河以东华北地台抬升的影响，在榆林、子洲以东翘升，原马家沟期发育的补偿盆地的东西方向略有收缩，被压缩成南北向，轴线大致位于小纪汉—艾好茆—子长地区，拗陷盆地的中心大致在青阳岔—子长地区，也正是鄂尔多斯盆地中东部的中心地区，其四周高处的地表径流必将向拗陷盆地区，特别是向中心地区汇聚，因而成为古岩溶最强烈的地区。来自四周的地表径流汇聚到补偿拗陷盆地后，除对下部地层发生岩溶作用外，必须有泄出区（口）。从古构造和马六段地层分布看，它不可能向东流，即向山西、黄河以东，因华北地台的主体部分仍在不断抬升，也不可能流向北面的伊蒙古陆和西边再次翘起的裂谷肩方向。补偿拗陷盆地内汇聚的地表水将沿着青阳岔—永坪方向，在鄂尔多斯盆地中部东南部形成规模较大的深切沟槽，流向尚未关闭的秦岭海槽。

鉴于鄂尔多斯盆地中部岩溶古地貌的分布趋势，可将其划分出四个岩溶古地貌单元，即岩溶高地、岩溶台地（坪）、岩溶盆地以及岩溶台地与岩溶沟槽相间区块，如图 4-20 所示。

（1）岩溶高地。岩溶高地位于再次隆升的裂谷肩的东侧斜坡区，古地势整体较高，由西向东倾斜，以接受侵蚀、溶蚀为主。该区位于桃利庙—靖边—永宁以西，北面由桃利庙向东北转向补兔以北地区，即马五 $_4^1$ 凝灰岩层底以上地层残厚的 50m 边界线以西和以北地区。马五 $_1$ 地层被破坏严重，零星分布。

岩溶剥蚀面由西向东地层由老到新呈有序分布，它是由裂谷肩的再度隆升，导致其东侧斜坡地层向西翘倾所致，鄂尔多斯盆地中部最西缘陕 56 井残顶已为马五 $_7$ 地层。同时从古地质图看出，鄂尔多斯盆地中部西北部地层出露

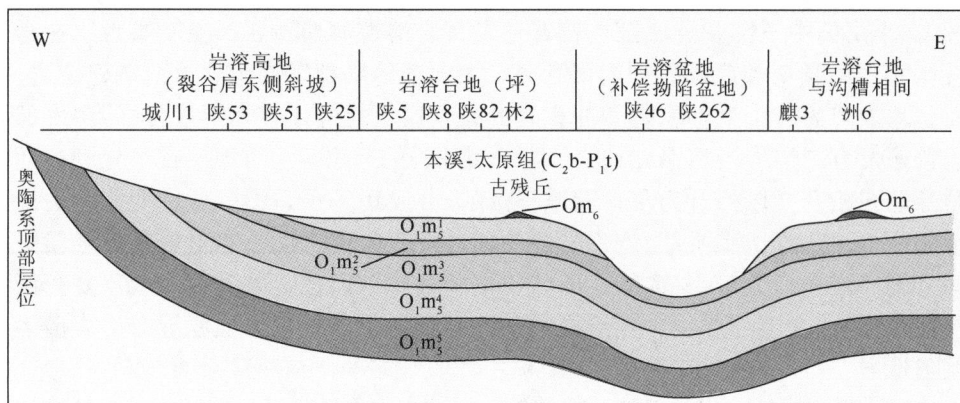

图 4-20　鄂尔多斯盆地中部岩溶古地貌横剖面示意图

带宽度小，由北向南出露的宽度渐增，说明西北角受到在西边贺兰碰撞谷和北面中亚—蒙古板块向南南东碰撞挤压的双重作用下，马家沟组地层形变较大，即形变后的地层倾角较大，翘升也较高，相应的遭剥蚀而出露的地层也最老。鄂尔多斯盆地中部西北角有 7 口井的地层已剥蚀至马五 $_4^1$ 地层以下。鄂尔多斯南面，仅受贺兰碰撞谷的单向挤压作用，地层形变角度相对较小，因此，地层的剥蚀出露宽度也相对增大。

（2）岩溶台地（坪）。岩溶台地区块是今日马家沟组天然气的主产区，地势相对较低，且比较平缓，位于岩溶高地与岩溶盆地之间。东部以马五 $_4^1$ 底以上地层残厚 60m 边线为界，西部大致以马五 $_4^1$ 底以上地层残厚 50m 边界线为界，形成一略向西凸出的南北向矩形区块。风化壳表面出露层位以马五 $_1^1$、马五 $_1^2$ 地层为主。能够大面积较好地保存所述地层只有一种可能性，即当时这一矩形区块内的地层是几乎水平的。

该岩溶台地区块的地层应该是水平的或近于水平的，证据之一是：广西桂林地区上泥盆统石灰岩之所以能形成卡斯特地貌，主要原因之一是地层水平或近于水平。需要说明的是，桂林地区泥盆系既有石灰岩地层，也有白云岩地层，喀斯特仅发育于石灰岩中。由于组成石灰岩的方解石的晶格小于白云石，相同组构的石灰岩溶解度较白云石大。桂林地区泥盆纪碳酸盐岩地层经历了 362Ma 表生裸露期岩溶，是鄂尔多斯盆地马家沟组表生裸露期岩溶时间的两倍。石灰岩被溶解成分隔的峰林状喀斯特地貌，高差可达二三百米，但白云石地层一般高仅几十米。鄂尔多斯盆地中部岩溶台地区均为白云岩地层。证据之二是：在东西方向 70～120km 的平距内，同一小层地层的海拔高差仅 10m 左右。证据之三是：该区块中多个小层的相似部位均发育岩溶溶洞建造岩，最明显的为马五 $_1^4$ 小层，顶部多发育有岩溶溶洞建造岩，仅规模略有差别。类似的，在马

五 $_4^1$ 小层的中下部和近底部也较普遍发育岩溶溶洞建造岩。更有甚者，在马五 $_3^3$ 小层除顶部和底部有原岩保存外，大部分地层都发育为岩溶溶洞建造岩，而且均表现为若干期塌积岩和冲积岩的叠置层。此外，在马五 $_3^2$ 地层中上部也普遍发育二层岩溶溶洞建造岩。这一现象说明，马家沟组地层在风化剥蚀期是脉动式抬升（以抬升为主，间歇下降），并经历了干、湿气候的变化，由于地层是水平或近于水平的，产生岩溶的活动潜流带潜水面在相对较长的一段时间分别停滞在马五 $_4^1$ 顶部及马五 $_4^1$ 中部和近底部层位，且多期（或反复）停滞在马五 $_3^3$ 大部分层位。在这样的条件下形成了同层位大面积展布的岩溶溶洞建造岩。

（3）岩溶盆地。岩溶盆地地势较低，岩溶水多在此汇聚，位于岩溶台地区块以东，大致在余兴庄—榆70井—永坪以西，为马五 $_4^1$ 底以上地层残厚小于60m边界线以内的区块。在西面"L"形裂谷肩再次翘升、东面山西以东的华北地台凹面式抬升的背景下，原马家沟期曾存在的补偿拗陷盆地也再次活动。由于受东西两侧相对挤压，因此补偿拗陷盆地也大致成南北走向，但其规模，特别是东西方向宽度较原有的要小，仅大致位于马家沟期拗陷盆地的中西部。晚奥陶世后再次发育起来的补偿拗陷盆地的中心大致位于艾好峁—永坪地区，也是盆地宽度最大、拗陷深度最大的地区。来自四周的地表径流汇聚于该补偿盆地内，除一部分向下伏地层渗流发生岩溶作用外，需要有外泄通道，由于西面和西南面为"L"形翘升的裂谷肩分布带，北面为伊蒙古陆，东面为山西隆升区，因此只能向东南部的子长—永坪一带不断深切的溶蚀主沟槽汇聚。

（4）岩溶台地与岩溶沟槽相间区块。岩溶台地与岩溶沟槽相间区块由于东侧华北地台主体抬升，古地势稍高，由东向西倾斜，位于鄂尔多斯盆地中部最东部边缘。在神12井区、子洲井区和延深1井区均保存有马五 $_1$ 亚段地层，后两者还存在马六段地层，并向鄂尔多斯盆地中部以东，马六段分布区不断扩大，地层厚度也不断增加，因此该区块可以看作是山西岩溶台地的西缘部分。由山西向西汇聚到补偿拗陷盆地的地表径流，将该区块马五 $_1$ 和马六段地层剥蚀并切割为残剩的孤立台地。

4.5.5　表生期复合古岩溶垂向分带

1）垂向分带划分

潜水指地表与第一个稳定隔水层之间具有自由水面的地下水，上升的最高位置称为最高地下潜水面，下降的最低位置称为最低地下潜水面。1991年，李汉瑜根据水动力学特征建立了理想岩溶剖面图（图4-21），以潜水面和混合水带作为重要界限，前者上、下分别为垂直渗流带、水平潜流带；后者上、下分别为水平潜流带、深部缓流带。该模式作为一个经典的碳酸盐岩岩溶发育综合模式常被人们所引用。

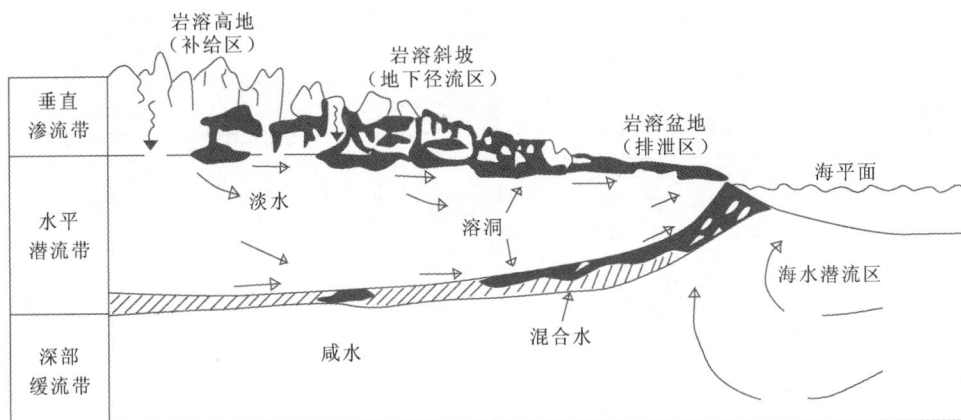

图 4-21　岩溶模式图（李汉瑜，1991）

　　本书针对鄂尔多斯盆地中部的主体位置进行精细解剖，把含水层由地表到地下深处划分为四个带（表 4-5），依次是地表岩溶带、垂直渗流带、水平潜流带与深部缓流带，岩溶地下水的这种垂向上的水动力分带性控制了垂向剖面中岩溶相的发育序列和分带特征。

　　地表岩溶带位于风化壳的顶部，岩溶特征以溶沟、溶缝、溶蚀洼地和落水洞发育为主。垂直渗流带位于地表面到最高的地下潜水面之间，非饱和带水沿垂直裂隙向下渗流并伴随强烈的物理、化学和生物的溶解、侵蚀作用，近垂直形态发育溶缝、溶沟和溶洞。水平潜流带是含水层的主体部分，根据潜水面在纵向剖面上某段停留时间的长短、期次及鄂尔多斯盆地中部特殊的风化壳岩溶特征，作者将水平潜流带细分为中等溶蚀亚带和强溶蚀亚带两类。前者指最高地下潜水面与最低地下潜水面之间，潜水面受气候等因素影响呈脉动式的升降，纵向剖面上的不同位置均有一定程度的溶蚀，以发育顺层的溶孔、溶洞和近横向的溶缝为主；后者指最低地下潜水面以下的一定深度范围，其底界受当地排泄基准面的控制，在该带内常年有较为稳定的水平方向的地下水流活动，在潜水面之下，靠近潜水面的部位岩溶水仍然以非饱和水为主，岩溶作用强烈，形成大面积分布的水平洞穴；深部缓流带位于水平潜流带以下，水流以缓慢的速度流向远处，且水介质成分与周围岩石或沉积物处于平衡状态，其溶解作用和水力侵蚀作用都非常微弱，岩溶作用以产出溶孔和溶蚀裂缝为主（图 4-22）。

表 4-5　鄂尔多斯盆地中部中奥陶系马家沟组顶部风化壳古岩溶垂向分带特征表

垂向分带			分布范围	地下水作用方式	岩溶标志
地表岩溶带			地表面	大气淡水沿近垂直裂隙向下渗流	溶沟、溶缝、溶蚀洼地和落水洞发育，被铝土质泥岩或残积角砾岩等地表残积物充填
垂直渗流带			地表面与地质记录最高地下潜水面之间	大气淡水沿近垂直裂隙向下渗流	近垂直状态发育的溶孔、溶沟、溶缝和溶洞发育，由地表残积物的下渗产物和碳酸盐岩细碎屑等充填
水平潜流带	地质记录最高地下潜水面与地质记录最低排泄基准面之间	中等溶蚀亚带	地质记录最高地下潜水面与第一期稳定的排泄基准面之间或两期稳定的排泄基准面之间	气候、季节等因素变动，地下水流在此带中做脉动式升降，在一处停滞时间相对较短	顺层分布的硬石膏结核溶模孔发育，由细粉晶白云石等半充填。近横向的炭泥质充填的溶缝、溶沟发育。局部见小规模溶洞发育
		强溶蚀亚带	在一段时间内稳定分布的排泄基准面附近	有长时间稳定的水平方向地下水流	发育大量水平洞穴，被塌积角砾及流水作用携带的冲积物充填，其中有一定规模的冲积岩可看作此带的标志层
深部缓流带			地质记录最低排泄基准面以下	地下水流以非常缓慢的速度流动	少量的溶孔和溶蚀裂缝，由炭泥质或碳酸盐岩细碎屑充填

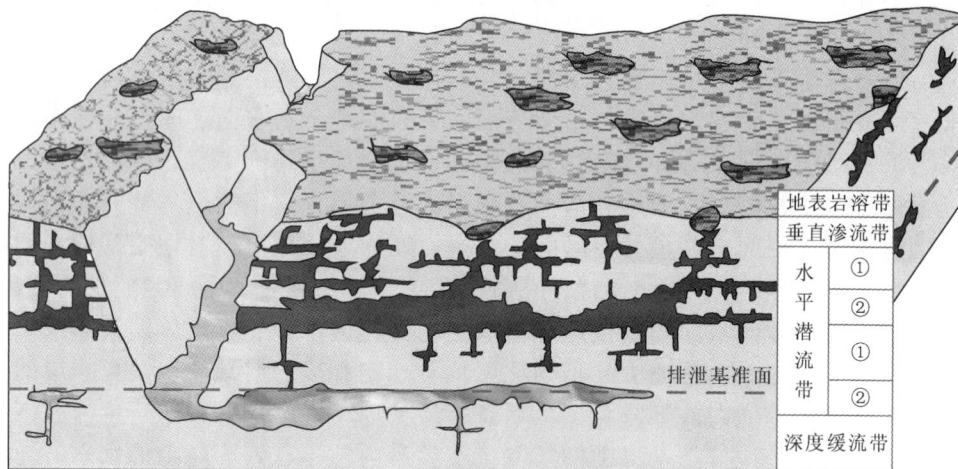

图 4-22　风化壳顶部岩溶垂向分带理想模式图（以岩溶台地为例）

注：①为中等溶蚀亚带；②为强溶蚀亚带

2）标准垂向分带特征

（1）地表岩溶带。地表岩溶带分布于古风化壳顶面，大气淡水常以近垂向裂隙为渗流通道向下流动，常见纵向溶缝、溶沟及溶蚀洼地、落水洞，被残积角砾岩、铝土质泥岩等等地表残积产物部分充填或全充填。基于取心资料分析，残积岩可分为两类：其一为分布于古地貌高部位的褐铁矿、铝土岩与赤铁矿等杂乱堆积物，如林 5 井马家沟组顶部；其二为古地貌低部位发育的铝土岩、黄铁矿、角砾岩等杂乱堆积物。根据测井曲线对比结果表明，地表岩溶带显示出了低双侧向电阻率、高自然伽玛值的典型特点（图 4-23）。本区马家沟组马六和马五 $_1^1$ 地层近顶部常分布于此带中。

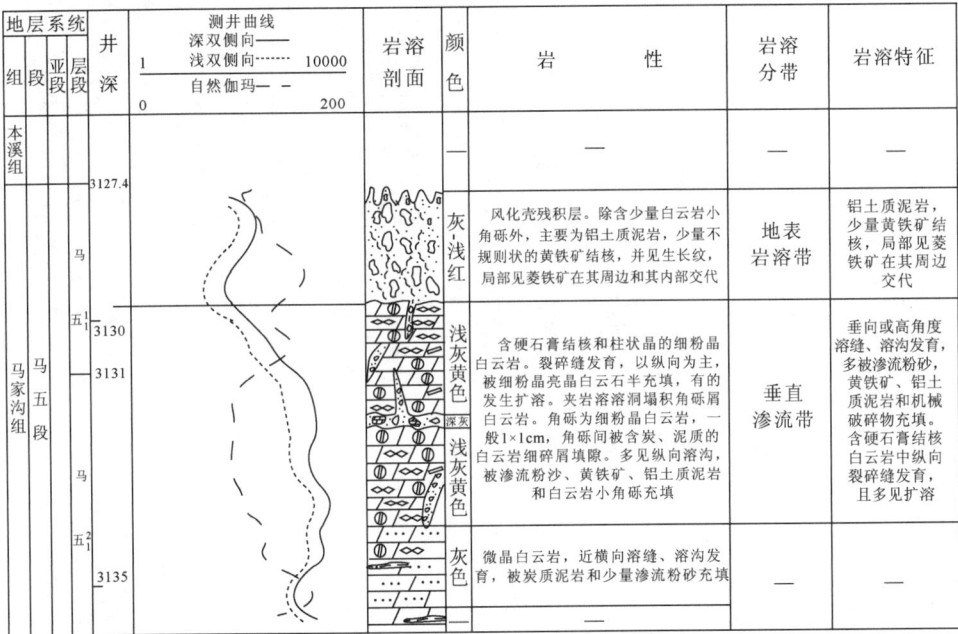

地层系统				井深	测井曲线 深双侧向—— 浅双侧向······ 1　　　10000 自然伽玛— — 0　　　200	岩溶剖面	颜色	岩　　性	岩溶分带	岩溶特征
组	段	亚段	层段							
本溪组				3127.4		—	—	—	—	—
马家沟组	马五段	马五₁	马五₁¹	3130			灰、浅红	风化壳残积层。除含少量白云岩小角砾外，主要为铝土质泥岩，少量不规则状的黄铁矿结核，并见生长纹，局部见菱铁矿在其周边及其内部交代	地表岩溶带	铝土质泥岩，少量黄铁矿结核，局部见菱铁矿在其周边交代
				3131			浅灰黄色	含硬石膏结核和柱状晶的细粉晶白云岩。裂碎缝发育，以纵向为主，被细粉晶亮晶白云石半充填，有的发生扩溶。夹岩溶溶洞堆积角砾屑白云岩。角砾从细砾到粗砾，一般1×1cm，角砾间被含炭、泥质的白云岩细碎屑填充。多见纵向溶沟，被渗流粉沙、黄铁矿、铝土质泥岩和白云岩小角砾充填	垂直渗流带	垂向或高角度溶缝、溶沟发育，多被渗流粉砂，黄铁矿、铝土质泥岩和机械破碎物充填。含硬石膏结核白云岩中纵向裂碎缝发育，且多见扩溶
		马五₁²					深灰 浅灰黄色			
				3135			灰色	微晶白云岩，近横向溶缝、溶沟发育，被炭质泥岩和少量渗流粉砂充填	—	—

图 4-23　鄂尔多斯盆地中部陕 175 井马家沟组风化壳界面残积岩岩性及测井曲线特征

（2）垂直渗流带。垂直渗流带位于古地质记录最高潜水面与古风化壳表面之间，其深度与气候条件密切相关，干旱气候浅，潮湿气候相对深，纵向上可细分为上部和下部。上部含 CO_2 的未饱和大气淡水沿垂向渗流通道快速下渗，与流经围岩产生大量的物理、化学的侵蚀或溶解作用。下部大气淡水流速和溶解速度均有所减弱，仅在开放的主渗流通道中垂向岩溶作用强烈。本区马家沟组近顶部马五 $_1^1$ 地层中下部或马五 $_1^2$ 地层近顶部常分布于此带中（图 4-24），纵向溶沟、溶缝、溶洞十分发育，被铝土质泥岩、白云岩细碎屑半充填或全充填，影响了储集性能。

（3）水平潜流带。水平潜流带为含水层主体，分布在古地质记录最高地下潜水面与最低排泄基准面之间，其岩溶特征受气候、构造变动、排泄基准面位置等诸多因素影响，按岩溶强度大小，可细分为中等溶蚀亚带和强溶蚀亚带。

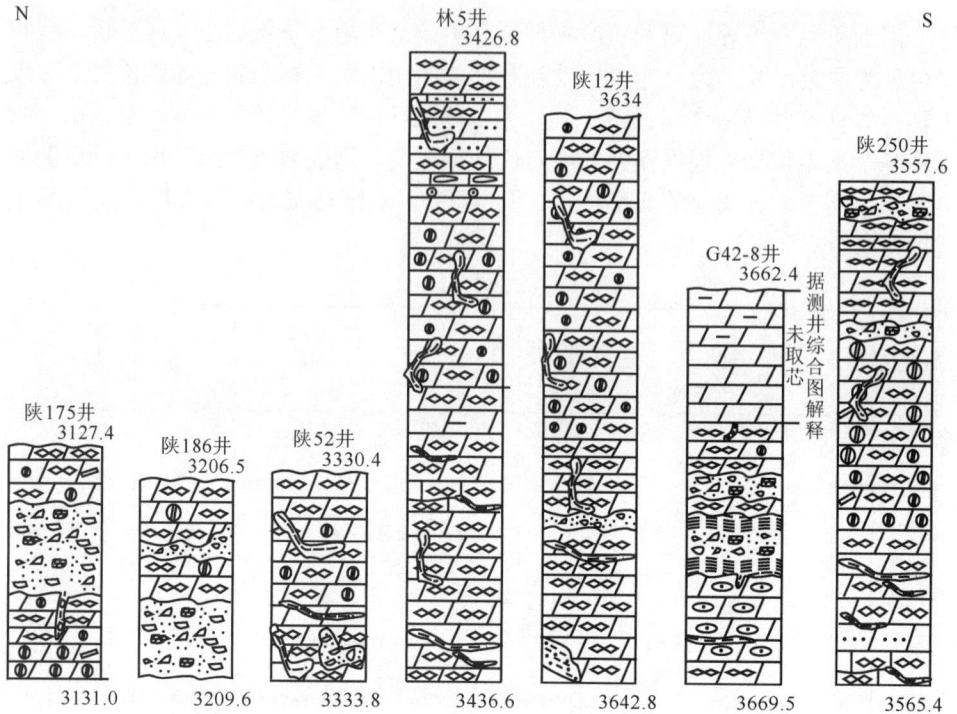

图 4-24　鄂尔多斯盆地中部马家沟组马五$_1^1$小层纵向对比剖面图

强溶蚀亚带持续较长时间且邻近排泄基准面，岩溶水以水平运动为主，侵蚀及溶解等岩溶作用均很强烈。在风化壳古岩溶发育期，鄂尔多斯盆地中部地层倾角平缓，几乎水平，所以此区域马家沟组顶部马五$_1^1$及马五$_1^2$小层保存较全。因此，如果某层位在较长时间均邻近排泄基准面，岩溶作用极为强烈，可形成同层位、大面积的岩溶溶洞建造岩，形成强溶蚀亚带。但加里东构造运动的抬升期是脉动式的，排泄基准面的分布位置在不同时期存在变动，造成强溶蚀亚带逐渐向下移动，形成不同的岩溶旋回。鄂尔多斯盆地中部马五$_2^1$、马五$_3^1$—马五$_3^3$（图 4-25）、马五$_4^2$—马五$_4^3$等小层，岩溶建造岩大规模发育，占剖面整体厚度的 1/3～2/3，可识别出三个水平延续分布的洞穴层，说明存在不同时期的三个强溶蚀亚带。中等溶蚀亚带剖面上离排泄基准面稍远，分布于强溶蚀亚带之间，此带受降雨量、气候等影响，潜水面分布位置频繁变化，岩溶水未长时间在某层停留，岩溶强度中等，岩溶溶蚀岩发育，伴生大量溶孔、溶缝、溶洞。区内在马五$_1^2$—马五$_1^4$、马五$_2^2$、马五$_4^1$等小层可识别出三个中等溶蚀亚带（图 4-26）。

（4）深部缓流带。深部缓流带分布在古地质记录最低排泄基准面之下，岩溶水从地表运移到此带需经历较长的时间和距离，沿途不断有岩溶矿物质补充，到

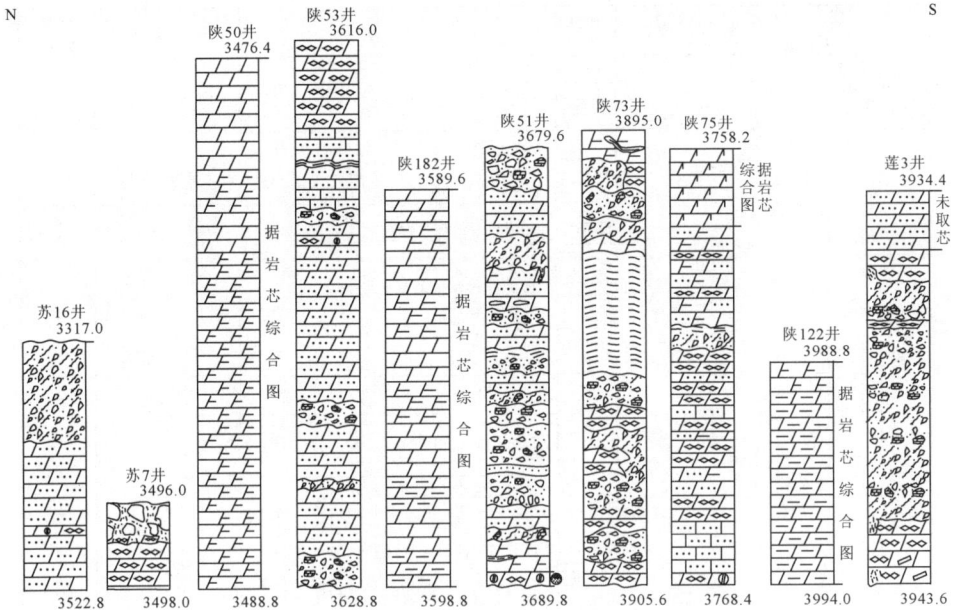

图 4-25　鄂尔多斯盆地中部马家沟组马五 $_3{}^3$ 小层纵向对比剖面

达此带时已经处于饱和或过饱和状态，溶解能力极弱，沉淀能力极强，岩溶空间不发育，且易充填早期残余孔隙，不利于储层发育。

需重视的是，受脉动式构造隆升影响，岩溶分带反复叠加，现今可识别的岩溶旋回仅代表最后几期的岩溶形貌。在实际工作开展过程中，岩溶分带以最终岩溶产物的主导因素及优势岩溶标志作为划分依据。如地表岩溶带以地层残积物发育为特征，在垂向渗流带常见近垂向的溶蚀空间，且不同程度地含有地表残积物。水平潜流带强溶蚀亚带岩溶建造岩极发育，而中等溶蚀亚带以岩溶溶蚀岩为主。

3）不同岩溶古地貌单元垂向分带特征

（1）岩溶高地复合古岩溶垂向分带。在裸露风化期，岩溶高地为地下水的补给区，水力梯度较大，岩溶作用方式以快速管道流溶蚀为主，形成大面积的岩溶溶洞，大量的塌积角砾及流水作用携带的冲积物充填其中（表 4-6）。

表 4-6　岩溶高地四口井岩溶建造岩厚度统计

井号	位置	顶部出露层位	取芯段层位	取芯段厚度/m	岩溶溶洞建造岩厚度/m
苏 7 井	岩溶高地北面	马五 $_3{}^3$	马五 $_3{}^3$—马五 $_4{}^1$	7.8	3.5
城川 1 井	岩溶高地中部	马五 $_3{}^3$	马五 $_3{}^3$—马五 $_4{}^3$	39.4	21
莲 4 井	岩溶高地中部	马五 $_4{}^1$	马五 $_4{}^1$—马五 $_4{}^3$	29	17
莲 3 井	岩溶高地南面	马五 $_2{}^2$	马五 $_2{}^2$—马五 $_4{}^1$	14	7.5

地层			自然伽玛曲线	岩性剖面	岩　性	岩溶分带	储集性能
段	亚段	小层					
马六	—	—			盆地中部因晚加里东期运动在上升过程中遭剥蚀，仅局部保存	地表岩溶带	差
马 五	马五$_1$	马五$_1^1$			微细粉晶白云岩、含硬石膏结核粉晶白云岩夹薄层角砾状白云岩。顶部风化裂缝及溶孔、溶洞、溶缝发育，内有黄铁矿、铝土质及泥质渗流粉砂等充填	垂直渗流带	良
		马五$_1^2$			含硬石膏结核粉晶白云岩，夹粉晶白云岩	中等溶蚀亚带	优
		马五$_1^3$			含硬石膏结核粉晶白云岩		
		马五$_1^4$			含硬石膏结核粉晶白云岩、粉晶白云岩、角砾状白云岩，底为凝灰岩	强溶蚀亚带	差
	马五$_2$	马五$_2^1$			泥质角砾状白云岩，细粉晶白云岩		
		马五$_2^2$			粉晶白云岩，夹含硬石膏结核粉晶白云岩	中等溶蚀亚带	良
	马五$_3$	马五$_3^1$			泥质角砾状白云岩，夹粉晶白云岩	强溶蚀亚带	差
		马五$_3^2$			泥质白云岩、泥质角砾状白云岩夹纹层状白云岩，普遍具角砾结构，白云岩角砾间及溶洞、溶缝中由黑色泥质、白云质细碎屑、渗流粉砂等充填		
		马五$_3^3$			深灰色角砾状白云质泥岩夹薄层状微晶白云岩，下部在部分井区夹膏质白云岩、硬石膏岩		
	马五$_4$	马五$_4^1$			上部为粉晶白云岩、角砾状白云岩，前者含小硬石膏结核溶模孔，中、下部为泥质白云岩、(泥质)角砾状白云岩，底部为凝灰岩	中等溶蚀亚带	良
		马五$_4^2$			角砾状白云岩、含泥质白云岩、硬石膏质白云岩与泥晶白云岩及白云质泥岩薄互层	强溶蚀亚带	差
		马五$_4^3$			岩性与马五$_4^2$小层相似		
	马五$_5$	马五$_5^1$			微晶石灰岩夹白云岩，底部夹0.1m左右的黑色泥质灰岩	深部缓流带	差
		马五$_5^2$			微晶石灰岩，质纯均一，见生物钻孔及零星生物碎屑		

（岩溶分带中"水平潜流带"纵跨马五$_2^1$至马五$_4^3$各小层）

图例：白云岩　含泥质白云岩　泥质白云岩　白云质泥岩　泥质角砾状白云岩　角砾状白云岩　泥质硬石膏白云岩　硬石膏质白云岩　凝灰岩　泥质石灰岩　石灰岩　白云质石灰岩　定性划分的作用带边界

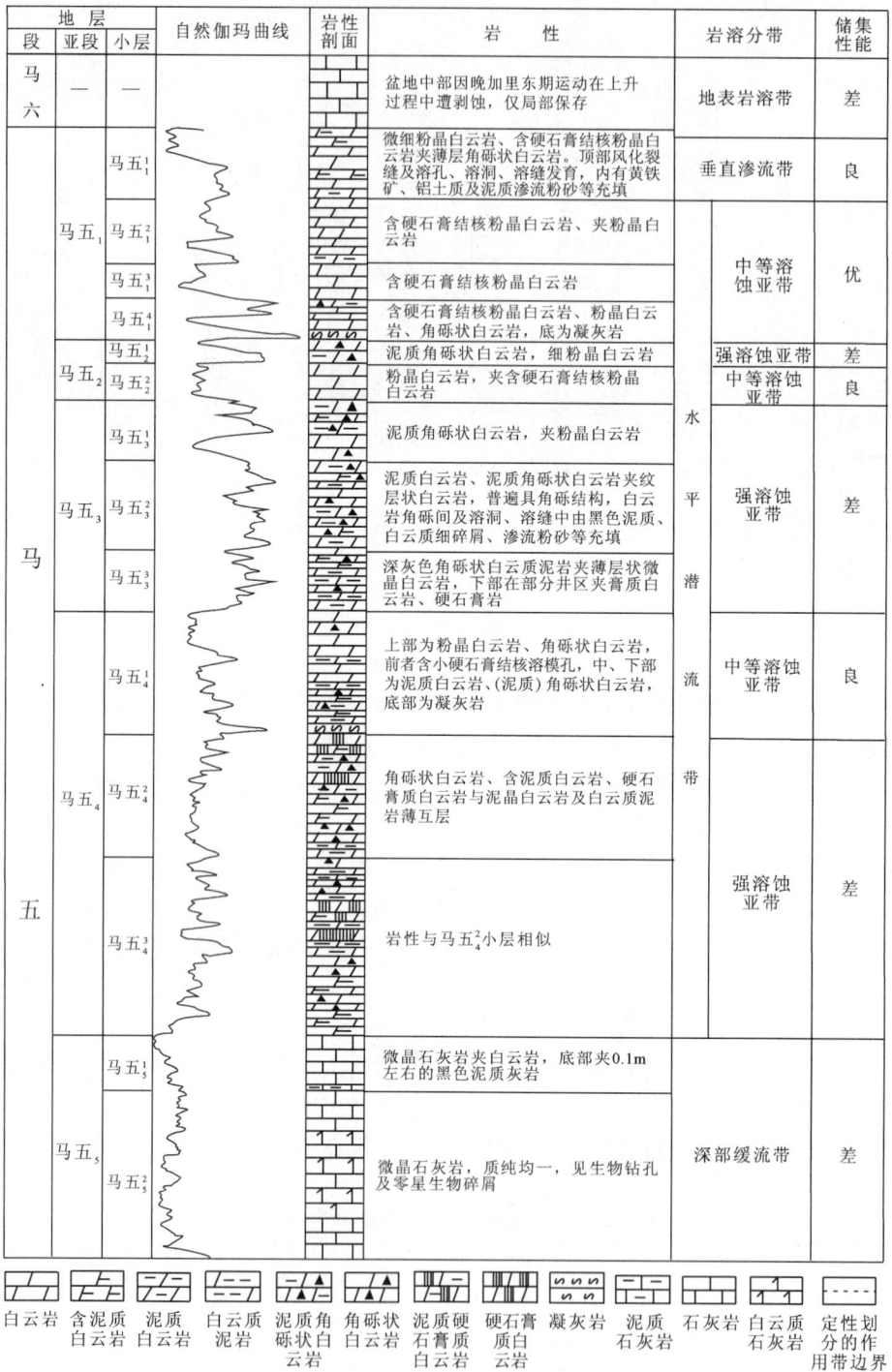

图4-26　鄂尔多斯盆地中部古岩溶垂向分带划分示意图

理论上岩溶高地在剖面上可划分为地表岩溶带、垂直渗流带、水平渗流带和深部缓流带。实际上在晚加里东期，因盆地西缘中央古隆起带再度隆起，致使其东侧斜坡区（即鄂尔多斯盆地中部岩溶高地）同样抬升，原位于地表岩溶带、垂直渗流带的马家沟组上部地层逐渐被抬高遭受剥蚀，原位于水平潜流带的地层上升，接受垂直渗流岩溶水的改造，原深部缓流带上升，接受水平潜流岩溶水的改造。此外，因中央古隆起的再度隆起是脉动式的，各垂向分带岩溶特征经多期叠加已不易区分，

莲 4 井位于鄂尔多斯盆地中部西侧，古地势较高，地层剥蚀强，顶部出露层位为马五 4^1 小层，取芯段位于马五 4^1—马五 4^3 小层，岩性以岩溶建造岩、细粉晶白云岩、微晶白云岩为主，大量的岩溶角砾岩揭示了马家沟组强烈的岩溶改造。鉴于早期的垂直渗流带经过长期的风化剥蚀，已经不复存在，而后期的垂直渗流带与水平潜流带多期叠加不易区分，后者岩溶强度更大，岩溶特征为主导特征，故主要划分为两个岩溶带：水平潜流带和深部缓流带（图 4-27）。水平潜流带（3915～3935.5m），位于马五 4^1—马五 4^3 小层上部，中等溶蚀亚带和强溶蚀亚带多期叠加，岩性以岩溶溶洞建造岩为主，夹细粉晶白云岩和微晶白云岩层。原岩均已溶蚀破碎，岩溶溶洞充填物既有塌积岩也有填积岩、冲积岩，特别是后者代表了地下潜流的搬运、沉积作用，可以作为水平潜流带的标志。塌积岩中角砾为白云岩，角砾棱角-半棱角状，分选差，砾间被流水携带的渗流粉砂填充，再溶解严重（表明多期岩溶叠加）。冲积岩以炭质泥岩和少量白云质细角砾充填为主。深部缓流带（3935.5～3943.5m）岩性以微晶白云岩为主，其岩溶特征是局部见顺层的溶缝、溶沟，多被炭质泥岩或渗流粉砂充填，溶蚀作用较弱。

（2）岩溶台地复合岩溶垂向分带。岩溶台地区块位于岩溶高地与岩溶盆地之间，地势相对较低且比较平缓，水力梯度较小，地层保存较全，呈稳定、连片分布。岩溶作用方式以慢速扩散流溶蚀为主，风化壳上部溶缝、溶沟及多个硬石膏结核溶模孔洞层发育，下部岩溶建造岩发育，垂向岩溶剖面发育齐全。

如位于鄂尔多斯盆地中部红墩界地区的陕 52 井，识别出地表岩溶带、垂直渗流带、水平潜流带（图 4-28），下部深部缓流带未取心。地表岩溶带（3330～3330.4m），位于马五 1^1 地层顶部，由于物理、化学风化、大气淡水淋滤等氧化-水解作用，形成大量化学分解的最终产物。岩性为铝土质泥岩为主，含较多的黄铁矿晶体。垂直渗流带（3330.4～3333.8m），位于马五 1^1 地层，岩性以含泥质白云岩、细粉晶白云岩为主，局部夹薄层的含硬石膏结核的细粉晶白云岩。垂直渗流特征明显，其近纵向溶缝、溶沟发育，被来自地表的铝土质泥岩和白云质细碎屑充填，构成别具一格的垂直溶蚀、充填现象。局部硬石膏结核溶模孔发育，多被细粉晶白云石半充填。水平潜流带的第一中等溶蚀亚带（3333.8～3350.8m），

位于马五$_1^2$—马五$_1^4$地层，岩性以含硬石膏结核的细粉晶白云岩与细粉晶白云岩为主，局部间夹溶洞塌积角砾屑白云岩。岩溶特征是顺层分布的硬石膏结核溶模孔发育，被细粉晶亮晶白云石半充填，部分后期又有方解石交代。由炭泥质充填的近横向溶缝发育。水平潜流带的第一强溶蚀亚带（3350.8～3354.8m），位于马五$_2^1$地层，岩性以岩溶溶洞建造岩为主，原岩均已溶蚀破碎。水平潜流带的第二中等溶蚀亚带（3354.8～3358.6m），位于马五$_2^2$地层，岩性以含硬石膏结核的细粉晶白云岩与细粉晶白云岩的不等厚互层或薄互层为主。硬石膏结核溶模孔及网状扩溶裂碎缝发育。水平潜流带的第二强溶蚀亚带（3358.6～3362m），位于马五$_3^1$地层，该段未取心，根据测井曲线，可发现其自然伽马值较高，因溶洞充填物多含泥质，推测此段可能为溶洞建造岩。

（3）岩溶盆地复合岩溶垂向分带。岩溶盆地处于水流的汇水排泄区，地层侵蚀强烈，风化壳表面出露层位以马五$_1^4$、马五$_2$为主。同时，因水系排泄基准面靠近地表，导致垂直渗流带不发育，下部为水平潜流带和深度缓流带。

4.6　埋藏期压释水复合古岩溶

埋藏期岩溶是指沉积岩在中-深埋藏阶段，其物质组成与有机质发生成岩作用，或与其他成岩流体相联系的溶蚀过程及产物，也有人称其为深部岩溶、热水岩溶等。其主要结果是在深部地层中形成一定数量的孔、洞、缝，可进一步划分为压释水岩溶和热水岩溶，是近十多年来油气勘探与研究的主要进展之一。压释水岩溶是指在埋藏条件下，上覆沉积物成岩压实过程中释放出的水，受上、下含水层压力差驱动，渗流进入下伏岩溶体所产生的岩溶。

4.6.1　埋藏期压释水复合古岩溶控制因素

1）构造条件的改变

鄂尔多斯盆地奥陶系风化壳碳酸盐岩经历了长期的沉积间断后，在中石炭纪时期又重新接受沉积。此时岩溶体系由表生期大气淡水环境逐步转化为承压水环境，由开放体系转化为封闭体系，导致古水动力场成为后期岩溶储层的叠加、改造的决定性因素。在此期间奥陶系顶面这一重要剥蚀面的起伏形态将直接决定着古水动力场的分布。

因烃类进入储层孔隙后会阻止成岩作用的继续进行，在已有烃类聚集的储集岩中不利于埋藏溶解作用的发生。因此，在油气进入储层之前将是埋藏岩溶作用发生的重要阶段。根据有机质热演化模拟研究，鄂尔多斯盆地石炭系至二叠系煤系烃源岩开始排烃的时间大约为晚三叠世，本溪期至早中三叠世将是鄂尔多斯盆地埋藏岩溶作用发生的关键阶段。该阶段奥陶系风化剥蚀面的进一步演化过程模拟主要采取以奥陶系顶面为基准面，上覆各个时期沉积厚度累加的结果。如以本溪组沉积厚度叠加太原组沉积厚度，总体上反映了太原组沉积末期奥陶系剥蚀面的起伏形态。

　　根据编图结果进行分析，鄂尔多斯盆地奥陶系顶面自本溪期到晚古生代的石千峰期，总体的起伏形态都没有发生太大的变化，始终表现为中部高、东西低，明显受到晚古生代古构造格局的控制，西部拗陷带沿石嘴山、银川、陇县一带呈近南北向展布，是晚古生代碰撞谷和祁连山前深拗陷的反映（图 4-29）。需要指出的是，石炭系本溪组的沉积厚度一方面反映了奥陶系顶面在本溪组沉积末期奥陶系顶面的古构造形态，另一方面又从侧面反映了奥陶系剥蚀面在整个风化剥蚀期间的古构造形态。在早、中三叠世时期，奥陶系顶面中部隆起带南部狭窄、北部宽缓，北部隆起带呈舌形向南突出。此时，南部隆起带已逐步分化，在合水与洛川之间，东部拗陷带与西部拗陷带已开始逐步相连，仅存在一狭长的鞍部。隆起带的中部在鄂托克前旗—定边之间呈现浑圆形分布。西部拗陷带呈现狭长的南北向展布规律，反映了西部前陆盆地雏型的形成。东部拗陷带主体范围已缩小到盆地东南部地区，在米脂以北地区的地层等值线较密集，地形较陡。

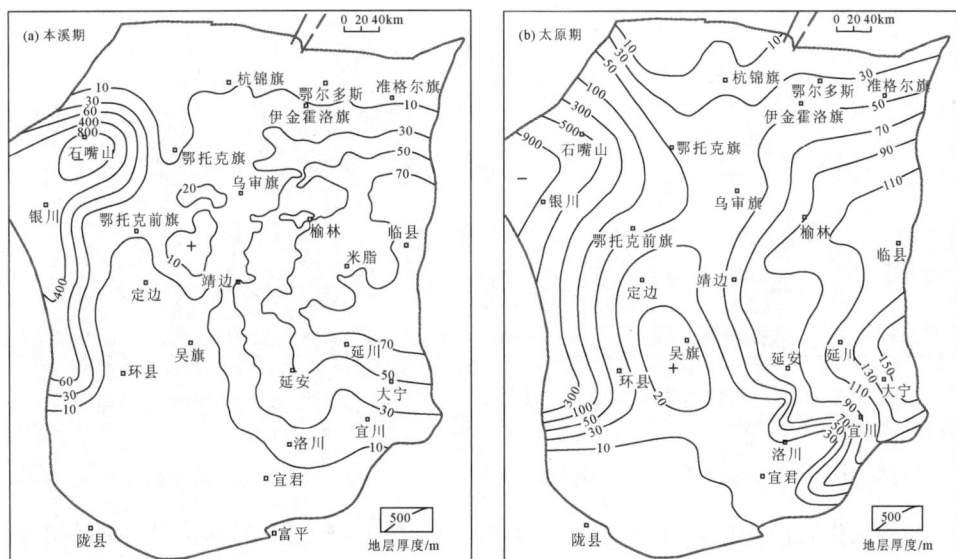

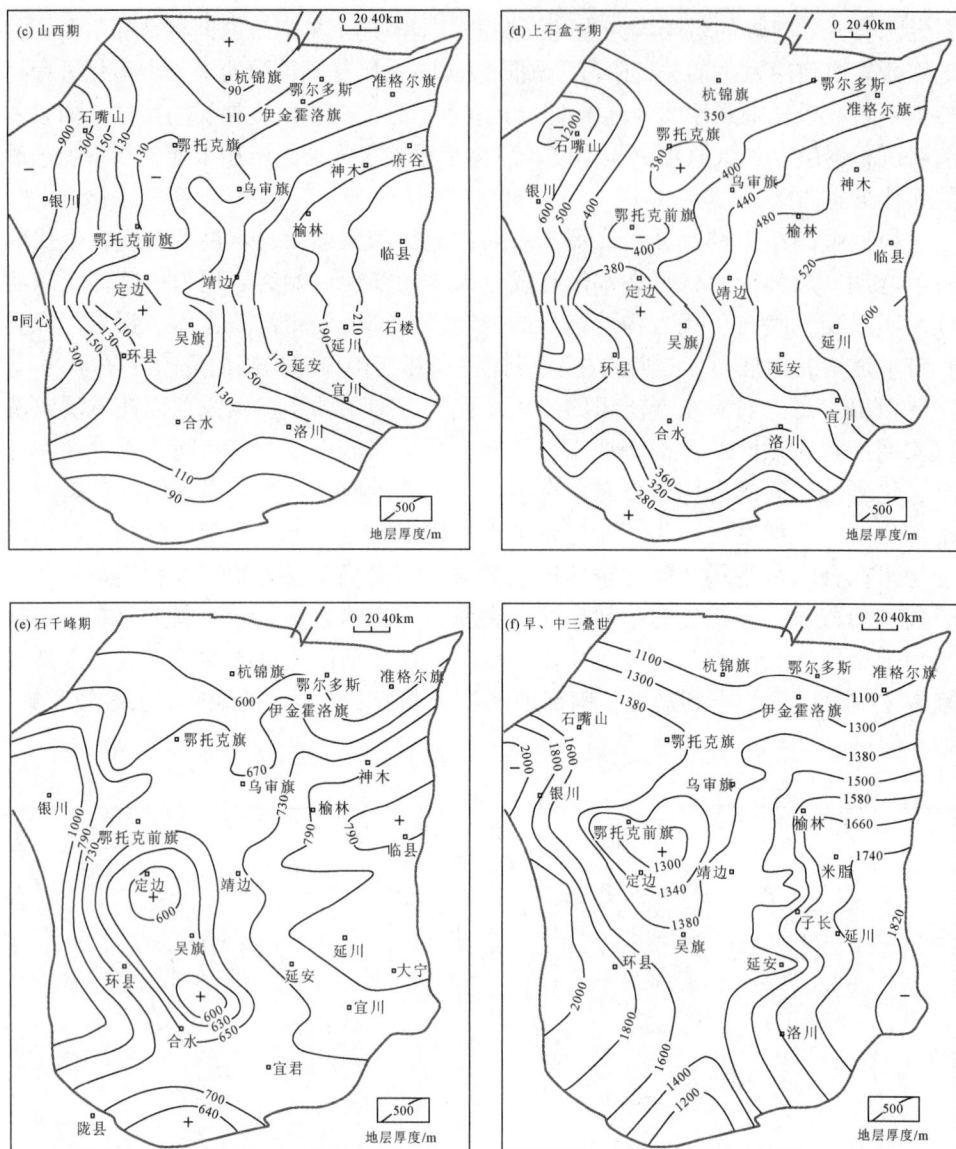

图 4-29　鄂尔多斯盆地奥陶系顶面本溪期-早、中三叠世起伏形态（李振宏等，2010）

2）成岩环境的改变

从表生阶段至中-深埋藏阶段，奥陶系马家沟组的成岩环境发生了明显的改变，其主要变化有：①由近地表环境转变为 2000～4000m 左右的中-深部埋藏环境；②由常温、常压变为高温、高压；③由开放的氧化系统转变为封闭的还原系统；④由富含 CO_2 的大气淡水转变为富含有机酸的地层水。杨俊杰等利用碳酸和乙酸对采自鄂尔多斯盆地中部地区现今埋深约3000m的奥陶系马家沟组第五段地层中的碳酸盐岩样品，在表生和埋藏成岩作用的温压条件下不同组成碳酸盐岩溶蚀成岩过程的实验模拟研究；（40～100℃，常压–25MP）由方解石、白云石相对含量不同的碳酸盐岩的溶蚀实验证明，在表生与相对浅埋藏的温压条件（低于 75℃，20MPa）下，方解石的溶解速率大大超过白云石，随着温度和压力的升高，两者溶解速率的差值变小；在相对深埋藏的温压条件（高于 75℃，20MPa）下，白云石的溶解速率已超过方解石。在 100℃、25MPa 的温压条件下，微晶白云石（白云石/方解石为 98/2）的溶解速率已是含云灰岩（白云石/方解石为 16/84）的两倍，造成这种现象的原因就是白云石的温度、压力效应大大超过方解石。据此说明，在表生与相对浅埋藏的温压条件下，石灰岩的岩溶作用较白云岩发育；但在深埋藏阶段，由溶解作用造成的白云岩次生孔隙应比方解石更为发育，这是在埋藏深度大于 2000m 的地层中，白云岩储层多于石灰岩的重要原因。所以温度和压力对埋藏期岩溶的发育，具明显的控制作用。

埋藏期的碳酸盐矿物主要是已稳定化的方解石、白云石。虽然压实作用和埋藏期胶结作用已使岩石孔隙度明显降低，但储层中仍然保存有各种地下流体的渗透通道。随着物理化学、地球化学条件的变化，在埋藏成岩环境中会产生对碳酸盐岩矿物欠饱和的流体或对碳酸盐矿物具有腐蚀性的活动性流体，这类流体在碳酸盐岩孔隙-裂缝系统中渗流时可能对碳酸盐矿物发生溶解作用而形成埋藏溶解孔。

在沉积盆地有机质热演化过程能提供足够的富有机酸，以及相关的 CO_2 和 H_2S 等活性流体的情况下，碳酸盐岩储层中能否发生埋藏岩溶及其发育程度还受诸多条件控制。在碳酸盐岩储层内形成足够数量的埋藏溶解孔隙需要有流体大规模的运移，也就是说，一方面需要有对碳酸盐矿物欠饱和的、有腐蚀性的活性流体大量输入储层，另一方面，被溶解进入溶液的 Ca^{2+} 及 Mg^{2+} 等需要不断地传送出去。因此发生埋藏溶解作用的储层应具有相对开放的孔隙系统。而鄂尔多斯盆地奥陶系风化剥蚀面在石炭纪本溪期-早、中三叠世的稳定发育格局，为地下活动性流体向早期的风化壳岩溶储层运移创造了良好的条件，同时早期岩溶孔洞型储层的发育又为储层的进一步溶蚀改造创造了良好的开放环境。

3）压释水的补给方式与途径

压释水对岩溶含水层的补给与风化壳表层的岩溶特征、上覆沉积物岩性、结构及水动力条件有关。上覆盖层岩性对压释水的下渗补给起重要作用，铝土岩、铝土质泥岩和泥岩的渗透性极差，砂岩、含泥砂岩的渗透性较好，砂质泥岩也有一定的渗水能力。

压释水的补给方式与途径表现为：埋藏早期，存在以面状方式向岩溶含水层的补给过程，因为当时沉积物的结构较疏松，且表层岩溶带荷压较小，岩溶空隙开启性较好。除了在原来的地下水排泄口和落水洞等岩溶管道发育带有较集中的压释水进入外，在岩溶风化壳表面沿溶隙还有普遍的面状注入式渗流补给。随着水流携带的黏土质、砂质及泥炭对表层岩溶空隙进行充填，以及沉积厚度增大造成表层岩溶带充填物的压实，其透水能力大大减弱。据测试，泥岩和铝土质泥岩、铝土岩的渗透率很小，为 $2.7 \times 10^{-5} \sim 3.79 \times 10^{-7}$ 毫达西（$10^{-3} \mu m^2$）（表4-7）。可见经压实成岩后，大面积的泥岩、铝土质泥岩、铝土岩覆盖区，压释水难以下渗进入岩溶含水层。

表 4-7　泥质岩类物性数据表

层位	井号	岩性	深度/m	渗透率/($\times 10^{-3} \mu m^2$)	突破压力/Mpa	突破渗透率/($\times 10^{-3} \mu m^2$)
C_2b	陕5	泥岩	3424.75	7.28×10^{-6}	15.0	未突破
C_2b	陕20	泥岩	3506.14	3.79×10^{-7}	15.0	未突破
C_2b	神2	铝土质泥岩	2799.56	2.7×10^{-5}	15.0	未突破
C_2b	陕参1	铝土岩	3435.56	6.5×10^{-7}	14.8	3.3×10^{-8}

区域上砂质泥岩、砂岩和泥质砂岩呈不连续的条带状和团块状分布，具有较好的渗透性，部分与碳酸盐岩直接（不整合）接触。根据盖层岩石孔隙度与排驱压力的分析结果，随岩石孔隙度增大，排驱压力下降，当岩层孔隙度大于3%时所需的排驱压力小于5MPa，孔隙度达5%时的排驱压力小于2MPa。本区河道砂岩主体带孔隙发育，如中部地区部分探井山西组砂岩的平均孔隙度为 4.27%～12.6%。本区石炭系地层（67%的井）过剩压力为 1.0～2.0MPa。由此表明，奥陶系上覆盖层产生的压释水，首先向孔隙度大的砂质岩层汇集，然后通过古岩溶面上不连续条带状和团块状分布的砂岩、泥质砂岩和砂质泥岩等透水"天窗"越流补给岩溶含水层。

压释水的运移与盖层的压力变化和岩溶含水层的水动力场、含水层介质性质及补给方式密切相关，本区压释水在岩溶含水层中的运移方式可归结为以下几种模式。

（1）岩溶台地-盆地过渡带渗水"天窗"补给的压释水层状渗流模式。在岩溶台地和盆地过渡带，砂岩和泥质砂岩超覆于古岩溶坡面，形成渗水"天窗"，为压释水进入岩溶含水层提供了有利通道。在压力驱动下，渗入的压释水沿微孔隙、裂隙较发育的层位，向岩溶台地方向运移（图4-30）。在压差较大时，部分渗流水从台地内砂质沉积物填充的浅洼中输出，形成较强的水流循环。主渗流带部位溶蚀较强，溶蚀空间增大（表4-8）。随着压差的减小，水流在岩溶含水层中缓慢渗流弥散，在水流运移前峰和主渗流带外围，因碳酸盐矿物对有机酸的中和，pH不断上升，水中方解石和白云石达到饱和及过饱和而产生沉淀，充填于早先形成的溶孔、溶缝中，使岩层孔隙度下降。二叠纪后，埋深快速增大，盖层与岩溶含水层的垂向压力增大，平面上的压力差相对减小，盖层压释水主要通过砂岩"天窗"向下渗流为主。在地温影响下形成局部的对流扩散，入渗地段及邻近含水层的孔隙度不断增大。

表 4-8　S172 井渗水"天窗"及周边岩溶储层孔隙度特征表

孔号		S64	S72	S77	S91	S61	S172
盖层	岩性	砂质泥岩	泥岩	铝土质泥岩	砂质泥岩	铝土质泥岩	砂岩
	厚度	11	10	4.4	6.6	5	41
奥陶系顶部层位		马五$_2^1$	马五$_2^2$	马五$_1^2$	马五$_1^2$	马五$_1^2$	马五$_3^2$
马五$_1^3$ 孔隙度/%		—	6.4	5.13	3.36	7.98	—
马五$_1^4$ 孔隙度/%		8.5（马五$_2^1$）	—	1.2	8.92	2.46	5.7（马五$_4^1$）
S64～S172 间距/km		34.6					

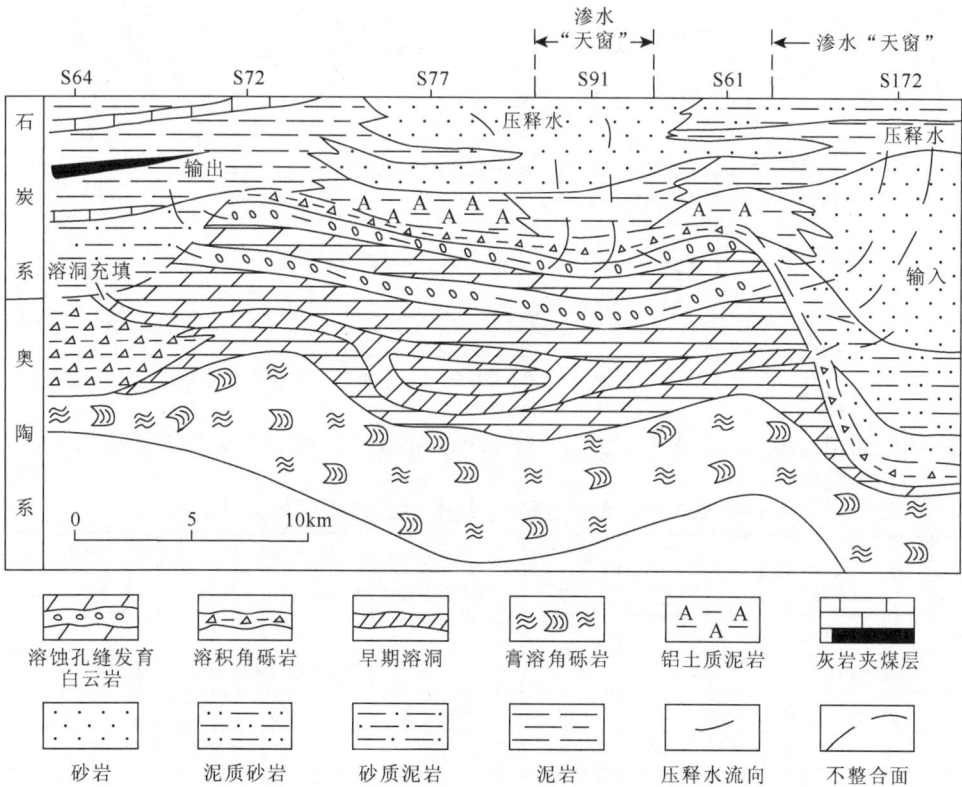

图 4-30　岩溶斜坡-盆地过渡带渗水"天窗"补给的压释水层状渗流模式（郑聪斌等，1997）

（2）岩溶沟谷、洼地渗水"天窗"补给的压释水侧向渗流-对流循环模式。岩溶沟谷是古岩溶面上直接覆盖砂质体的主要分布地段，地势较低，盖层压力较大，而其两侧则地势高，压力相对较低。压释水进入岩溶含水层后，向两侧对流循环（图4-31）。早期，当泥质盖层固结程度较低时，入渗水具有侧向水平运移扩散条件，渗流层段的溶蚀作用较强，岩溶孔隙空间扩大；后期，随着泥质对古岩溶面的充填封闭，入渗水在热力作用下形成对流循环。由于渗入量下降，水流循环交替减缓，压释水岩溶作用范围减小。因入渗水携带的泥质和深处较高溶解离子浓度的岩溶水环流到浅部产生矿物沉积并充填入渗"天窗"地段，岩溶储层孔隙度下降（表4-9），古风化壳表层渗透性降低。

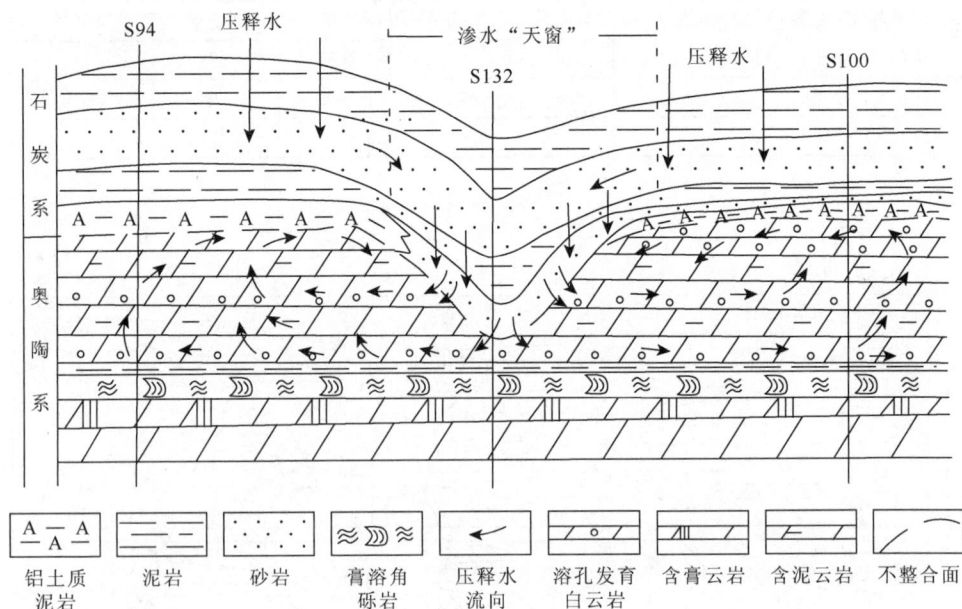

图4-31 岩溶沟谷、洼地渗水"天窗"补给的压释水侧向渗流-对流循环模式（郑聪斌等，1997）

表4-9 陕189井透水"天窗"及邻近岩溶储层孔隙度特征表

孔号		S178	S175	S149	S189	S160	S170
盖层	岩性	砂质泥岩	泥岩	铝土质泥岩	砂岩	泥岩	铝土质泥岩
	厚度/m	9	8	7	4.6	5.4	6
奥陶系顶部层位		马五$_1^3$	马五$_1^1$	马五$_1^2$	马五$_1^4$	马五$_1^2$	马五$_1^1$
马五$_1^2$孔隙度/%		—	3.31	—	—	1.92	2.97
马五$_1^3$孔隙度/%		—	5.39	5.18	—	3.24	5.75
马五$_2$孔隙度/%		2.53	2.99	2.55	2.31	2.55	1.68
距"天窗"距离/km		12.5	10	5	0	9	15

（3）溶梁、溶丘渗水"天窗"补给的压释水纵向对流循环模式。在古岩溶台地和盆地区域，部分溶丘、溶梁坡顶地段被层状和似层状砂体直接覆盖或夹有极薄的泥岩层，压释水源较为丰富，溶丘侧向坡面为泥岩、砂质泥岩所覆盖。水流主要从坡顶垂直向下越流补给，对流、扩散并形成穿层的垂向渗流。其下渗深度一般受含泥较高的膏溶角砾所限制，在热力和溶质重力的驱动下，形成回流，在岩溶含水层内形成流体循环。主循环带溶蚀较强，溶孔、溶缝发育；环流的边缘，尤其是"天窗"周边的上部，因回流水中有机酸的消耗，温度下降，pH 上升，水中方解石、白云石饱和度增高，产生沉淀，对溶蚀孔隙进行充填，造成岩溶储层孔隙度降低（图 4-32、表 4-10）。

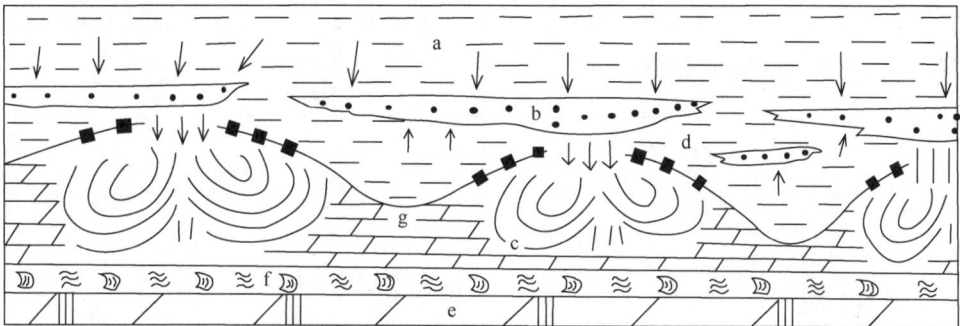

图 4-32　溶梁、溶丘渗水"天窗"补给的压释水纵向对流循环模式（郑聪斌等，1997）

a. 泥岩及压释水流向；b. 砂岩；c. 对流水；d. 含黄铁矿钙泥质充填；e. 含膏白云岩；f. 膏溶角砾岩；g. 白云岩

表 4-10　陕 43 井渗水"天窗"及邻区岩溶储层孔隙度特征表

	孔号	S72	S71	S43	S32	S48
盖层	岩性	泥岩	砂质泥岩	砂岩	砂质泥岩	铝土质泥岩
	厚度/m	10	7	7.4	6	6.5
奥陶系顶部层位		马五$_1^2$	马五$_1^2$	马五$_1^1$	马五$_1^1$	马五$_1^1$
孔隙度/%	马五$_1^2$	—	3.9	—	—	4.41
	马五$_1^3$	6.4	4.42	4.26	3.24	15.75
	马五$_1^4$	—	2.44	3.77	—	2.88
	马五$_2$	3.77	—	5.28	—	2.55
	马五$_4^1$	—	3.24	—	—	—
距"天窗"距离/km		13	6	0	5	11.5
古地势高差/m		−15.8	−10.0	0	−12.4	−4.8

总体来看，压释水在岩溶含水层内的运移主要存在水平渗流、侧向渗流-对流循环和纵向对流循环三种模式，受含水层介质条件的控制，压释水入渗影响的深

度多在古岩溶风化壳的发育深度范围内，一般受控于马五段的膏溶角砾岩和含膏云岩层。

4.6.2 埋藏期压释水复合古岩溶作用机理

本阶段岩溶系统处于封闭环境中，但是石炭系盖层仍未对古岩溶风化壳完全圈闭，尤其是在古岩溶台地与盆地转化带和沟槽斜坡地带，古岩溶面与上述沉积层的不整合接触，在压力差的驱动下，石炭-二叠系煤系地层压实成岩的释放水向下运移进入古风化壳岩溶含水层。随沉积层埋藏深度增大，温度增高，分散在沉积物中的有机质，在还原环境、温度和压力影响下，分解和转化。一部分成为不溶的有机质（如干酪根），另一部分形成烃类和有机酸（图4-33）。因有机酸易溶解于压释水中，使水的酸度增强。

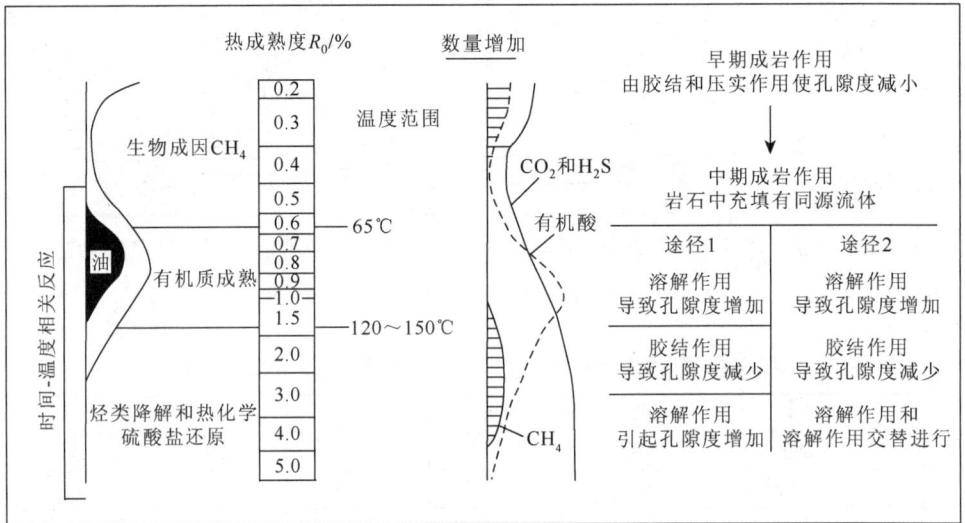

图4-33 碳酸盐岩中的有机质成岩作用于埋藏作用途径的关系
（Moore，1989；Mazzullo et al.，1992）

例如，蛋白质中的氨基酸在无氧条件下分解成相应的饱和酸或不饱和酸：

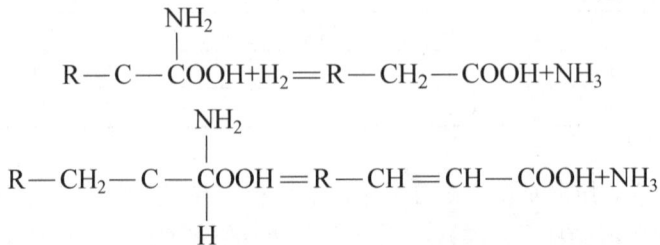

$$R—\underset{\underset{\text{NH}_2}{|}}{C}—COOH+H_2 = R—CH_2—COOH+NH_3$$

$$R—CH_2—\underset{\underset{H}{|}}{\overset{\overset{\text{NH}_2}{|}}{C}}—COOH = R—CH=CH—COOH+NH_3$$

半胱氨酸厌氧分解过程如下：

$$4C_3H_7O_2NS+8H_2O = 4CH_3COOH+4CO_2+4NH_3+4H_2S+8H^+$$

分解出的有机酸一般比碳酸的电离平衡常数约大两个数量级：

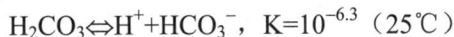

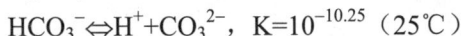

$$CH_3COOH \Leftrightarrow H^++CH_3COO^-，K=10^{-4.7}（25℃）$$

$$H_2CO_3 \Leftrightarrow H^++HCO_3^-，K=10^{-6.3}（25℃）$$

$$HCO_3^- \Leftrightarrow H^++CO_3^{2-}，K=10^{-10.25}（25℃）$$

此外，在浅埋条件下（一般小于 1000m），有机质在微生物参与下的氧化降解和厌氧发酵过程，产生一定的 H_2S 和 CO_2，使压释水的 pH 降低，当进入岩溶介质体时，促使碳酸盐矿物溶解。如在有硫酸盐的条件下，硫还原细菌作用产生 H_2S 和碳酸：

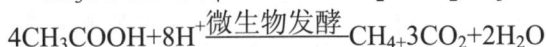

$$CH_3COOH+SO_4^{2-} \xrightarrow{硫还原菌} H_2S+2H_2CO_3^-$$

$$4CH_3COOH+8H^+ \xrightarrow{微生物发酵} CH_4+3CO_2+2H_2O$$

在自然条件下，以碳酸为化学动力的溶蚀作用多发生于 pH 为 4～6 的条件下，而有机酸的溶蚀过程主要发生在 pH 小于 5 的酸性环境中，pH 为 2.8～4 时溶蚀速度较快。可见，有机酸的介入成为埋藏岩溶的主要地球化学动力因子。同时，很多研究表明，压释水与地层水相比具有较低的溶解离子浓度。在页岩的超滤作用下，压释水的浓度下降（Fowler，1970；Dichey et al.，1968）。当温度达到 93～104℃时，黏土矿物的蒙脱石向伊利石转变，矿物结构水从黏土中释出（占矿物质量的 5%）。这种释出水将稀释隙间水或孔隙水，形成具有低溶解固体浓度特征的压释水体（Schmidt，1973）。据 Jones（1968）在墨西哥湾盆地北部的研究，被 10～50m 黏土-页岩层隔开的两个含水层之间，其含盐度的差值超过 100000mg/L。低含盐度的压释水具有小的离子强度，水中化学组分的活性较大，而且水的化学组成与地层水存在较大的差异。当与处于水岩平衡的地层水混合时，化学组分的活性增强，改变了平衡状态，导致水的溶蚀能力增大。

有机酸比碳酸更易离解，酸强度较高，对于岩溶系统有较强的溶蚀性。因压释水主要是由局部性通道进入岩溶层，在临近通道地段产生较强的溶蚀作用，使水中溶解的碳酸盐组分浓度增高。由于在压释水渗入带，早期形成的溶蚀裂隙、溶洞、管道等较大溶蚀空间均被后期以泥质为主的沉积物充填，连通性和渗透性较差，因此产生有机酸水溶蚀的介质空间主要是由非均一荷压形成的后期压裂缝发育带和早期孔洞化强的岩溶层组。

4.6.3　埋藏期压释水复合古岩溶识别标志

埋藏早期，因压实固结程度差，下渗水中带有大量泥、碳质等碎屑物质，可对先期形成的岩溶孔、溶洞、管道等较大岩溶空间进行充填和封闭。压释水中有机酸含量较低（一般小于 100mg/L）时，对岩溶介质的溶蚀作用微弱。在中深埋藏条件下，压释水主要是通过微裂缝和晶间、粒间小溶孔以渗流弥散方式运移传输。

1）岩溶空隙组合形态

在鄂尔多斯盆地压释水岩溶发育较强的中部地区，其岩溶发育深度在古岩溶面之下 40～60m，发育层位主要是马五$_1^2$、马五$_1^3$、马五$_2^1$和马五$_4^1$等岩性段，岩溶空隙主要形成原因为在表生期溶蚀空间基础上的再次扩溶，常见溶缝-溶孔、溶孔-裂隙、斑状-聚合溶孔等形态组合。

溶缝-溶孔组合常见有网状溶缝-不规则溶孔、枝状溶缝-不规则溶孔和顺层溶缝-扩大溶孔等组合类型（图 4-34），常成层分布于马五$_1^3$和马五$_4^1$岩溶层中。溶孔多被方解石、白云石、少量黄铁矿、石英半充填，充填物结构疏松，含有机质。

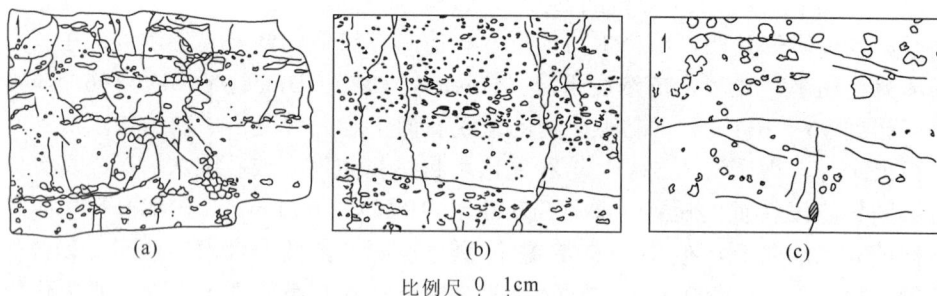

比例尺 0 1cm

图 4-34 埋藏溶蚀孔组合特征

(a) 为网状溶缝-不规则溶孔组合特征（陕 52 井，3（69/111），马五$_1^2$）；(b) 为枝状溶缝-不规则溶孔组合特征（陕 110 井，6（129/159），马五$_1^3$）；(c) 为顺层溶缝-扩大溶孔组合特征（镇川 3 井，9（53/63），马五$_1^4$）

溶孔-裂隙组合主要分布于古岩溶面和膏溶角砾岩层顶面附近，溶孔形态受裂隙展布的控制，成长条状和串珠状，多有泥质、黄铁矿等充填物（图 4-35）。

斑状-聚合溶孔主要出现于粒间孔、晶间孔、膏核（模）孔密度较大，而微裂隙较少的岩性段。压释水通过孔隙间的喉道渗流弥散，在渗流溶蚀较强的部位使多个溶孔连成一体（图 4-36）。充填程度较低，局部溶蚀强烈并呈"蜂窝状"。在渗流溶蚀较弱时，扩溶弱的喉道成为水流传输通道，形成星散状溶孔的分布。孔径多在 0.5～3mm，由白云石、方解石半充填或全充填，含少量黄铁矿，微裂隙一般没有明显的溶蚀扩大。

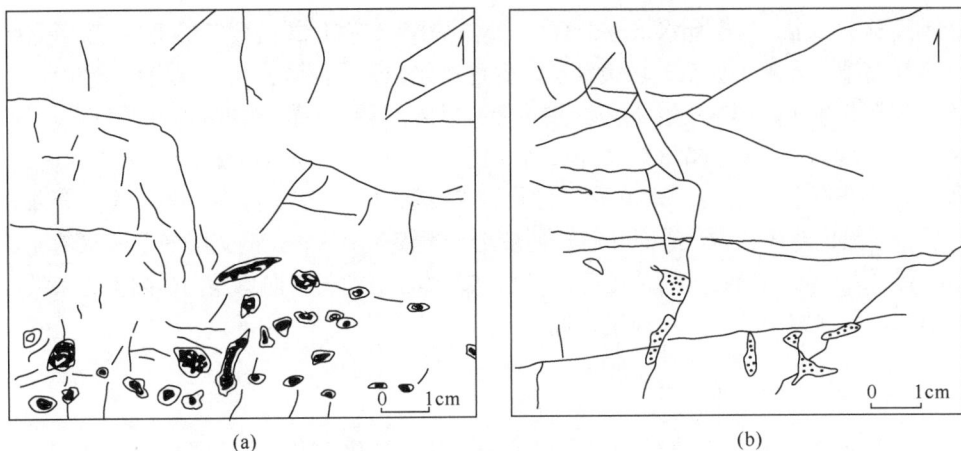

图 4-35　溶孔-裂隙组合形态与分布特征

（a）为扩大溶孔-枝状裂隙组合（陕 194 井，2（15/117））；（b）为不规则溶孔-斜交缝
组合特征（陕 153 井，1（3/105））

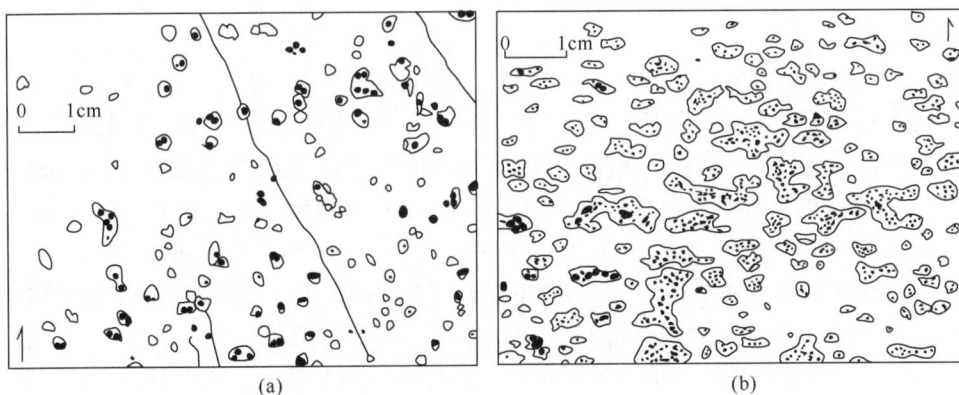

图 4-36　斑状-聚合溶孔组合形态与分布特征

（a）为陕 109 井，4（117/162）马五 5_1^1；（b）为陕 28 井，3（16/19）马五 5_1^3

2）岩溶充填矿物特征

在水-岩作用体系中，受碳酸盐岩的质量及酸碱缓冲作用控制，随着压释水中有机酸的消耗，岩溶水 pH 上升，水中方解石和白云石的饱和程度也上升，在溶蚀带的下部产生方解石和白云石沉淀，充填先期形成溶蚀孔、缝。如在马五 5_4^1 岩溶层中常见黑色、灰色含有机碳的方解石晶斑充填溶孔，其 $\delta^{13}C$ 为较轻的负值，一般小于 $-5.0‰$。此作用过程造成了岩溶层的进一步非均质性改造，即在压释水影响带，溶蚀空间相对更发育。同时，在封闭的还原环境中，风化壳顶面残积的铁质层中的铁元

素的迁移性较强，当压释水下渗带有较丰富的H_2S（有机质降解产生）时，造成风化壳表层溶隙、孔隙中大量充填黄铁矿，促进风化壳表层圈致密化。在有机酸性水介入的岩溶作用下，形成的孔洞充填物主要有铁方解石、马鞍状白云石和黄铁矿，具体特征分别为：①铁方解石：白色、乳白色，中-巨晶，充填于孔洞上部或构造裂隙中。②马鞍状白云石：充填于孔洞上部或裂隙中，个别沉淀在石英晶面上，细-巨大晶，晶格弯曲错位，晶面和解理面变形，含较多尘状物，正交偏光下波状消光。③黄铁矿：主要充填在孔洞的上部，多呈立方体，五角十二面单晶，晶面上有条纹；集合体成粒状或块状，成粒速度较低。

3）地球化学特征

压释水岩溶所产生的岩溶岩及充填物，其地球化学及气液包裹体特征与表生期岩溶产生的岩溶岩及充填物明显不同。

（1）压释水岩溶产生的岩溶岩碳同位素 $\delta^{13}C$ 值为 –5‰～–15‰（PDB），而表生期岩溶岩碳同位素 $\delta^{13}C$ 值分布范围为 +2‰～–3‰（PDB），显然 $\delta^{13}C$ 值在较大范围内变化，这是埋藏阶段有机质因细菌分解产生的 CO_2 参与了岩溶作用的结果。

（2）压释水岩溶产生的次生方解石，具有高锶（平均 675ppm）、低锰（平均 90.5ppm）及碳、氧同位素明显偏负的特点。其 $\delta^{13}C$ 值平均为 –5.8‰（PDB），$\delta^{18}O$ 值平均为 –14.24‰（PDB），表明碳来自细菌降解的 CO_2 及烃类的混合物，氧来自高温贫 $\delta^{18}O$ 的压释水。根据包裹体测温结果，均一温度为 86～150℃。包裹体以气液为主，气相包裹体成分中 CO_2 占 50.9%，H_2S 占 31.5%，CH_4 占 17.4%；液相包裹体成分中 CO_2 占 53%，H_2S 占 26.0%，CH_4 占 21.0%，两相包裹体的成分含量较为接近。根据包裹体水中的氢、碳、氧同位素测定结果，从表 4-11 中可以看出充填方解石的包裹体水的 δD 和 $\delta^{18}O$（SMOW）值在黏土矿物水范围内，表明导致碳酸盐沉淀的岩溶水起源于泥岩压释水（图 4-37）。

表 4-11　陕 55 井充填方解石包裹体水 δD、$\delta^{18}O$ 分析表

层位	矿物	碳酸盐（PDB）		包裹体		备注
		$\delta^{18}O$/‰	$\delta^{13}C$/‰	δD 水	$\delta^{18}O$ 水	
马五$_6$	充填方解石	–13.95	–2.19	–40	5.3	换算
马五$_6$	充填方解石	–13.46	–1.41	–37	5.7	换算

（3）压释水岩溶产生的交代白云石在古风化壳深部较为发育，其 $\delta^{13}C$ 值为 –0.56‰～3.76‰（PDB），$\delta^{18}O$ 值为 –8.46‰～–9.97‰（PDB），锶含量为 154～486ppm，表明形成于还原环境。而马鞍状白云石充填于裂缝中，富含钙，有序

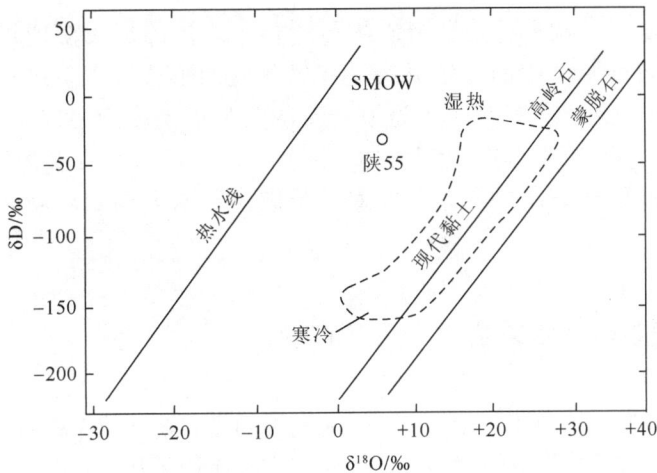

图 4-37　次生矿物包裹体水氢、氧同位素的关系

度 0.64，$\delta^{13}C$ 值为 1.3‰（PDB），$\delta^{18}O$ 值为 -9.93‰（PDB），并且具有较高的铁（1700ppm）、锰（158ppm）、锶（1264ppm）含量，反映其沉淀过程中有深部卤水介入。

（4）压释水岩溶形成的黄铁矿最具有特征性。从黄铁矿同位素测定结果（表 4-12）可以看出，$\delta^{34}S$ 值的变化范围较大，最高为 +22.6‰，最低为 -5.86‰。并且在古风化壳内由上而下，由负变正，并逐渐升高。出现这种规律，显然是在黄铁矿形成阶段内古风化壳流体中的 SO_4^{2-} 经脱硫细菌作用的结果。一般认为硫酸盐 S 同位素分馏的变化范围为 -40‰~40‰（PDB），有机质经硫酸盐还原菌作用产生的 CO_2，C 同位素值为 -20‰~30‰（PDB）。由于硫酸盐还原菌在岩溶水中不断地还原硫酸盐，并对有机质进行降解，CO_2 和 H_2S 等酸性物质不断产生，从而形成黄铁矿，同时也强化了岩溶作用。

古风化壳黄铁矿及充填方解石、白云石同位素的变化特征，便是压释水岩溶发育的直接证据。

表 4-12　黄铁矿硫同位素测定结果

井号	层位	样品	样品名称	$\delta^{34}S$/‰
S42	C_2b	2 84/98	黄铁矿	-5.2
	马五$_1^1$	3 18/61	黄铁矿	-2.63
S16	马五$_1^3$	2 12/38	黄铁矿	-5.86
	马五$_1^4$	4 2/42	黄铁矿	9.52
C^1	马五$_4^1$	3 9/24	黄铁矿	22.2

（5）高岭石、地开石等黏土矿物与压释水岩溶的形成密切相关。高岭石在古风化壳溶蚀孔洞中的充填分布是在风化壳的形成过程中进行的（黄思静等，1994），后经成岩蚀变转化为地开石。其形成温度为 110～160℃，与次生方解石、次生石英形成的温度大体一致（方邺森等，1987；黄思静等，1994）。由此表明古风化壳充填的黏土矿物对于反映压释水岩溶的环境同样具有指相意义。

4.6.4　埋藏期压释水复合古岩溶分布规律

石炭纪海水由东向西持续侵进，首先淹没的是岩溶洼地中相对较低的部位，处于低部位的溶洞被大量的泥砂充填，储集空间所剩无几。其次淹没的是岩溶台地和岩溶洼地中的微隆起带，处于台地上的沟谷中沉积了少量泥砂，保存了较好的储集空间。最后被淹没的是岩溶高地，处于高部位的沉积物较少，孔隙大部分未被充填，储集空间保存较好。从古地形特征来看，这一时期孔隙发育最好的应该是岩溶高地，其次为岩溶台地和岩溶洼地中的微地貌，岩溶洼地相对较低的地方储层发育最差。但是由于在岩溶台地西侧中存在一个相对较陡的陡坡带（图 4-38），这一陡坡带海水径流速度快，不利于沉积物的保存，因而斜坡带、陡坡带位置储层孔隙的保存程度不亚于岩溶高地，而在陡坡带之下，砂泥沉积较多，早期形成的溶蚀孔洞多被充填。

本溪期之后，奥陶系岩溶储层进入了埋藏岩溶发育阶段。在这一阶段的演化过程中，对岩溶储层发育起控制作用的主要是该时期的古水动力运移方向。本溪组沉积之后，奥陶系含水层进入了全封闭状态，其压释水的运移方式主要是通过压力差，经过不整合面向奥陶系岩溶储层补给，而隆起带位置始终处于压释水运移的主要方向。岩溶台地区在浅埋藏期间保存了较好的溶蚀孔洞，成为压释水强烈交替区，快速流动的水比缓慢流动的水具有更大的溶蚀能力，能够使岩溶台地区溶蚀的物质带在相对较高的位置发生沉淀，因而岩溶台地区成为岩溶储层进一步发育的有利场所。而岩溶台地内部低洼区及东侧台-谷转化带，在裸露风化壳期形成的大量溶蚀孔洞被浅埋藏期的砂泥物质大量充填，阻碍了岩溶作用的进一步发生，进而形成致密带。东部岩溶盆地虽然具有大量的富有机酸的活动性流体，但是由于早期充填较为严重，埋藏溶解作用处于一个相对封闭的系统之中，溶解的物质不能被携带出去，储层的发育只能集中于局部微隆起带（图 4-39）。

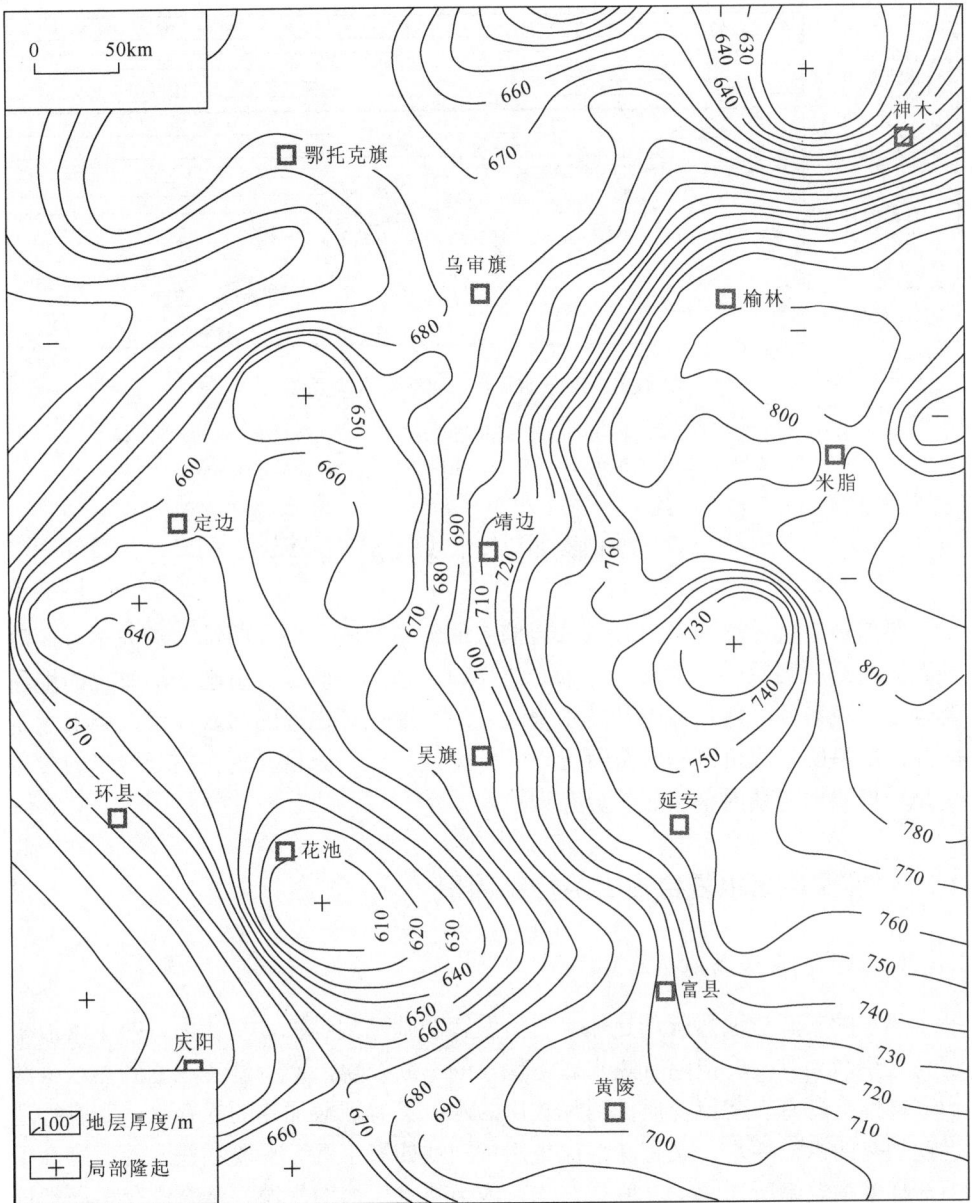

图 4-38　鄂尔多斯盆地本溪-山西组地层厚度（李振宏等，2010）

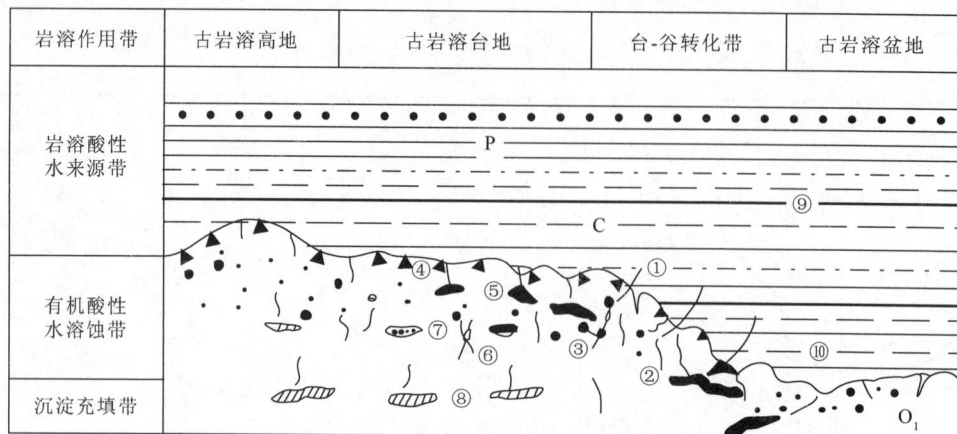

| 岩溶作用带 | 古岩溶高地 | 古岩溶台地 | 台-谷转化带 | 古岩溶盆地 |

图 4-39　埋藏期压释水岩溶发育模式图

1. 有机酸性水越流补给　2. 非均质压裂　3. 压裂缝与溶孔　4. 角砾岩带　5. 近地表充填带
6. 充填溶缝　7. 溶塌角砾岩　8. 膏溶角砾岩　9. 煤层　10. 含砂泥质层

4.7　埋藏期热水复合古岩溶

　　鄂尔多斯盆地奥陶系内幕白云岩储层的储集空间主要以溶蚀孔洞为主，而溶蚀孔洞的形成则属于深埋藏期热水岩溶作用的结果。通过对热水岩溶发育的地质背景、形成条件、地化标志及热水来源及运移途径等进行的深入探讨，可揭示本区热水岩溶的形成机制和发育特征，并依据铁、锰等微量元素在白云岩中的含量变化，预测奥陶系内幕储层的分布规律。

4.7.1　埋藏期热水复合古岩溶控制因素

1）热水的来源与地热源

　　热水的来源与地热源，是热水岩溶发育的基础。过去一直认为，热水溶液来源与岩浆活动有关。但随着热水岩溶现象的不断发现，不少学者注意到热水来源的多样性：既有岩浆或变质作用释放出的水，又有埋藏加热的封存水；既有构造运动加热的深循环水，又有深部原生水和回注的海水等。只要这些水的温度高于地热梯度增温率所影响的温度值，均可成为热水岩溶的水源。结合鄂尔多斯盆地的地质特征分析，盆地结晶基底的构成较为复杂，大致以大同—定边岩石圈古断裂为界，北部由中下太古界集宁群和部分上太古界乌拉山群组成，南部为下元古界变质岩系，西南侧为滹沱群。"八五"期间，陕西地质局在盆地中部进行的瞬变电磁测深法取得的成果显示，靖边一带元古界基底顶面南高北低，并有一北东向的楔形凸起，估计高差达 100m 以上。按电性特征分析可能为沿隐伏断裂上升的蚀变岩体。上覆盖层在中生代晚期于大同—定边古断裂的两侧，即东部的紫金山有形成的碱性岩体，西部龙门一带下三叠系见闪长玢岩侵入体，厚 150m 以上。并根据现代地震记录，在该断裂中部的榆林地区的 141 井区、陕 99 井区和西部的定边附近曾先后发生 5.5 级以上的地震。可见，以往认为长期稳定的大同—定边基底古断裂仍存在着不定期的活动。这种活动虽然是隐伏的，对沉积盖层的影响还不十分明显，但对深部热源的形成和部分热液的上升仍然是重要的。由此可以认为本区热水的来源主要为深循环的热水。其热能除地热梯度加热、构造运动加热外，可能还有受深部热源的影响而形成的中低焓地热流体。据相关资料，区内控制沉积层热流变化的地质因素主要有如下几个方面。

（1）放射性物质的蜕变热。放射性物质 ^{40}K、^{235}U、^{238}U 和 ^{232}Th 在地球演化和分异过程中集中于地壳及上地幔顶部，一般在地壳上部的酸性岩浆中最富集。由于盆地无花岗岩层，放射性物质含量也就少得多。但从盆地任 6 井泥质含量与放射性元素（铀、钍、钾）的关系（图 4-40）可看出，泥质含量高的层位中，放射性元素含量相对也高，从而成为控制盆地热流分布因素之一。

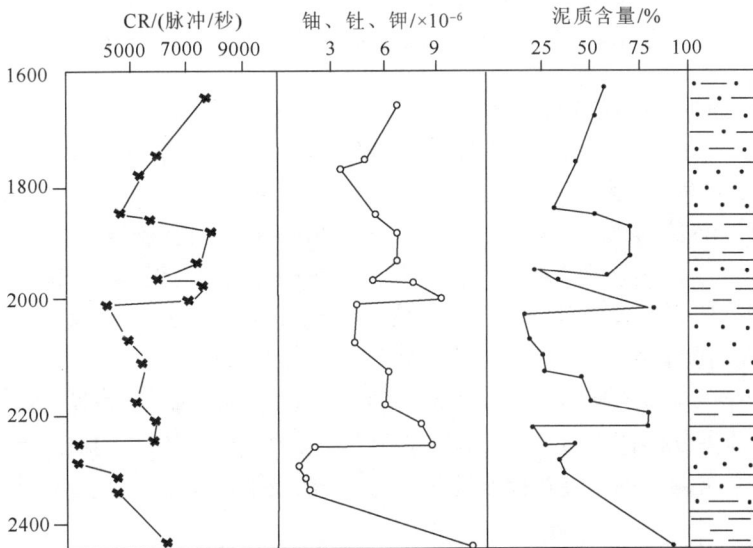

图 4-40　鄂尔多斯盆地任 6 井泥质含量与放射性元素（铀、钍、钾）关系图

（2）地温热流值随莫霍面埋深而变化。据盆地不同地区岩石圈各界面地热计算，大部分热流来自上地幔，对整个大地热流值的贡献率达 50%～61%。从地表到莫霍面的各界面今热流分布形成及梯度变化的一致性表明，盆地构造热场受深部构造热场的控制。各层界面今热流值是西北低、东南高，榆林—定边一带处于

热场梯度变化带。莫霍面今温度为337.7～727.3℃，平均568.5℃（图4-41）。

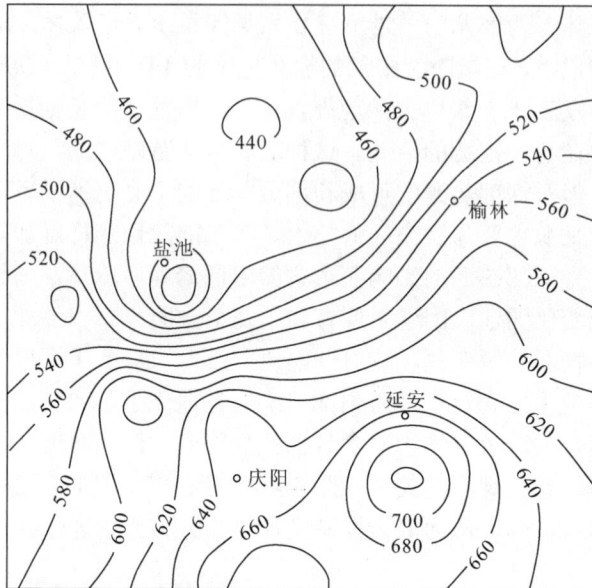

图4-41 鄂尔多斯盆地莫霍面温度分布图（长庆油田分公司，内部资料）

（3）地温梯度值随岩石的热导率高低变化。热导率较高的下古生界碳酸盐岩（灰岩为3.39mW/(m·k)、盐岩为6.20mW/(m·k)），具有相对较低的地温梯度；而石炭、二叠系地层因泥质含量相对增加，热导率值低（黏土岩为1.397mW/(m·k)、泥质岩为1.852mW/(m·k)，砂岩为2.67mW/(m·k)），地温梯度明显增加，在盖层阻热作用下，热能在下伏碳酸盐岩地质体中聚集。任战利等通过不同方法对古地温进行研究，发现盆地在中生代晚期的地温梯度为3.3～4.1℃/100m，主要集中在4℃/100m左右，而现今地温梯度为2.8℃/100m（图4-42）。这与孙少华利用天然热释光强度所反映的中侏罗世末的热异常是吻合的。上述控制区内沉积层中关于热流变化的诸因素中，在没有岩浆作用、变质作用增温的情况下，构造增温与距离上幔源区的远近是控制地热增温率的主要因素。

2）热水的侵蚀性

形成热水岩溶的必要条件除有充足的热水来源和有地热源外，还要求热水具有侵蚀性能。一般认为，只要水中源源不断有侵蚀性CO_2的补充，则其侵蚀性可以长盛不衰。实验和实际观察还表明，含一定量SO_4^{2-}的岩溶水在流经碳酸盐岩地层时，将大大提高其溶蚀、溶解能力，特别是可提高其中镁的溶解、迁移能力。由于热水岩溶处于深部环境（埋深大于3000m），热水中最初来自大气的CO_2

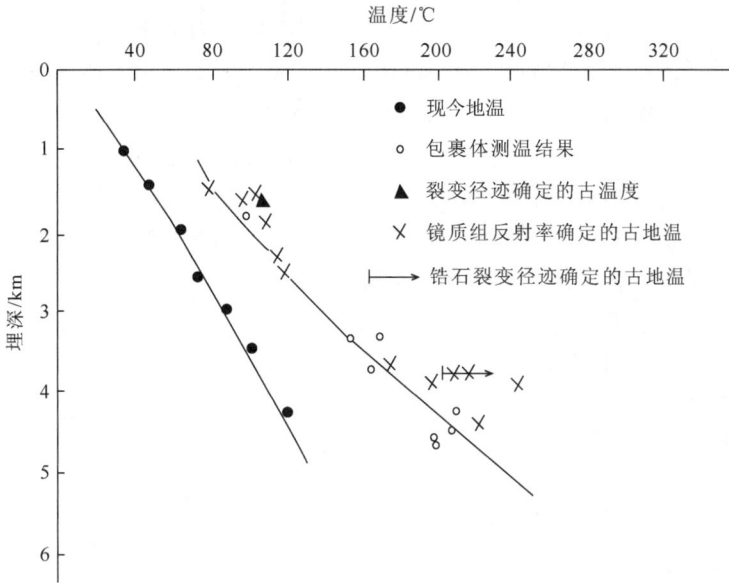

图 4-42　天深 1 井现代地温与古地温对比图（长庆油田分公司，内部资料）

和土壤中的 CO_2，在自上而下渗流溶蚀碳酸盐岩过程中大部分已经被消耗。但据不同水温的天然水水质分析结果，热水中 CO_2、HCO_3^- 含量有随水温升高而增多的趋势。本区深部岩溶系统中 CO_2 的来源主要有如下几个方面：①有机质在热化学生油期间，由于脱羧降解作用产生大量 CO_2 和 H_2S，Carothers 与 Kharaka 认为，120～200℃时羧酸阴离子就会被热解，因脱羧作用破坏而释放出 CO_2；②在脱硫细菌作用下，油田水中硫酸盐与烃类（C_nH_m）反应产生 CO_2 和 H_2S；③深部如有两种以上浓度不同或温度不同的碳酸钙饱和溶液混合可释放出 CO_2；④深部碳酸盐岩受高温、高压分解产生 CO_2。

4.7.2　埋藏期热水复合古岩溶作用机理

　　热水岩溶是在不同深度由承压热水形成的，其运动方式主要以上升为主，在深埋藏封闭环境下，承压热水以孔隙渗流为主，流速缓慢，岩溶作用也以缓慢、持久为特征，其穿透能力弱。热水运动除与压力有关外，还与水的温度、水中气体含量和矿化度的高低等有密切的关系。燕山期构造热事件在封闭的环境下由积压、积温而导致岩溶水物理化学性质出现改变，从而促进水的运动和岩溶作用的发生。

　　增压与矿化度的增加导致水的比重增大。在构造应力作用下，无论岩层是否产生断裂或变形，由于岩石的物理化学性质，以及岩溶程度的不均一等因素，在岩石空间产生压力差，而最先受其影响的是对压力最为敏感的地下水，使其自高压区向低压区流动。与此同时，由于静压力和构造增压，有利于热水溶液中 HCO_3^- 的离解而增加水中 H^+ 浓度，使溶液偏酸性而增强溶蚀能力。同时在压力的驱动下，不同温度、浓度和不同 pH、Eh 的溶液汇合成混合液，更有利于对碳酸盐岩的溶蚀作用，结果使更多的矿物元素从围岩中进入溶液，与增压过程中溶解于水中的 CO_2、H_2S 等气体形成稳定的络合物，从而使水中的矿化度增大。这一过程说明，水的比重随下渗过程中压力的增大和矿化度升高而增大。

增温与水中溶解气体增加导致水的密度减小。在燕山期构造热事件中，构造运动在地壳应力由集中到释放的过程中，其中一部分机械能转化为热能，同时深部热源也可能通过某些窗口上升，使热水进一步增温。虽然水的增温不利于气体的溶解，但由于加大的增压，气体可以大量溶解于水中。根据有关资料，在深部 $1 \sim 4km$ 处的地下水，有 $500cm^3/L$ 的溶解气体，有的甚至达到 $1000 \sim 1500cm^3/L$。因此，随着深度的加大，温度逐渐升高，溶解气体也逐渐增多，而水的比重逐渐减小。

以上说明地下水的密度在下渗过程中会有增减变化，当减小值超过增大值时，地下水即由下渗运动转变为上升运动。气体在水中大量溶解等现象揭示了减小值超过增大值的状况。虽然地下水由下渗转变为上升运动时压力仍为主导因素，但与水在静压力作用下转为上升运动有本质区别。深循环热水系统为对流型热水系统，因盆地内部盖层缺乏大的断裂作为渗流通道，故热水多沿微裂缝和透水性好的储层侧向对流或由扩散作用形成层状热储。

4.7.3 埋藏期热水复合古岩溶识别标志

1）岩石学特征

受热水改造的粗粉晶-细晶白云岩，在定边—鄂托克旗一带奥陶系马五段均有分布。色调为灰色、褐灰色及深灰色，常见雾心亮边"斑"状结构（颜色及晶粒差异为主要原因）。其在靖边—横山一带见于古风化壳马五 $_1^4$、马五 $_4^1$ 和马五 $_3^1$ 层段，南部旬探 1 井见于马六段。

2）岩溶形态及充填物

热水岩溶形态与热水溶蚀能力和运动特征有关。在构造破裂欠发育的情况下，溶蚀作用首先从晶间、粒间易溶物溶解开始，形成溶孔。溶孔呈层状分布，疏密相间，其间可见沿裂缝溶蚀的溶缝，如定探 1 井深 4283m 处（图 4-43），溶孔呈球粒状，直径 $2 \sim 5mm$，溶通后呈平行或垂直层面的穿状和不规则状，长可达 2～3cm。其内充填有石英、白云石，鄂 7 井深 4125m 也显示同样的特征（图 4-44）。

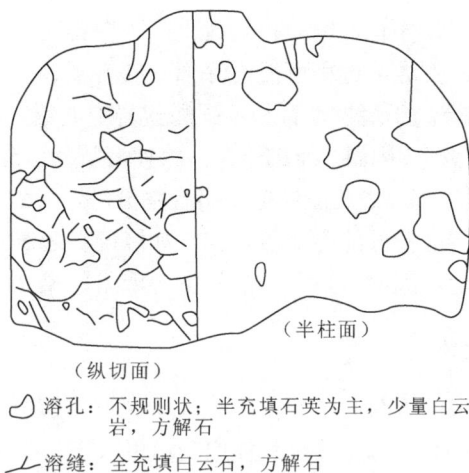

（纵切面）　（半柱面）

⌒ 溶孔：不规则状；半充填石英为主，少量白云
　　　岩，方解石

⌐ 溶缝：全充填白云石，方解石

图 4-43　溶蚀孔缝的岩芯素描图（定探 1 井，20（35/193），4283.9m）

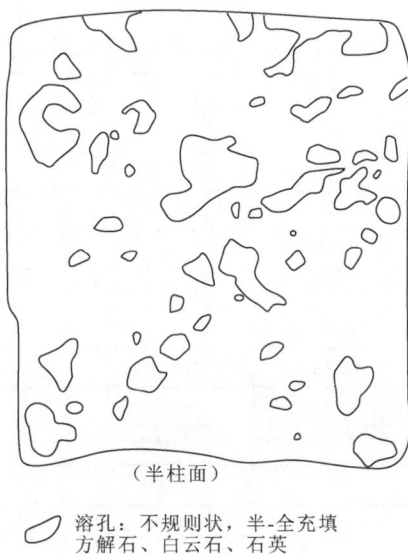

（半柱面）

⌒ 溶孔：不规则状，半-全充填
　　　方解石、白云石、石英

图 4-44　不规则溶孔的岩芯素描图（鄂 7 井，10（1/74），4125.25m）

陕 12 井沿裂缝形成的溶蚀竖井上接溶蚀廊房，呈现下宽上窄的特征。李华 1 井位于天环拗陷并接近西缘逆冲构造带，有断裂、裂隙与其基底相通，故有来自深部热液（源）补充的可能。围岩中有多期次、多成分的脉体发育，如异形白云

石脉、铅锌矿脉、白云石、萤石-方解石脉等典型热液脉体。定探 1 井、李华 1 井的钻孔中，偶见溶孔有闪锌矿晶粒，并在西缘北端海渤湾代兰塔拉发育有铅锌矿。矿体产于奥陶系三道坎组和桌子山组碳酸盐岩层中，似层状。主要工业矿物为闪锌矿、方铅矿、黄铁矿，伴有黄铜矿、磁黄铁矿、白铅矿、菱锌矿、重晶石等。由于周围无岩浆活动，其成矿过程可能与深部基底古断裂有关。深部岩溶热水温度较高，pH 较低，溶液趋于酸性，有利于碳酸盐岩中的铅、锌等矿物析出。而当热水溶液自下而上运移时，因温、压的下降，致使溶解的气体逸出，H^+ 浓度减小，pH 升高，溶液向碱性过渡，在还原环境中络合物分解，导致矿质沉淀或交代，并与溶于水中的硫生成溶度极低的金属硫化物，如 PbS、ZnS、FeS_2、CuS_2 等。它们多数不能被热水带走而沉淀于溶孔、溶隙中，或呈侵染状、似层状产出。

3）充填矿物地化特征

（1）热水岩溶形成的方解石、粗晶，充填于孔洞及裂缝中。二相包裹体中含 CH_4、CO_2、H_2S 和少量 C_2H_4，从包裹体均一温度（表 4-13）可以看出，旬探 1 井虽然埋深较定探 2 井浅 1635m，但温度却高出 30℃。方解石均一温度为 124～195℃，白云石均一温度为 130～349℃。

表 4-13　白云石、方解石包体测试数据表

地区	井号	井深/m	矿物	气液比	均一温度/℃
中东部	陕 11（68 号）	3916	方解石（孔）	5～15±	177
	陕 16（74 号）	4012	方解石（孔）	<5	168
	城川 1（81 号）	3460	方解石（孔）	5～15±	149
西部	李华 1	4214	白云石（孔）	10	196
	李华 1	4212.73	白云石	8	220[※]
	定探 2	3775	方解石	—	165
	定探 1	3930.1	细晶白云石	—	349[※]
	鄂 6	3859.3	中晶白云石	—	184[※]
南部	旬探 1	2140	方解石	—	195
	耀参 1	1320	方解石	—	124～182

※引自张锦泉等，1993

（2）热水岩溶形成的白云石多为细-中晶马鞍状、歪曲晶格的异种，含大量微包裹体而呈雾状。从异形白云石包裹石英及黄铁矿表明，岩溶孔洞在偏酸性介质改造的基础上，又经受了热水作用。定探 1 井马家沟组热水岩溶孔洞中充填的白云石，在阴极发光条件下残余雾心为昏暗褐红色发光，宽大亮边不发光，反映了热水溶蚀并交代早先的细晶白云岩的结果。碳、氧同位素值与其他岩溶作用形成

的碳、氧同位素值有明显的变化，碳同位素略有偏正，与混合水云岩值接近，而氧同位素偏负（图4-45）。

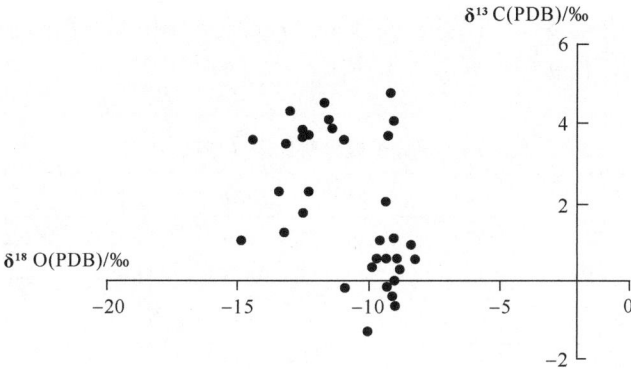

图 4-45　热水岩溶碳氧同位素分布散点图

（3）气液相包裹体中水-岩-气处于化学平衡的状态下，气相组成富含 CO_2，CO_2 的物质的量浓度占气体组成的 44.3%～56.9%，表明岩溶充填矿物形成环境具有丰富的 CO_2 来源（表4-14）。

表 4-14　溶蚀孔洞中充填的白云石包体成分

样品号	气相/%									液相/%			
	CO_2	N_2	H_2S	CH_4	CO	H_2O	O_2	SO_2	H_2	H_2O	CO_2	H_2S	CH_4
李华1井-24	56.9	16.6	10.2	—		12.9	—		3.4	79	16	5	
李华1井-31	52	14	7	—	16	—	11			91	—	9	—
李华1井-32	48.3	—	5.4	34.5		11.8	—			24	69	7	
李华1井-07	44.3	—	7	6.5		20.9	15.1		6.2	46	24	17	13

（4）石英形成于马鞍状白云石之前，或与晚期方解石共生，充填于孔洞和构造裂缝中。晶形从简单柱状晶体到复杂锥面柱状体，其内包裹体主要为二相水溶包裹体，其次为气相包裹体，均一温度见表4-15。

表 4-15　石英包裹体均一温度测定表

深度/m	井号	测定矿物	均一温度/℃
4287.38	定探1	石英	120～145
3781	定探2	石英	135～165
4133	鄂7	石英	145～185

（5）铅锌矿呈铅灰色、褐灰色，分别呈立方体（方铅矿）、四面体（闪锌体），分布于溶孔或溶缝中。闪锌矿中包裹体较发育，有单相两相包裹体，均一温度变化为 135～349℃，与云南金顶热液成因的闪锌矿包裹体均一温度（150～343℃）基本一致。定探 1 井与陕 12 井的闪锌矿成分与云南金顶铅锌矿中的闪锌矿成分十分接近（表4-16），均属中—低温热液成因。

表 4-16　闪锌矿成分对比表（单位：%）

井号	S	Zn	Fe^{2+}	CO	Ni	Cu	As
定探 1	32.05	65.74	0.1	0.08	0.12	0.25	0.05
陕 12	3.51	64.48	6.12	0.06	0.04	0.13	0.01
云南金顶矿	32.47	64.73	0.06	0.011	0.0015	0.02	0

（6）地开石主要分布于盆地中东部风化壳粉细晶白云岩中。据黄思静等（1996）研究，地开石具有高的有序度，富晶间孔，形成温度高于 160℃，具热液蚀变和沉淀成因，在马五$_4^1$以上的粉细晶白云岩孔隙充填物中占 50%～92%，常见与无机黄铁矿、石英晶簇及萤石共生，主要分布在靖边地区。

（7）根据热水岩溶充填物测试结果表明，不同地区不同样品的 Fe^{2+}、Mn、Sr 等元素含量变化较大，富晶间孔的粉细晶白云岩及其充填物，Fe^{2+}、Mn 含量高于其他碳酸盐数倍，而 Sr 含量平均值低于其他碳酸盐矿物（图4-46）。

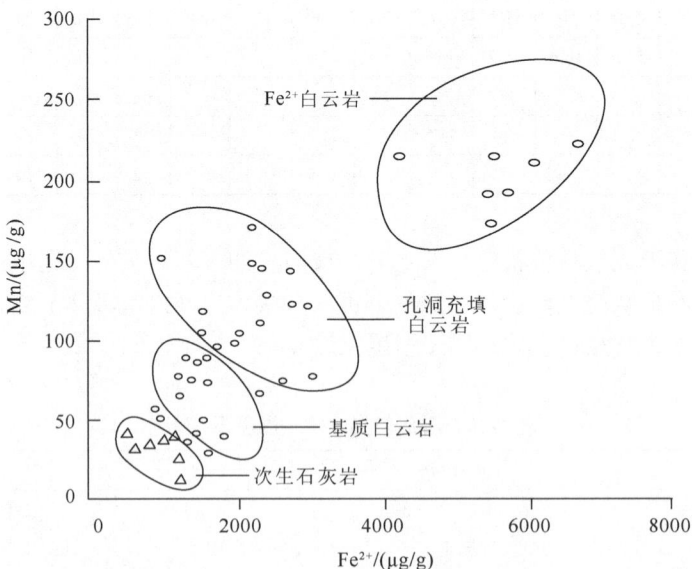

图 4-46　Fe^{2+}、Mn 微量元素含量投点图

在定探 1 井、李华 1 井、鄂 6 井的马四段粉细晶白云岩中,除有高的 Fe^{2+}、Mn 含量,低的 Sr 含量外,K、Na 含量也相对较高,反映出西部的水化学环境有所不同,但 Fe^{2+}、Mn 含量则是一致的。对于中东部富 Fe^{2+}、Mn 的粉细晶白云岩,用强烈的淡水蚀变解释显然是欠合理的。虽然经淡水改造的白云岩,Fe^{2+}、Mn 含量较高,但在近地表氧化条件下,Fe^{2+}、Mn 难以低价形式进入碳酸盐晶格,而在埋藏环境下,因重结晶作用难以形成较高的晶间孔、晶间溶孔,同时又常与形成温度高于 160℃ 的地开石共生,因而也难以用埋藏成岩环境解释。粉细晶白云岩富含 Fe^{2+}、Mn 的原因,显然是经历了深埋藏环境下的热水岩溶作用。

4.7.4　埋藏期热水复合古岩溶分布规律

本区深埋藏期热水岩溶发育的控制因素,主要是深部热源与热水运移循环的途径。根据富晶间孔的粉细晶白云岩中测定的 Fe^{2+}、Mn 元素含量显示:鄂 6 井是 Fe^{2+}、Mn 含量富集区,Fe^{2+} 含量由一般 1000ppm 上升为 5000ppm～39750ppm,Mn 含量由一般 100ppm 上升为 1167ppm。由此表明是主要的热水来源之一。根据已识别出热水岩溶的探井分析,可能在芦参 1 井、旬探 1 井和中东部陕 8 井地区同样存在着热水的来源(图 4-47)。

上述热水来源区不是处在周边断裂附近,就是位于基底古断裂之上。可见周边断裂或基底古断裂,在印支、燕山运动阶段,对构造热事件在盆地内部的形成具有重要的影响。但由于不同热源区的热流体运移循环通道和途径不同,发育的层段也有差异。其中盆地西部在马四段白云岩中发育的热水岩溶带,主要有两个发育区:一是伊 8 井、鄂 6 井区,该区热水来源主要与桌子山古断裂和偏关—石嘴山古断裂有关,热水岩溶向东延伸到苏 2 井风化壳带,显然与中东部热水岩溶区经苏里格庙古鞍地相连;二是定探 1 井、鄂 7 井、天深 1 井、芦参 1 井区,该区热水来源可能与西部桌子山—平凉古断裂有关,向东可延伸至城川 1 井一带,但在马四段呈透镜体分布,且有明显的非均质性。盆地南部在马六段发育热水岩溶带,主要分布在永参 1 井、旬探 1 井至正宁、黄陵一带,热水来源可能与该区的东西向古断裂有关。盆地中东部热水岩溶发育带,主要叠加在风化壳岩溶段,热水来源主要与深部大同—定边古断裂上升的热液有关,分布范围主要在靖边、榆林至神木一带。热水岩溶在该区的广泛发育,对天然气储层发育具有明显的建设性作用。

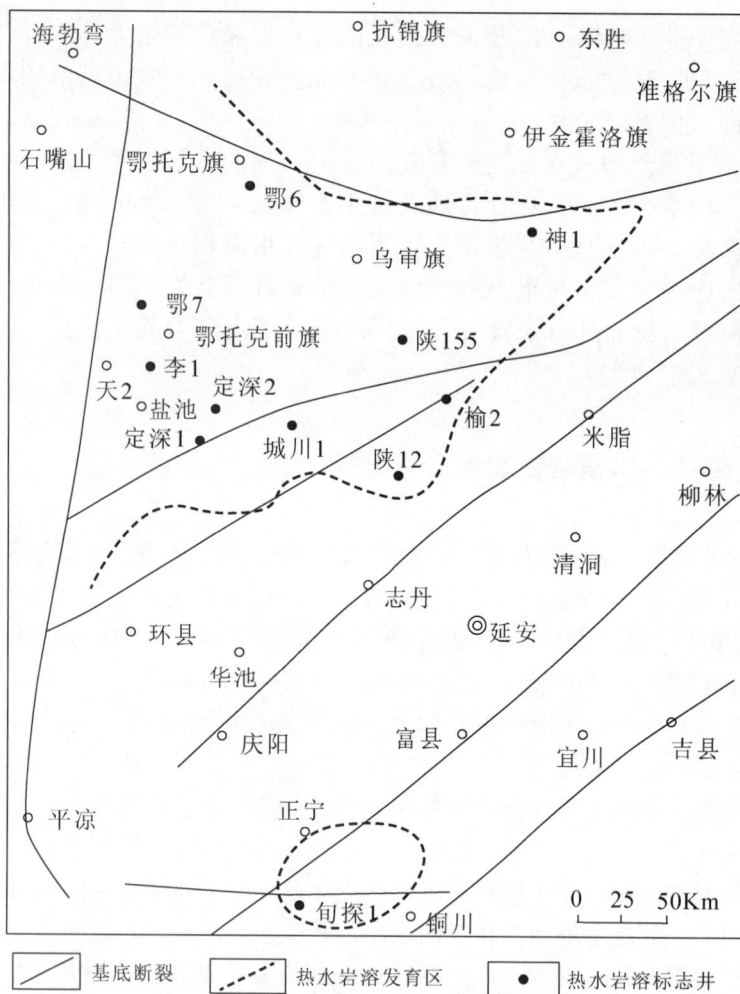

图 4-47 鄂尔多斯盆地马家沟组热水岩溶分布区图（郑聪斌等，2001，修改）

第5章　白云岩与硫酸盐岩复合古岩溶型油气储层

中奥陶世末，鄂尔多斯盆地随华北地台一并抬升，直到晚石炭世再度接受沉积，经历了 140 余 Ma 的沉积间断，位于马家沟组最上部的马五$_5$—马五$_1$亚段，发生了强烈的风化淋溶作用。复合古岩溶作用主要发生在含硬石膏结核的粉晶白云岩中，因为硬石膏的溶解度远比白云岩高，其基岩粉晶白云岩多孔。伴随硬石膏结核的溶解和释压，在基岩中形成形式多样的裂碎缝及溶孔等，并与成互层或夹层的粗粉晶白云岩一起形成早期的、也是主要的孔隙网络。但是，随着复合古岩溶作用的深入，在某些层段形成遍布于中央气田区的岩溶溶洞塌积岩和冲积岩，对储层有极大的破坏作用，因此只有原始地层中以含硬石膏结核粉晶白云岩及粗粉晶白云岩为主，而又不发育岩溶建造岩的层段才能成为良好的储产层，如马五$_1^3$、马五$_1^2$。相反，即使原始地层中存有含硬石膏结核粉晶白云岩和粗粉晶白云岩，但因中央气田区又有厚度较大的岩溶建造岩存在，该层段的储集性能明显变差，如马五$_1^4$、马五$_4^1$等。

埋藏成岩期岩溶作用主要叠加于由复合古岩溶作用形成的孔隙空间中，使得硬石膏结核残余溶模孔再次扩溶，同时使古岩溶形成的孔、缝、洞中充填的含粒间孔的渗流粉砂局部再溶解，也少量溶解粉晶白云岩。

根据岩芯和铸体薄片观察、区域构造分析发现，印支期二幕形成的约 80° 方向的，和燕山期形成的 30° 和 60° 方向的两组共轭裂隙，以后者较为强烈，并在已存在孔隙的岩石中较为明显。

从岩芯和铸体薄片中已识别出 21 种孔、缝、洞和裂隙，包括沉积（准同生）期的原生孔隙 4 种，表生裸露成岩期次生孔隙 9 种，埋藏成岩期次生孔隙 4 种，以及构造裂隙和断层 4 种。

根据孔、洞、缝和裂隙发育、演化和配置关系，可以得出如下的结论：特定环境中沉积的含孔隙的粗粉晶白云岩和含硬石膏结核细粉晶白云岩是储层发育的物质基础，而表生成岩期和埋藏成岩期复合古岩溶所形成的次生孔、缝、洞及构造裂隙的发育和保存程度是能否形成良好储层的关键。印支、燕山期构造裂隙的形成与生、油气高峰期相匹配，形成多层段的、大面积的气储。

5.1　储层储集空间类型

根据岩芯和铸体薄片资料，鄂尔多斯盆地中部马家沟组马五$_5$—马五$_1$亚段中由不同成岩期形成的储渗空间形式多样,既有原生沉积(准同生)期的原生孔隙,也有表生成岩期和埋藏成岩期的次生溶解孔隙,此外还有构造裂隙和断层。表 5-1 列出了 21 种孔、裂隙类型、出现频率和对储层贡献值。

表 5-1 鄂尔多斯盆地中部中奥陶统马家沟组上部马五$_5$—马五$_1$亚段孔隙类型、出现频率及对储层贡献值

成岩期	孔隙类型	出现频率	孔隙贡献值
原生沉积(准同生)	1. 粉晶白云岩中晶间孔隙	中	中—大
	2. 生物潜穴被半充填后残余孔隙	中	小—中
	3. 风暴竹叶片间粉屑或晶屑填隙物的粒间孔隙	低	小
表生	1. 硬石膏结核溶模孔被半充填后的残余孔隙	高	大
	2. 硬石膏柱状晶溶模孔被半充填后的残余孔隙	中	小
	3. 硬石膏结核溶模孔间裂碎缝和扩溶裂碎缝被细粉晶亮晶白云石等半充填后的残余孔隙	中	小
	4. 岩溶缝、沟、管、洞,特别是顺层理方向的,渗流粉砂半充填后的残余孔隙	高	中
	5. 硬石膏结核溶模孔间裂碎缝和扩溶裂碎缝中,被渗流粉砂半充填,或者先有少量粉晶亮晶白云石半充填,后有渗流粉砂半充填的残余孔隙	高	中—大
	6. 塌积岩及近垂直方向岩溶溶管中角砾屑间渗流粉砂半填隙后的残余孔隙	中	小—中
	7. 塌积岩的角砾屑内半充填的硬石膏结核溶模孔和含晶间孔粉晶白云岩内的孔隙	低	小
	8. 溶洞充填粗粒晶屑白云石(岩)的粒间孔隙	低	小
	9. 溶洞顶板在重力作用下的破裂缝被渗流粉砂或方解石半充填的残余孔隙	低	小
埋藏	1. 硬石膏结核和柱状晶半充填溶模孔再扩溶后的叠加孔隙	中	中
	2. 沿硬石膏结核层裂碎缝中和溶洞角砾间渗流粉砂再溶解的孔隙	高	大
	3. 粉晶白云岩中小溶孔或者被方解石半充填后的残余溶解孔隙	中	小
	4. 沿构造裂隙扩溶的溶缝、溶沟和溶洞或被半充填后的残余缝、沟、洞	中	中
	5. 沿缝合线局部溶解被方解石、石英半充填后的残余孔、缝	低	小
构造裂隙	1. 30°和 60°两组共轭裂隙,以 30°一组较发育	高	大
	2. 80°左右共轭裂隙,局部方解石半充填	中	中
	3. 顺层理方向裂隙	低	小
	4. 30°～40°方向断层	低	?

事实上,在一块岩芯中,甚至同一铸体薄片中,大多可以看到两种不同的孔、洞、缝类型的叠加,甚至是不同成岩期,不同作用形成的孔、洞、缝类型的共生和叠加。

下面仅对出现频率高的，对储层贡献值大的和中等的孔隙类型进行介绍。

5.1.1　原生沉积（准同生）期孔隙

（1）粉晶白云岩中的晶间孔隙。虽然马五$_4$—马五$_1$亚段的主要岩性为白云岩，但大多数为微（泥）晶和晶径 ϕ 值小于 0.03125mm 的细粉晶白云岩，而 ϕ 值为 0.03125～0.0625mm 的粗粉晶白云岩在地层中所占的比例相对较少，而且大多与含硬石膏结核的粉晶白云岩组成中、薄层的不等厚互层产出，部分井岩芯中可见粗粉晶白云岩单独成中厚层状产出。通过对大量铸体薄片进行观察，在细粉晶白云岩中一般无铸体注入，只在局部晶径较粗处才能见到少量晶间孔隙，而在晶径大于 0.03125mm 的粗粉晶白云岩中才出现较多的晶间孔隙，而且晶径越粗，晶间孔隙越发育，孔隙量达 8%～10%或更高，成为优质储层（图 5-1（a））。

正常循环海水的含盐度为 3.5%，海水中镁/钙比大致为 3：1，海水对方解石和白云石都是饱和的。当海水略为浓缩，方解石（文石）即沉淀出来，但白云石不能直接沉淀出来，其原因是 Mg^{2+} 离子半径小于 Ca^{2+}，前者为 0.75×10^{-10}m，而 Ca^{2+} 为 1.01×10^{-10}m，Mg-O 结合的离子间距为 2.08×10^{-10}m，而 Ca-O 结合的离子间距为 2.36×10^{-10}m。离子间距小，两者结合时所需的晶格能就大，因此，Mg^{2+} 需与 CO_3^{2-} 结合进入单分子层需要比 Ca^{2+} 与 CO_3^{2-} 结合施加更大的晶格能，这可能就是需要克服海水动力学障碍的原因。Lippmann 提出另一种解释，即 Mg^{2+} 对水的相对静电引力比 Ca^{2+} 约大 20%，而比 CO_3^{2-} 大得更多。因此，尽管理论上海水对白云石是过饱和的，而实际上与 Ca^{2+} 相比，CO_3^{2-} 却不能突破水合壳层与 Mg^{2+} 结合，Mg^{2+} 不能参与进一步反应。所以，现代海水中主要沉淀出来的是方解石。可是，当海水进一步浓缩，随着 Mg^{2+} 浓度的增高，Mg^{2+} 的水合壳层易于被突破，随着 Mg^{2+} 的进入，可对早先沉淀的方解石（文石）进行"交代"。即形成准同生白云石化的白云岩。

在干旱的气候条件下，当海水浓缩至原体积的 19%以下，含盐度由正常海水的 3.5%增大到 15%～17%以上，密度大于 1.1g/cm^3 时，硬石膏开始从海水中沉淀出来。在这之前，浓缩海水中沉淀出来的只可能是白云石。如果在相当长的一段地质时间内，海水的含盐度虽已较高，但始终没有突破硬石膏沉淀出来的 15%的局限值，这时浓缩海水中只能沉淀出白云石来，而海水含盐度不断向硬石膏沉淀的门限值接近时，白云石结晶出来的速度也不断加快。这一过程持续的地质时间越长，白云石的晶径越粗，有序度亦不断增高，晶间孔隙相对地增多。

最主要的储集岩为含硬石膏结核的粉晶白云岩与粗粉晶白云岩两者组成的中、薄层的不等厚互层或过渡层，如马五$_1{}^2$、马五$_1{}^3$。同时，在海水浓缩含盐度达 15%～17%之前，只能沉淀出白云石，该两小层粗粉晶白云岩中晶间孔发育。

而当海水含盐度超过 15%～17%之后，才能析出硬石膏来，因此，硬石膏结核必然是交代早于其他沉积的粉晶白云岩的产物。而且含硬石膏结核粉晶白云岩基岩中的粉晶白云石的晶径与所含硬石膏结核，特别是后者的数量与核径成正相关，即结核数量多（＞15%）、核径大，一般大于 1.5～2mm 或更大，基岩中粉晶白云石晶径可以达到粗粉晶级。然而经大量铸体薄片观察后发现，晶间孔隙含量较纯的粗粉晶白云岩，有的面孔率可达 5%，但也有一些铸体薄片中仅有少许晶间孔，甚至不存在，其原因可能是硬石膏结核溶模孔中均被淡水成因的细粉晶亮晶白云石半充填，含白云石溶质的孔隙水进入这类白云岩中，其所携带的白云质除一部分沉淀于溶模孔中外，一部分将对基岩中粉晶白云石发生共轴生长，使晶间孔隙缩小，以致堵塞（消失）。

（2）生物潜穴被半充填后的残余孔隙。在某些井区，马五$_5^1$石灰岩中夹有富生物潜穴的层段（图 5-1（b）），潜穴含量为 40%～60%不等，局部较高，成为生物扰动层，即俗称"豹斑（皮）状白云质石灰岩"，小段厚 1～2m 不等，有的井中见 2～3 小段富生物潜穴层段，并与石灰岩组成间互层。铸体薄片中生物潜穴内被细粉晶亮晶白云石半充填，其内残余孔隙 5%～15%或更高，勘探实践已证实，在生物潜穴富集并被亮晶白云石半充填的区块，可以获得较好的产能。

（3）风暴竹叶片间粉屑或晶屑填隙物的粒间孔隙。碳酸盐岩风暴岩最典型的沉积特征是竹叶状构造，其成因是风暴浪将弱固结的白云岩挖掘、打碎、弱搬运后再沉积的产物，竹叶片间被风暴浪打碎的粉屑或晶屑填隙，其内常保存 5%或更多的粒间孔隙（图 5-1（c））。在研究层段中，虽然竹叶状白云岩频频出现，但单层厚度较小，一般不超过 10cm，即使若干层竹叶状白云岩的叠加层序也不超过50cm，因之对储层的贡献值较小。

5.1.2 表生成岩裸露期风化壳次生孔隙

1）硬石膏结核溶模孔被半充填后的残余孔隙

这类孔隙是最主要的储集孔隙类型。硬石膏结核在表生成岩作用下溶解形成的孔隙，即入含硬石膏溶模孔的粉晶白云岩是最优质的储层，如马五$_1^2$和马五$_1^3$。

前已谈到，硬石膏结核是海水浓缩至原体积 19%以下、含盐度达到 15%～17%以上时交代早期沉积的粉晶白云岩的产物（图 5-1（d））。其含量及核径大小与海水浓缩的程度和速度有关。最有效的储层发育在结核溶模孔的含量为 15%～30%或更多、核径 1.5～2mm 或更大的地层中（图 5-1（e））。

硬石膏结核溶模孔早期均有细粉晶级的自形亮晶白云石半充填，大部分仅在溶模孔的下部和中部，成假示底构造（图 5-1（f）、（g）），白云石晶体的大小不一，最大的晶径可达 0.3～0.4mm，其密度也不一致，一般晶径大的密度较小，溶模孔中残余孔隙最高的可达 60%～70%，也有少部分结核溶模孔中有晶径细小、仅 0.2mm 左右的细粉晶自形亮晶白云石大量淀出，仅 10%～20%的残余溶模孔隙。

绝大部分硬石膏结核溶模孔经细粉晶亮晶白云石在半充填后，又有一粒或若干粒自形的自生石英淀出（图 5-1（g）），SiO_2 含量达 96.57%，透明干净，但也见到石英晶体内包裹早期沉淀出的细粉晶自形亮晶白云石现象，石英含量不一，一般充填溶模孔隙的 0.1%～20%，少数可达 30%以上。少数井中，有少量沥青进入结核残余溶模孔（与半张开微裂隙一起），相当一部分硬石膏结核溶模孔被细粉晶亮晶白云石和自生石英半充填后的残剩溶模孔中又有方解石淀出（如图 5-1（g）所示）或再度交代前者并半充填或充填残余溶模孔，有的甚至将残余溶模孔交代-充填满（图 5-1（h））。

在少数铸体薄片中可见，在硬石膏溶模孔被上述一系列矿物半充填后的局部残余孔隙中，还可以有少量地开石充填，个别铸体薄片中还可见到细分散的沥青或（软）石膏充填现象。

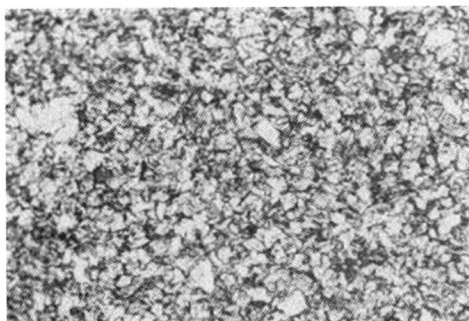

(a)

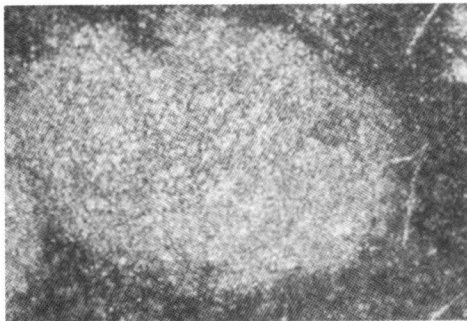

(b)

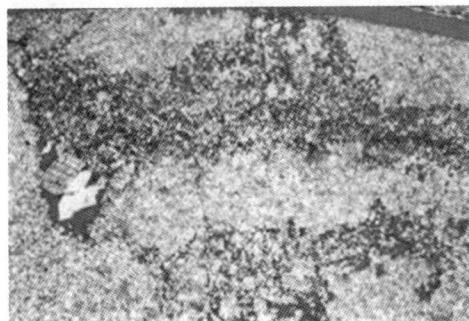

(c)

(d)

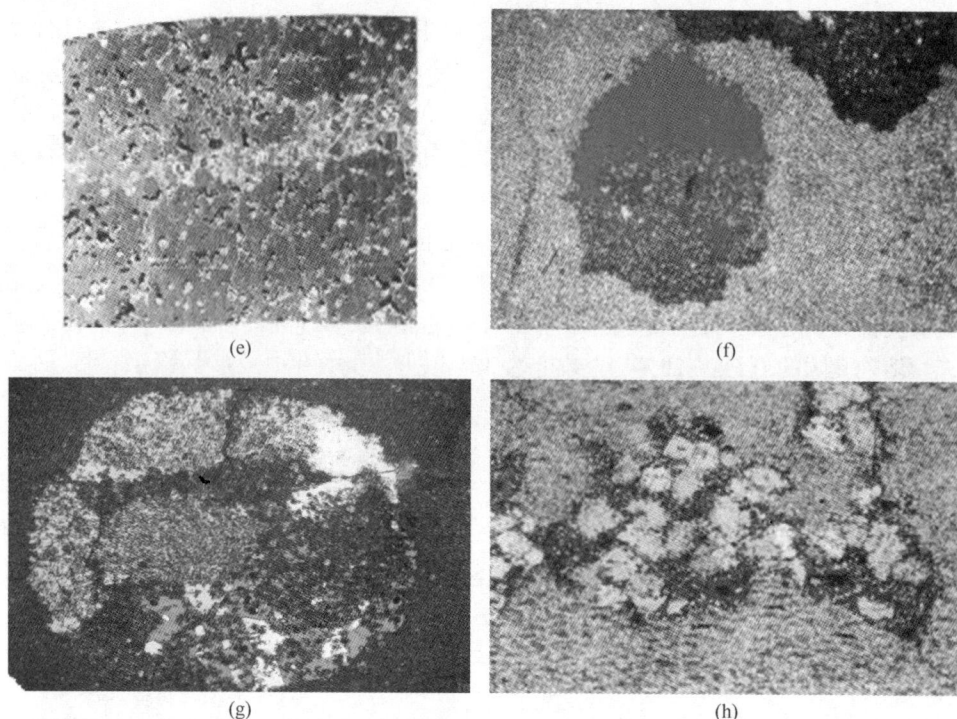

图 5-1 鄂尔多斯盆地中部马家沟组储层储集空间类型一

图 5-1（a）为粗粉晶白云岩中的晶间孔隙，取自陕 201 井、马五 $_1^3$，单偏光、×60 倍、铸体片。图 5-1（b）为生物潜穴被细粉晶亮晶白云石半充填，晶间孔隙为 15% 左右。图 5-1（c）为竹叶状白云岩竹叶片间粉屑填隙物中的粒间孔隙，取自陕 12 井、马五 $_1^3$，单偏光、×30 倍、铸体片。图 5-1（d）为交代在泥粉晶白云岩中的硬石膏结核。取自陕 193 井、马五 $_4^1$，正交偏光、×25 倍。图 5-1（e）为含硬石膏结核粉晶白云岩，结核溶模孔中下部被细粉晶亮晶白云石半充填，成"示底"构造，结核溶模孔间发育半充填的裂碎缝。取自 G10-9 井、马五 $_1^3$ 地层。图 5-1（f）为硬石膏结核溶模孔，中下部被细粉晶亮晶白云石半充填，所充填的粉晶白云石由下向上密度减少，晶径增大。取自 G10-9 井、马五 $_1^3$，单偏光、×30 倍、铸体片。图 5-1（g）为硬石膏结核溶模孔被细粉晶亮晶白云石、石英、方解石半充填。取自陕 232 井、马五 $_1^3$，单偏光、×45 倍、铸体片。图 5-1（h）为硬石膏结核，溶模孔早期被 60% 左右的细粉晶亮晶白云石半充填，埋藏溶解期溶模孔边缘有扩溶以后又有方解石交代-半充填，方解石内包裹有交代残剩的白云石及幻影，因方解石结晶力小于白云石，故边棱成花边状。取自林 5 井、马五 $_1^3$，单偏光、×25 倍、铸体片。

2）硬石膏柱状晶溶模孔被半充填后的残余孔隙

部分岩芯中见到硬石膏柱状晶在细粉晶白云岩中呈星散状产出，含量一般不超过 5%（图 5-2（a）），但也见个别层内硬石膏晶体呈纹层状产出，纹层内含量可达 20%～30%，而且晶体长度也较大，有的长径可达 2～3mm。然而，在铸体薄片中，几乎一半以上含硬石膏结核粉晶白云岩中都或多或少地有晶体较细小的硬石膏板柱状晶呈散状产出，最高含量可达 5% 左右。

硬石膏柱状晶为斜方晶系，由于 a 轴和 c 轴在基本晶胞中的长度几乎相等，

因之沿 *a* 轴的切面几乎为正方形。硬石膏晶可以为板柱状，也可以沿 *b* 轴方向生长成细长柱状。

硬石膏柱状晶均已发生次生溶解，较大的柱状晶溶模孔中半充填和充填过程的特征与硬石膏结核溶模孔中的一致（图 5-2（b））。但也常见细小的（长径 0.1mm 左右）板柱状晶体溶模孔能较好地保存，其面孔率仅 0.1%～1%，个别可达 2%左右。

3）裂碎缝和扩溶裂碎缝半充填后的残余孔隙

海洋环境中沉积出的斜方晶系的硬石膏（$CaSO_4$），其溶解过程必须先转变成单斜晶系的（软）石膏（$CaSO_4 \cdot 2H_2O$），因此，体积增大 30%，对基（围）岩增压，随着石膏淋溶，又对基（围）岩释压。这样就使结核周边的基岩发生裂碎，因此，硬石膏结核溶模孔数量越多，孔径大的岩石中裂碎缝越发育。随着淋溶作用的进行，有的裂碎缝可以扩溶，岩芯和薄片中都可见到有的裂碎缝连接两个或若干个结核溶模孔，密集的裂碎缝可将基岩切割成假角砾状（图 5-2（c））。相反，在岩芯和薄片中发现保存完好的、未遭淋溶的硬石膏结核，结核间都没有发育任何裂碎缝现象。一部分两个结核溶模孔相邻较近的裂碎缝内，特别是相邻的而又经扩溶的裂碎缝内，可以被组构与结核溶摸孔内完全一致的细粉晶亮晶自形白云石、自形石英半充填（图 5-2（d）、（e））。然而，相当一部分裂碎缝中没有或仅在局部有细粉晶亮晶白云石等沉淀其中，后来又被含粒间孔隙的渗流粉砂半充填。

裂碎缝也可出现在与含硬石膏结核粉晶白云岩成薄互层的粉晶白云岩中，它是因前者产生裂碎缝时释压派生出来的。岩芯中见到结核层中的裂碎缝蜿蜒至不含结核的粉晶白云岩中，但远不及结核层中发育。

4）岩溶缝、沟、管和洞半充填后的粒间孔隙

经历 140 余 Ma 的表生淋溶作用，处于马家沟组最顶部的层段中不规则的甚至成网状的岩溶缝、沟、管和洞十分发育，而且越向上部地层越发育。除了纵向的溶蚀缝、沟、管外，还存在大量顺层理方向的溶缝、沟、管。后者大多发育在含硬石膏结核残余溶模孔和裂碎缝的层段中，这些溶缝、沟、管和洞大多被含粒间孔隙的渗流粉砂半充填（图 5-2（f））。层理本身即为不同岩性和微组构差异的界面，易于发生岩溶作用，而在发育有硬石膏结核残余溶模孔和裂碎缝的层段更有利于越流下渗大气淡水顺层理方向的淋溶作用。顺层方向岩溶作用较弱时，就形成顺层理方向的溶缝和溶沟，溶缝和溶沟的数量和密度随淋溶强度递增，淋溶作用较强时，原岩大部分被溶成为顺层理方向不规则的细脉状、透镜状、串珠状残剩在所充填的渗流粉砂中。而岩溶作用更强烈时，原岩仅成细角砾状残留于渗流粉砂中（图 5-2（g））。

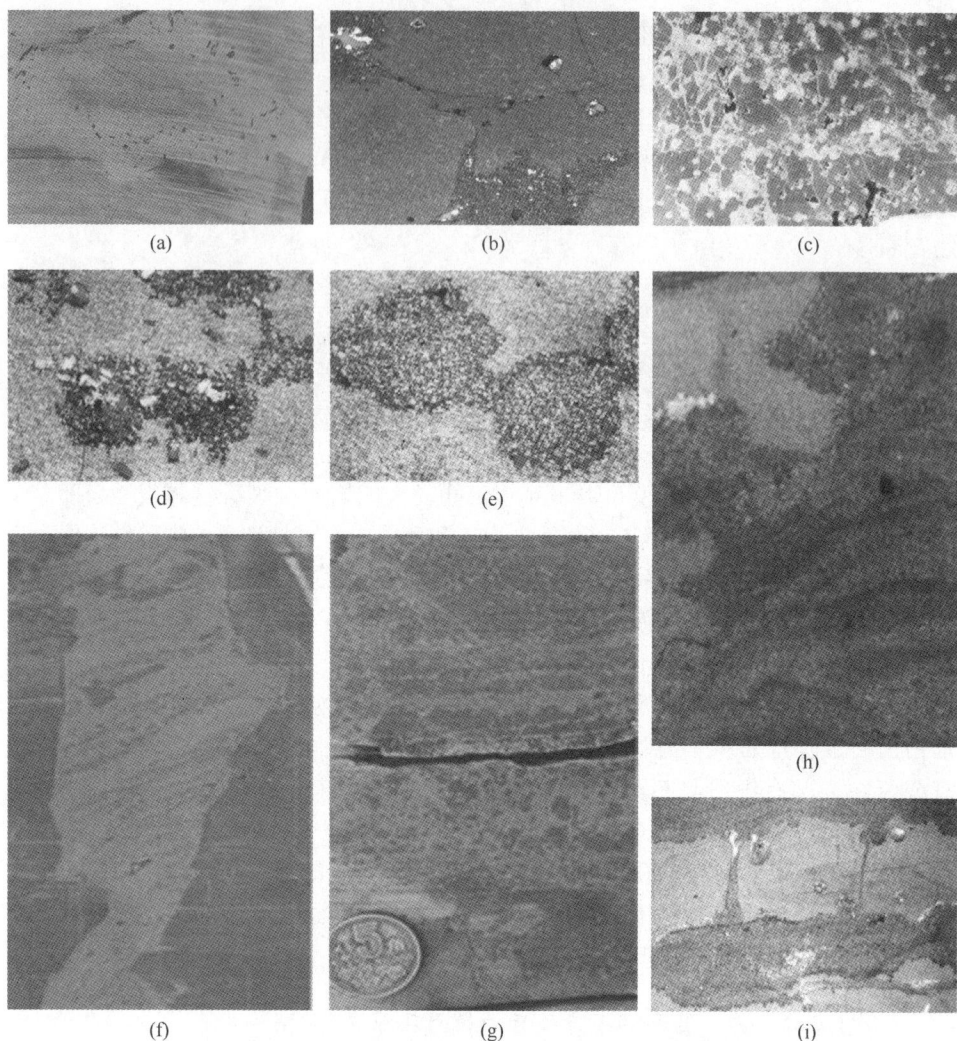

图 5-2　鄂尔多斯盆地中部马家沟组储层储集空间类型二

图 5-2（a）为细粉晶白云岩中硬石膏柱状晶呈星散状产出。取自陕 252 井、马五 2^2。图 5-2（b）为交代于泥晶藻白云岩中的硬石膏柱状晶的溶模孔，下部被细粉晶亮白云石和石英半充填。取自 G23-16 井、马五 1^2，单偏光、×25 倍、铸体片。图 5-2（c）为硬石膏结核溶模孔，其间几乎都发育有裂碎缝和扩溶裂碎缝，左边裂碎缝发育处将原岩切割成细角砾状。取自 G10-9 井、马五 1^3。图 5-2（d）为硬石膏结核溶模孔和裂碎缝间均被组构完全一致的细粉晶亮晶白云石-石英-沥青半充填，基岩中散布着一些硬石膏柱状晶溶模孔也被半充填。取自莲 3 井、马五 4^1，单偏光、×25 倍、铸体片。图 5-2（e）为硬石膏结核溶模孔和扩溶裂碎缝间均被组构完全一致的细粉晶亮晶白云石半充填。取自陕 101、马段，单偏光、×30 倍、铸体片。图 5-2（f）为纵向岩溶溶管中被脉动式的大气淡水携带下渗的含粒间孔的渗流粉砂充填，显蹼状充填构造，下渗流粉砂中含少量白云岩的小角砾，沿纵向溶管两侧发育顺层的和斜交的溶缝，也被渗流粉砂充填。取自统 6 井马五 1^2。图 5-2（g）为顺层理方向发生强烈的岩溶作用，中、上部原岩被溶后成纹层状和断续纹层状残余，中下部原岩大部分被溶，仅成细角砾状残余，被溶解部分均被含粒间孔的渗流粉砂充填。取自陕 221 井，马五 1^4。图 5-2（h）为岩溶溶洞被多期含粒间孔隙的渗流粉砂充填，下部见后期充填的渗流粉砂层对早期沉积层的截切构造，左上硬石膏结核溶模孔也有再次被渗流粉砂充填的现象。取自 G41-7 井、马五段、×2.5 倍、铸体大薄片。图 5-2（i）为含硬石膏结核粉晶白云岩中顺层理方向小溶沟及两溶沟间小溶管均被含粒间孔的渗流粉砂半充填。取自 G42-8 井、马五 1^3，单偏光、×7 倍、铸体片。

在一些规模较大（可达 20cm 左右）的顺层理方向溶洞中，所充填的渗流粉砂中总能见到床沙形态，最常见的为波状纹层理和微交错纹层理，较厚的层中见沙纹层理（图 5-2（h））。这似乎说明，顺层理方向的溶洞及充填是一个连续的发生过程，即一边溶解，一边发生渗流粉砂充填，正是这样，溶洞顶板才不会破裂崩塌。在岩芯中常能见到几十厘米至数米的一段岩芯中，有的部位发育渗流粉砂充填的岩溶缝、沟，有的部位原来的白云岩体仅残剩在渗流粉砂充填物中，有的部位原岩保存较完整，如此反复出现。这一现象可能与岩性有关外，更可能是因为活动潜流水面的升降表现为在岩芯中不同部位岩溶强度及渗流粉砂充填形式的不同。

渗流粉砂的粒间孔隙一般为 3%～5%（图 5-2（i））。粒度越粗，粒间孔隙也相对高些，有的可达 8%左右或更高，但如果含有泥质，则粒间孔隙降低。

5）裂碎缝或扩溶裂碎缝被含粒间孔的渗流粉砂半充填残余孔隙

从岩芯照片可看出，大部分裂碎缝可以连贯或蜿蜒连贯二个或若干个硬石膏结核溶模孔，特别是硬石膏结核较密集的层段，各个方向的裂碎缝和扩溶裂碎缝将岩石切割为弥散的网格状，甚至假角砾岩状，这有利于后来的越流下渗大气淡水的溶解作用和所携带的渗流粉砂的充填作用。当与已存在硬石膏结核残余溶模孔和已被细粉晶亮晶白云石等半充填的裂碎缝连通时，就将渗流粉砂再充填入结核和裂碎缝的残余孔隙中（图 5-3（a））。尽管仍然存在着孔隙，但这是经过先、后两期不同充填过程的残余孔隙。

上面已谈到，仅在一部分与硬石膏结核溶模孔邻近的裂碎缝和扩溶裂碎缝中存在细粉晶亮晶白云石等半充填现象，但大部分裂碎缝和扩溶裂碎缝并无早期细粉晶亮晶白云石半充填，一般情况下均被含粒间孔隙的渗流粉砂半充填。由于扩溶裂碎缝的可充容空间较大，一部分所充填的渗流粉砂粒径较粗，粒间孔隙也相对较高，有的可达 10%左右（图 5-3（b））。

6）角砾屑间渗流粉砂半充填的粒间孔隙

大部分岩溶溶洞塌积岩的角砾屑间被地下泾流携带入的含泥质碳酸盐岩细碎屑（绝大部分为白云岩，偶有石灰岩）充填，因此无储集性能。但也见一小部分被渗流粉砂半充填，角砾屑常有再溶解和圆化现象。造成这一现象的原因可能是因为溶洞顶板塌积后并未与地下泾流连通，而被越流下渗的渗流粉砂充填。另一种可能是由于活动潜流带的潜水面降低，已形成的溶洞进入渗流带，随后塌积角砾堆积物间只可能被渗流粉砂填隙（图 5-3（c））。较大的纵向岩溶溶管中一般都被含粒间孔隙渗流粉砂填隙的角砾屑白云石充填，白云岩角砾在渗流水的作用下再溶解和圆化现象明显，几乎已成半圆的小砾石。

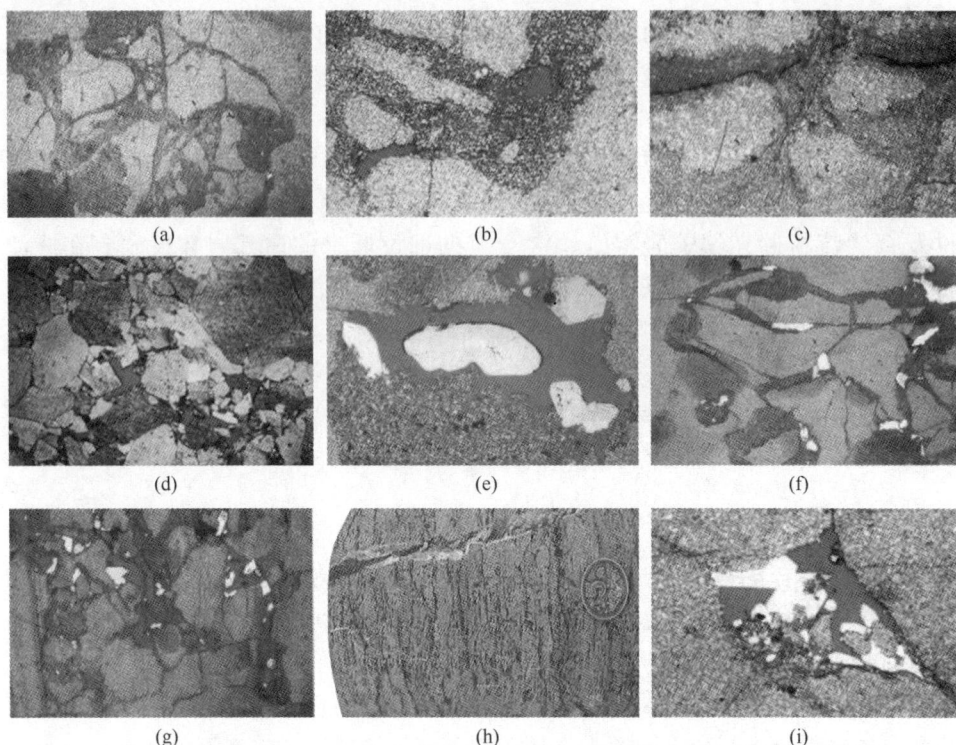

图 5-3　鄂尔多斯盆地中部马家沟组储层储集空间类型三

图 5-3（a）为硬石膏结核半充填的溶模孔和裂碎缝均被后来的含粒间孔的渗流粉砂半充填。取自 G42-8 井、马五$_1^3$，单偏光、×25 倍、铸体片。图 5-3（b）为扩溶裂碎缝中先有少量细晶亮晶白云石淀出，以后又被渗流粉砂半充填，残余孔隙大于 10%，照片中较大溶孔是后期埋藏溶解作用形成的。取自陕 106 井、马五$_1^3$，单偏光、×10 倍、铸体片。图 5-3（c）为岩溶塌积岩角砾间被渗流流动组构清晰的含粒间孔的渗流粉砂半充填，角砾屑边缘有溶解的小溶孔。取自 G16-14 井、马五$_1$，单偏光、×10 倍、铸体片。图 5-3（d）为溶洞充填不等粒晶屑白云岩中的粒间孔隙，右上角为一中晶白云岩屑。取自陕 251 井、马五$_1^4$，单偏光、×30 倍、铸体片。图 5-3（e）为半充填的硬石膏结核溶模孔隙上部埋藏溶解扩溶，形成残余溶模孔和埋藏溶解孔的叠加孔隙，其内有自形石英、长石淀出。取自 G42-8 井、马五$_1^3$，单偏光、×30 倍、铸体片。图 5-3（f）为含硬石膏结核粉晶白云岩，大部分早期半充填的结晶溶模孔及与之连结的网状裂碎缝又被含粒间孔隙的渗流粉砂充填。埋藏溶解作用既可以发生在裂碎缝充填的渗流粉砂中，也发生在硬石膏结核溶模孔再充填的渗流粉砂中，埋藏次生溶孔中又有一些自生石英淀出。照片左下角一个未与裂碎缝相连接的硬石膏结核溶模孔无渗流粉砂充填，也未发生埋藏溶解作用。取自 G42-8 井、马五$_1^3$，单偏光、×7 倍、铸体片。图 5-3（g）为岩溶溶管中的角砾屑白云岩，角砾间早期被含粒间孔隙的渗流粉砂半充填，埋藏溶解作用主要发生在渗流粉砂中，个别角砾屑边缘也有弱溶解现象。埋藏次生溶孔中有一些自生石英淀出。取自 G42-8 井、马五$_1^3$，单偏光、×10、铸体片。图 5-3（h）为竹叶状白云岩中近 80°方向裂隙经埋藏溶解作用成小溶沟，溶沟中早期有方解石充填，以后裂隙再次拉张，方解石脉被切割，拉张缝中被含泥质白云石细碎屑充填。取自莲 4 井、马五$_4^3$。图 5-3（i）为两个方向裂隙交汇处经埋藏溶解形成小溶洞，溶洞内存在一些原岩的碎屑，并有自生石英淀出。取自陕 52 井、马五$_1^1$，单偏光、×7、铸体片。

7）溶洞充填不等粒晶屑白云岩的粒间孔隙

在少数井的岩芯中见到规模不等的溶洞被不等粒晶屑白云石充填的现象，如陕 251 井，在马五$_1^4$ 的取芯段最下部 2m 岩芯（以下未取芯）主要为不等粒晶屑白云岩，其中部夹 20cm 含硬石膏柱状晶和结核溶模孔的粉晶白云岩，可能是岩溶过程的残留地层，晶屑大小不等，巨砂级至细砂级，甚至见中、粗晶白云岩的岩屑，有的晶屑被磨蚀成半棱角状，晶屑间又有 2%自形石英淀出，粒间孔隙达15%左右，成为良好的储渗体（图 5-3（d））。但也有的井中发现由不等粒白云石晶屑和方解石粉晶屑混合充填的溶洞，成为钙质晶屑白云岩，仅在局部见到少些孔隙，此外，在有的井中能见到规模较小的溶沟由晶屑白云石的充填现象。在显微镜下观察，无论白云石或方解石均为亮晶晶屑，没有见到与之一并沉积的其他岩屑，因此只可能来自早期溶洞中的白云石或方解石再破碎的碎屑被地下泾流携带并在异地沉积的溶洞填积岩。例如，在 G16-14 井 3259.6～3259.45m 的纵向裂缝扩溶沟中即沉淀有晶径达 1～1.5cm 的巨晶方解石和白云石。但如此多的亮晶白云石和方解石晶屑又来自何方并如何汇聚到这么大的溶洞中的呢？由于它可以是良好的储渗体，此问题有待今后进一步研究。

5.1.3　埋藏成岩期次生孔隙

（1）硬石膏结核和柱状晶半充填溶模孔再扩溶后的叠加孔隙。少部分硬石膏结核和柱状晶溶模孔经细粉晶亮晶白云石（有的还可有石英）半充填后，埋藏成岩期又发生扩溶，形成表生成岩期和埋藏成岩期次生溶孔的叠加孔隙（图 5-3（e））。在岩芯中，常见若干个硬结核溶模孔扩溶后互相连接成串珠状溶孔（洞）群，而且常见顺层方向发育，也见有的叠加在孔隙中，又有方解石交代-半充填的现象，但仍残留一定量的孔隙。发育这类埋藏扩溶孔隙的岩石，如保存较好（未被方解石充填），可增加面孔率 1%～2%。

（2）沿硬石膏结核层裂碎缝和溶洞角砾间含孔隙渗流粉砂再溶解的孔隙。这是最常见的埋藏溶解现象。渗流粉砂因为含较多孔隙，有利于埋藏成岩环境中含CO_2和有机酸等孔隙水的渗流，发生次生溶解。大部分铸体薄片中，渗流粉砂内都存在不同程度的埋藏溶解孔隙，有的可以沿裂碎缝或角砾屑间渗流粉砂内断续溶解成缝和孔，而较大的溶洞充填角砾屑间，原渗流粉砂填隙物的体积也较大，则可溶解成次生小溶洞（图 5-3（f）、（g））。除此外，不但渗流粉砂可溶解，周边的粉晶白云岩基岩或角砾屑也可溶解，形成扩大了的溶孔和小溶洞，这类次生溶解孔隙可以增加面孔率 1%～3%，甚至更高。但如果为含泥质的渗流粉砂，因抑制了酸性孔隙水渗流，这类次生孔隙仅少许出现。

这类次生孔隙中都或多或少有若干粒自形石英沉淀其中，个别见有长石淀出。

（3）沿构造裂隙扩溶的溶缝、溶沟和溶洞或半充填后的残余缝、沟、洞。在岩芯中主要见到沿 80°方向构造裂隙经埋藏溶解扩溶成的溶缝、溶沟和溶洞（>2mm）或溶洞。有的溶沟、洞中有中、粗粒的方解石、白云石和自生石英充填或半充填

（如图 5-3（h）所示）。据曾伟等研究，方解石和白云石的 $\delta^{13}C$ 为–3.130‰～–1.066‰（PDB），平均为–2.020‰（PDB），有机包裹体中含有较多的气态烃和少量沥青，均一温度在 100℃以上，最高的可达 264℃。说明溶沟、溶洞及其充填或半充填矿物均为埋藏成岩期的产物。

5.1.4 构造裂隙和断层

1）30°和 60°左右的剪切共扼裂隙

经观察，30°左右方向的一组较发育，在 60°左右方向一组岩芯中一般不表现，或隐约见到，但铸体薄片中可以断续地见到半开启微裂隙。裂隙面平直，岩芯中偶见切穿整个岩芯的半开启裂隙，隙宽小于 1mm。在所取的 400 多个直径 2.5cm 的样品栓中，大约有 1/15 存在 30°左右方向的裂隙，其中一部分已沿此方向裂开，另外许多样品栓上也能见到或隐约见到该方向的微裂隙（图 5-4（a））。在裂隙面上或多或少有贴裂隙面沉淀的方解石或石英，正因为有半充填裂隙的方解石的存在，才使岩芯未裂开，而样品栓因直径仅 2.5cm，且取样时振动，致使许多样品栓沿裂隙方向断开。一个重要的事实是，少数样品栓在 30°左右方向裂开面上有炭质沥青衬壁薄膜，铸体薄片中也同样存在，有的还有黄铁矿淀出。有的岩芯中充填裂隙的方解石为暗色，即方解石中可能含烃类的包体，表明该期裂隙的发育与油气生成运移高峰期相匹配。岩芯中也可见到 30°左右方向裂隙基础上的扩溶缝，方解石半充填后残余下小溶洞。

在铸体薄片中，这类裂隙常见，一组发育较好，另一组则较差，或隐约存在，表现为断续的、宽窄不等的细缝，缝宽处一般不超过 0.5mm（图 5-4（b）、（c）、（d））。鉴别这期裂隙的方法是：一方面观察是否存在二个互相交叉的裂隙；另一方面，在含硬石膏结核的粉晶白云岩中，半充填的结核溶模孔成“假示底”构造，而这期共扼裂隙的方向与“假示底”构造斜切，并可将结核溶模孔中早期充填物次生溶解（图 5-4（c）、（d））。当裂隙遇到渗流粉砂半充填的裂碎缝时，常沿后者蜿蜒伸展，因为后者为应力薄弱地带。许多岩芯和样品栓中 30°左右方向裂隙有切割早期方解石脉和方解石充填小溶洞现象，因此，应该是埋藏期构造裂隙。由于该类微张裂隙普遍发育，并可连通若干硬石膏结核和柱状晶半充填溶模孔，或发育于具晶间孔的粉晶白云岩和具粒间孔的渗流粉砂中，因此既是储集空间，又是重要的渗流通道。30°和 60°剪切共轭裂隙是在晚侏罗世燕山运动二幕盆地周边基底变形期产生的。

图 5-4　鄂尔多斯盆地中部马家沟组储层储集空间类型四

图 5-4（a）为直径 2.5cm 的岩石样品栓，垂直岩芯方向钻取的样品栓中发育 30°方向裂隙，有的裂隙向上有少量的方解石，有的有黄铁矿淀出。图 5-4（b）为粉晶白云岩，其中 30°方向一组裂隙较发育，有的裂隙面局部有自生石英淀出，60°方向一组发育差，断续状。取自陕 234 井、马五 $_4{}^3$，单偏光，×20 倍，铸体片。图 5-4（c）为含硬石膏柱状晶溶模孔粉晶白云岩，基岩白云岩中含晶间孔隙，发育 30°和 60°的共轭裂隙，较发育的 30°方向裂隙贯通硬石膏晶溶模孔，局部有扩溶现象。取自陕 254 井、马五 $_1{}^2$，单偏光，×25 倍，铸体片。图 5-4（d）为含硬石膏结核溶模孔粉晶白云岩，结核溶模孔半充填后呈"假示底"构造，发育 30°和 60°的共轭裂隙，较发育方向裂隙斜切结核溶模孔，并有溶解溶模孔上部早期充填物及扩溶现象。取自陕 175 井、马五 $_1{}^2$，单偏光，×7 倍，铸体片。图 5-4（e）为近 80°方向共轭裂隙及扩溶的溶洞和溶沟。图 5-4（f）为含硬石膏结核粉晶白云岩中近 80°方向裂隙经埋藏溶解形成沿裂隙方向串珠状溶洞、洞。取自苏 19 井、马五 $_1{}^4$。图 5-4（g）为含硬石膏柱状晶溶模孔粉晶白云岩中 80°方向共轭裂隙经埋藏溶解成溶沟，有少量方解石-沥青衬沟壁充填。取自陕 224 井、马五 $_1{}^2$。图 5-4（h）为含硬石膏结核粉晶白云岩中半充填的结核溶模孔，成"假示底"构造，又被近纵向裂隙穿越，结核溶模孔上部充填物部分又被溶解。取自统 1 井、马五 $_3{}^3$，单偏光，×20，铸体片。图 5-4（i）为沿 80°方向裂隙经埋藏溶解形成小的溶洞群，溶洞中局部有自生石英衬壁淀出，以后又被 30°方向裂隙切割（穿）。取自陕 12 井、马五 $_3{}^3$。图 5-4（j）为断层面（30°左右），断层角砾和拉张面间被来自石炭系的炭质泥岩充填。取自陕 210 井、马五 $_4{}^2$。

2）80°左右方向近纵向共轭裂隙

这个方向的裂隙十分常见，在所取得 400 多个直径 2.5cm 的样品栓中有 1/30 左右见到这类裂隙（图 5-4（e））。在岩芯的横断面上，可以看到近于正交的两个 80°左右方向的共轭裂隙，并见沿此方向溶解成溶沟或伸长的溶洞，或串珠状的小溶洞群，部分较大的溶沟、洞早期有方解石半充填，以后有沥青质半充填（图 5-4（f）、（g））。微裂隙面大多不平整，并局部有扩溶现象，细小的裂隙面上一般无方解石充填现象，但在一些沿此方向扩溶的小溶沟中有方解石和沥青半充填现象。

80°左右方向的裂隙在含硬石膏结核粉晶白云岩中也易于识别。由于硬石膏结核溶模孔被半充填后成"假示底"构造，即使后期有方解石交代-半充填或充填，后者都位于原溶模孔的中上部，因此能够正确地鉴别出岩石的顶底关系。而 80°左右方向的微裂隙总是近于垂直结核溶模孔的"假示底"构造发育。同样，当近纵向裂隙切入半充填的结核溶模孔后，也可使部分早期充填物溶解（图 5-4（h））。

在对碳酸盐岩岩芯观察的同时，见到有的井中二叠统石盒子组盒 8 段砂岩岩芯中也发育 80°左右的裂隙。这一重要事实说明该裂隙发育的时间在石盒子组砂岩埋藏成岩以后。

根据岩芯，特别是同时发育有 30°左右和 80°左右两个方向裂隙的若干个样品栓和岩芯，80°左右方向裂隙发育时期较 30°左右方向裂隙要早，后者可切入前者（图 5-4（i））；两期裂隙形态和裂隙内充填情况也大相径庭。

3）30°左右方向的断层

在 G41-7、林 5、陕 51、陕 201、陕 221 和陕 247 等井中都见到断层。其中 G41-7 井断层带达 6m 以上，陕 201 井和陕 247 井断层带都在 2～3m 以上。所有井断层错动面都为 30°左右方向，拉张的（最大可达 3cm 左右）断层错开面和断层角砾间都被炭质泥岩充填，因此为断距不大的正断层（图 5-4（j））。另外，在不少井中沿 30°方向的小错动比比皆是，也见有的白云岩虽未错断，但层理变形可至 30°左右或更大。根据断层和错断面方向及层理变形角度为 30°左右判断，断层应该与 30°左右方向共轭裂隙属同期构造应力产生的。

在断层带内，在个别 30°左右方向小错动面上有弱的扩溶，偶有少许孔和小洞。但断层主要对气储起破坏作用。如在 G 41-7 井马五 $_1^4$ 下部发育 6m 多的断层带，测试时仅 3000m³ 气，并有 9m³ 左右的水。在东南方向 3km 的 G42-8 井测试时获气 175.35 万 m³，岩芯观察除 G 41-7 井马五 $_1^3$、马五 $_1^2$ 小层相当部分含硬石膏结核粉晶白云岩已经表生淋滤成溶洞建造岩外，可能是马五 $_1^4$ 下部 6m 以上的断层带破坏了气储。图 5-4（j）中可清楚地看到，断层拉张错开面和断层角砾岩间均被来自石炭系的炭质泥岩充填，即断层规模虽较小，但已与石炭系沟通。同样，陕 221 井所取岩芯中也有 2m 以上的断层带，测试时无气，而其西边 4km 的陕 166 井测试获气 9.19 万 m^3；陕 247 井所取岩芯中也有 2m 多的断层带，测试时无气，但其西北方向约 3km 的陕 245 井测试时获气 25.36 万 m^3；在陕 247 井西边 3.4km 的 249 井也获高产气流。陕 221 井和陕 247 井断层错开面和断层角砾间同样都由来自石炭系的炭质泥岩充填，同样表明断层是与石炭系地层相沟通的，气储已被破坏。

5.2　储层孔洞充填特征及展布

奥陶系风化壳储层的储集空间主要有孔、洞和裂隙三种，其中又以膏模孔洞为主。孔洞充填物包括机械沉积物和化学沉积物两大类，前者为风化壳期充填的机械碎屑，后者为自生矿物，如白云石、方解石、石英、硬石膏、黄铁矿、伊利石和高岭石等。

5.2.1　孔洞主要充填物类型

1）溶蚀孔洞中白云石充填物的类型

①细粉晶白云岩，菱形，干净明亮，主要充填于膏模孔洞下部，是进入孔洞的孔隙水中白云质再淀出的产物，在阴极射线下发光较为明亮，以橙黄色光为主，局部可见暗褐色-橙黄色环带。FeO 为 120.5ppm、MnO 为 234.2ppm、SrO 为 56.9ppm，Sr 含量明显偏低；碳、氧同位素值偏负，$\delta^{13}C$ 一般为 -3.130‰～-1.066‰（PDB）、平均为 -2.020‰（PDB），$\delta^{18}O$ 一般为 -10.876‰～-6.928‰（PDB）、平均为 -8.794‰（PDB）；$CaCO_3$ 摩尔分数一般为 50%～51.61%，为微富钙的较理想的白云石，有序度高，镁/钙≈1。从上述特征可看出，干净明亮的细粉晶白云石具有较理想的白云石化学组成和近于 1 的高有序度，表明形成于缓慢的结晶过程之中，属于原生白云石；较低的锶含量和偏负的碳、氧同位素值说明其形成时受到大气淡水的影响。因此，认为细粉晶白云石形成于表生阶段的早期，沉淀于低盐度的大气淡水溶液中。白云石的分布存在两种极端类型：其一，当潜流水中携带的白云质含量相对较低时，进入溶模孔中后仅形成相对较少的成核中心，并且缓慢地围绕成核中心淀出，这种情况下，溶模孔中细粉晶亮晶白云石晶径较粗，最粗的可达 0.3mm 左右，其含量仅占溶模孔中 20% 左右，即残余下 70% 以上的溶模孔隙；其二，进入溶模孔的白云质溶质含量高，则可形成大量的成核中心，白

云石快速淀出，这种情况下，晶径较小（仅 0.2mm 左右），数量多，晶形较差，甚至局部互相镶嵌，仅有 20%左右的硬石膏结核残余溶模孔隙。更多的是以上两种极端之间的过渡形式。

②渗流粉砂白云石，相当部分的膏模孔下部被细粉晶亮晶白云石半充填后，其上又有含粒间孔隙的渗流粉砂半充填，造成这一现象的原因是在 130 余 Ma 的漫长的风化剥蚀期中，岩溶缝隙后来可以与结核溶模孔连通，下渗的渗流粉砂充填其内。渗流粉砂色暗，主要由富含溶蚀残余物的细粉屑白云石和泥质组成，其中细粉砂级白云石碎屑可进一步次生或发生重结晶作用，形成较围岩粗的半自形-自形晶粒白云石。阴极射线下发亮橙黄-暗褐色的不均一光。微量组分特征与围岩相似（表 5-2），如 Na_2O 和 K_2O 等含量基本一致；$\delta^{18}O$ 平均为–8.224‰（PDB）、$\delta^{13}C$ 平均为–0.145‰（PDB），稍偏负；包裹体均一温度低，一般为 53～77℃，平均为 64℃。以上特征说明渗流白云石属于表生期的大气淡水改造产物。

③中粗晶自形白云石，呈完好的自形晶，透明、干净，具较高的有序度，一般零星分布，可与自生石英、高岭石共生，多分布于孔洞的顶壁或"新月"形孔隙空间中。

④异形白云石，自形中粗晶结构，具铁泥质环带和波状消光，呈斑块状或脉状充填于裂缝或溶孔、溶洞中。在阴极发光镜下不发光，为铁白云石和含铁白云石，多和黄铁矿共生。中粗晶白云石和铁白云石包裹体均一温度一般为 112～146℃，为埋藏成岩期的充填产物。

表 5-2 鄂尔多斯盆地马家沟组膏模孔洞内主要充填物地球化学特征及成岩环境简表

地化特征 \ 结构		围岩基质	渗流粉砂白云石
微量元素/ppm	Na_2O	0～500/145	90～330/210
	K_2O	0～90/30	0～90/45
	SrO	0～280/137	0～910/455
	BaO	0～599/149	0
	FeO	0～500/145	60～460/262
	MnO	130～1090/565	0
	FeO/MnO	—	—
同位素(PDB)/‰	$\delta^{13}C$	—	–1.37～1.31/–0.145
	$\delta^{18}O$	—	–10.05～–6.70/–8.224
包裹体			
阴极发光		暗褐红-暗紫红	暗褐黄-橙黄色
成岩环境		沉积	表生

2）方解石充填物

①淡水方解石，细粉晶，自形、半自形及犬牙状，一般充填于孔洞下部，为表生成岩期的交代-充填物、因渗流水越往下，$CaCO_3$ 饱含度越高，沉淀出的方解石量越大，导致上部马五$_1$亚段地层中结核溶模孔中方解石淀出的机率较少。在往下的地层中，结核溶孔被方解石交代-充填明显加剧（表 5-3），有的层段结核溶模孔几乎被充填满。

②铁方解石，白色及乳白色，中-粗晶，阴极发光一般呈暗红或橙黄色，充填于孔洞上部及裂缝中，包裹体均一温度较高，为 105～166℃，为埋藏成岩期产物。

表 5-3　鄂尔多斯盆地中部马家沟组储层矿物成分特征

层位	样品数	自生矿物/%							陆源矿物/%			
		方解石	白云石	泥质	硬石膏	硅质	黄铁矿	萤石	石英	长石	岩屑	云母
马五$_1^1$	79	6.44	83.24	8.98	0.04	0.18	1.12	0.00	0.01	0.00	0.00	0.03
马五$_1^2$	200	6.27	83.09	8.67	0.02	0.50	0.76	0.01	0.05	0.00	0.00	0.02
马五$_1^3$	137	6.51	85.59	6.64	0.02	0.55	0.49	0.03	0.03	0.00	0.00	0.03
马五$_1^4$	137	15.08	69.66	10.38	0.06	1.69	0.70	0.01	0.11	0.00	0.00	0.01
马五$_2^1$	78	15.74	72.01	10.99	0.00	0.47	0.59	0.06	0.13	0.00	0.00	0.01
马五$_2^2$	135	16.06	73.27	9.66	0.01	0.35	0.46	0.01	0.02	0.00	0.00	0.00
马五$_3^1$	152	20.50	66.31	11.31	0.01	0.84	0.89	0.04	0.03	0.00	0.00	0.00
马五$_3^2$	173	23.30	58.93	14.93	0.39	1.10	1.10	0.01	0.16	0.00	0.00	0.00
马五$_3^3$	253	10.98	69.83	11.76	5.28	0.41	1.01	0.03	0.04	0.00	0.00	0.00
马五$_4^{1a}$	178	12.15	78.11	7.28	1.94	0.16	0.23	0.07	0.02	0.00	0.00	0.00
马五$_4^{1b}$	101	23.46	50.75	11.63	12.19	1.45	0.63	0.00	0.03	0.00	0.00	0.00
马五$_4^2$	65	24.89	66.22	7.99	0.22	0.34	0.06	0.00	0.00	0.00	0.00	0.00
马五$_4^3$	36	25.90	61.86	7.00	0.81	0.82	0.25	0.17	0.00	0.00	0.00	0.00

3）石英

仅在部分膏模孔洞内存在，以短柱状垂直于洞壁或洞内零星分布，晶体形态多为柱状双锥和复三方双锥，纤微状玉髓极少，大小一般为 0.5～1.5mm，晶体干净明亮，常与马牙状白云石和渗流泥、渗流粉砂共生。一方面，自生石英一般可充填膏模孔洞的 0%～20%，即使膏模孔洞的体积减少 0%～20%；另一方面，由于自生石英属于一种极稳定的矿物，其存在不利于后期成岩过程的溶蚀作用进行，因此不利于孔隙形成与演化。

4）地开石

在电镜下呈极好的六角板状和假六方板状，结晶好且晶体大，集合体呈宝塔状、六角柱状和放射状。根据地开石形成机理，本区地开石可能有高岭石的成岩转变和热液蚀变两种成因，但无论哪种成因，均与两个因素相关：岩石曾经历了大于 160℃ 的成岩温度；埋藏成岩过程中介质偏酸性，并相对缺乏 K^+、mg^{2+}。由于上述条件正好不利于孔隙封堵物的沉淀，因此，凡是有地开石分布的井段，就有利于溶蚀孔洞的形成、保存和再溶蚀扩大，地开石作为储层发育的指示矿物之一有着特殊意义。

5.2.2 孔洞充填物组合关系

在对大量的显微薄片观察中，经常可以看到溶蚀孔洞"示顶底"构造，即孔洞底部，最先充填的是泥粉晶的淡水白云石（少量淡水方解石），其上部逐渐充填其他孔洞充填物，如方解石或者自生石英、硅质等，为分析充填期次提供了必要的依据。通过对研究区 200 余口钻遇风化壳储层探井的孔洞充填物的镜下观察，认为其受风化壳期溶蚀、沉淀及不同埋藏阶段流体环境及成岩作用影响，主要经历了以下三个阶段（表 5-4）。

表 5-4　鄂尔多斯盆地风化壳储层白云岩基质与孔隙充填期次的特征

成岩阶段	早表生阶段	浅埋藏阶段（<1000m）	深埋藏阶段（>2000m）
主要成岩作用	去盐化、云膏化	硅化、高岭石化	去白云石化、黄铁矿化、方解石化、埋藏白云石化
地下水特征	大气淡水	孔隙酸性压释水	有机质脱羧基作用产生的压释水
充填期次	第一期充填	第二期充填	第三期充填
主要充填物	淡水方解石、淡水白云石、泥质、砂质及机械破碎物	石英、高岭石、黄铁矿	铁方解石、铁白云石、黄铁矿、方解石、有机质

第一期充填作用发生在早表生成岩阶段。在近地表环境下，形成具有淡水岩溶特征的充填物，当水流交替滞缓或水中 CO_2 溢出、水-岩平衡达到过饱和时，矿物质沉淀充填于岩溶缝洞中。主要为淡水方解石或淡水白云石，晶粒较围岩稍粗，常有泥质、砂质及机械破碎物伴生。第二期充填作用发生在浅埋藏阶段（小于1000m）。随着埋藏深度不断增大，地温不断升高，储层中有机质不断发生分解、还原，排放出大量的 CO_2 和 H_2S，使得储层中流体的 pH 降低。当 pH<7 时，蒙脱石将加速转化为伊利石，释放出 SiO_2，生成石英（硅质）充填于溶孔中。当溶孔孔隙度较大时，生成的石英晶形较好，否则为不规则状。第三期充填作用发生

在深埋藏阶段（大于 2000m）。充填物主要为铁白云石和铁方解石，也有少量有机质、黄铁矿等。与储层储集空间类型研究结果相对比，孔洞充填物中白云石的含量与储层的物性具有良好的相关性，有效储层发育区一般均处于以白云石充填为主的区域。因此在勘探中对孔洞充填物进行分布统计有利于优选风化壳储层。

5.2.3　孔洞充填物展布规律

基于岩溶古地貌研究成果，靖边气田西侧、南侧与靖边气田区同处于岩溶台地西区，溶蚀作用强烈，有利于溶孔类型储层的发育。从充填物类型上看，也以白云石充填为主，而且孔隙充填程度较低（气田平均 67%，气田区西侧及南侧地区一般为 80% 左右）。盆地东部地区马家沟组沉积与靖边气田区相比较，硬石膏结核等易溶组分明显减少，溶蚀孔洞的发育程度也明显不及靖也气田区，而且岩溶古地貌主要位于岩溶盆地中，属于岩溶水的聚集区，孔洞中淡水方解石沉淀及充填作用强烈，且充填程度相对较高。从整体上看，以靖边气田为中心，向东侧充填物中白云石的含量逐渐下降，而方解石、硅质的含量明显上升，储层逐渐致密，仅在局部充填较弱部位发育较好储层（图 5-5）。

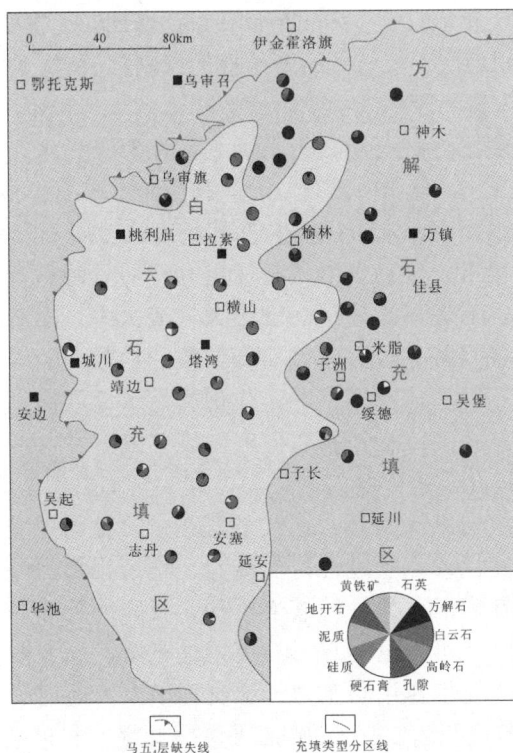

图 5-5　鄂尔多斯盆地中奥陶统马家沟组风化壳储层充填物类型分布图（李振宏，2011）

5.3 储层孔隙演化

5.3.1 原生沉积（准同生）期孔隙

从孔隙类型的定义中看出，好的和较好的储层段的岩性主要为含硬石膏的粉晶白云岩和粗粉晶白云岩，并由这两种岩性组成中、薄层的间互层、夹层或过渡层。粗粉晶白云岩内晶间孔占 8%～10%或更高，其含量与粗粉晶白云石的晶径成正相关。含硬石膏结核粉晶白云岩的基岩内也发育有白云石晶间孔。大量的铸体薄片及物性测试资料表明，结核数量多、核径大的基岩也是粗粉晶白云岩，其内晶内孔隙量高可达 3%～5%。这两类岩性白云岩成间互层、夹层或过渡层发育，组成原生沉积（准同生）期的孔隙网络。

5.3.2 表生裸露成岩期孔隙

表生成岩裸露期是储集空间形成的重要时期，形成了最主要的孔隙网络系统。其原因是经历了 140 余 Ma 的沉积间断-风化淋溶作用，更主要的是特殊沉积环境下形成了特殊的沉积地层——含硬石膏结核的粉晶白云岩。储层主要存在于含硬石膏结核的粉晶白云岩层段中。

硬石膏的溶解度比方解石和白云石的高。在海洋（水）环境中，正常海水稍微浓缩即可沉积出方解石和白云石，而只有当海水浓缩至原体积的19%时才能沉积出硬石膏来。因而在海水中硬石膏的溶解度比方解石和白云石大 5.5 倍以上。在大气淡水作用下，硬石膏的溶解度更高，并且硬石膏溶解过程中首先要转变为（软）石膏，后者可迅速地溶解于大气淡水中。沿着岩溶溶滤缝隙锋面下渗的大气淡水无疑将首先经过含硬石膏结核的粉晶白云岩，特别当粉晶白云岩基岩中又有晶间孔隙的情况下，岩溶作用将沿该地层向纵深推进。硬石膏结核的溶解过程可使结核间或周边基岩中产生裂碎缝，并可经大气淡水溶解成扩溶裂碎缝。结核溶模孔及裂碎缝的产生又为大气淡水提供了活跃的通道和空间，更促使溶解作用顺层向纵深发育。这就是岩芯中常见到含硬石膏结核粉晶白云岩层经历了岩溶半充填或充填过程，而纵向上与之相邻的白云岩层则仅有微弱的、甚至几乎不存在岩溶现象。结核溶模孔、裂碎缝及部分扩溶裂碎缝被淡水细粉晶亮晶白云石（还可有一些自形石英）半充填，或者被含粒间孔的渗流粉砂半充填。早期的半充填作用与基岩一道支撑了上覆地层的重荷压力，因此即使硬石膏半充填的溶模孔达 20%～30%或更多，以及有扩溶裂碎缝发育的白云岩层并无压实崩塌现象。

随着表生淋溶作用的进一步的发展，作为越流下渗流体的缝隙将扩溶成纵向的管道，较细的管道可能仅被含粒间孔隙的白云质渗流粉砂半充填，有的显蹼状充填构造。而较粗的管道被含粒间孔的渗流粉砂和细砾屑充填，细砾屑常表现出明显的沿管道搬运、溶蚀和磨圆现象。这时，越流下渗的大气淡水泾流将对流经的周边白云岩继续发生表生淋溶作用，淋溶作用必然首先沿着地层中的"薄弱"部位进行，即已发育半充填硬石膏溶模孔和裂碎缝的层位，使含硬石膏结核溶模孔的白云岩被溶解成"假角砾"或砾屑状，但这类"假角砾"根据其内半充填硬石膏结核溶模孔的"假示底"构造可看出一般没有变位，表明并无溶塌现象发生。另一易发生淋溶作用的部位是顺着层理方向的溶解成的溶缝、溶沟，所有井的岩芯中都能见到这一现象，而这两者中的溶孔、溶缝和溶沟都被沿纵向的岩溶管道中随下渗泾流携带的白云质渗流粉砂半充填，粒间孔隙含量一般为 3%～5%或更高（与渗流粉砂的粒度成正相关）。随着淋溶作用的进一步深入，粉晶白云岩，特别是含有晶间孔隙的粉晶白云岩，将小规模的形成薄层状的细角砾屑白云岩。常见这类细角砾屑白云岩的角砾，特别是较小的角砾均有被地下泾流磨蚀和溶蚀，有的已成细砾屑，这种细角砾间同样被含粒间孔隙的渗流粉砂半充填。

白云岩地层中厚度、规模较大的岩溶建造岩是硬石膏结核半充填溶模孔形成之后发育起来的。因为在不少井的岩溶塌积岩中，甚至在个别岩溶冲积岩中，可见到含硬石膏结核半充填溶模孔的白云岩角砾，而半充填溶模孔的上部残余孔隙指向各个方向。这在早期溶沟、溶洞中充填的是具纹层理渗流粉砂白云岩再崩塌形成的塌积角砾岩也十分常见。这种组构的塌积角砾岩无疑是半充填硬石膏结核溶模孔和溶沟后，洞中充填的渗流粉砂白云岩沉积，越流下渗的渗流水继续向下部地层淋溶，形成较大的溶蚀空间，在重力作用下顶板崩塌的产物。

大多数塌积角砾岩是被不含孔隙的含泥质的白云质细碎屑充填，但一部分塌积岩角砾屑白云岩的角砾间也被含粒间孔隙的渗流粉砂半充填，或者塌积角砾岩层的下半部被含粒间孔隙的渗流粉砂半充填，向上逐渐过渡为被含泥质的白云质细碎屑充填中。由于地下泾流流速相对较缓，分选差，一般角砾间被含泥质白云岩细碎屑充填。

综上所述，以含硬石膏结核的粉晶白云岩地层为主体，及与之成中、薄互层的粉晶白云岩，经历了 130 余 Ma 的淋溶和半充填作用，形成多层段、大面积表生成岩期的储层孔隙网络系统。

5.3.3　埋藏成岩期孔隙

埋藏成岩期以强烈的次生溶解作用为主，局部也发生充填或半充填作用。观察岩心和大量铸体薄片可知，埋藏期的次生岩溶作用主要叠加在表生成岩期所产生的具有孔隙的组分中，或沿此组分向侧边基岩扩溶。最主要表现为对半充填的硬石膏结核溶模孔的扩溶，在结核溶模孔间裂碎缝和在表生成岩期形成的溶缝、沟、管、洞中，以及塌积角砾岩角砾间填隙的含粒间孔隙的渗流粉砂中形成次生溶解孔隙，其形态往往随原渗流粉砂充填组构而异。如在渗流粉砂半充填的裂碎缝中总是沿缝局部溶解；在顺层溶沟、溶洞充填具有纹层理渗流粉砂层中则沿纹层理方向断续溶解成小溶孔；在塌积角砾屑白云岩中，以及岩溶管道充填角砾屑白云岩中，砾间渗流粉砂主要是纵向填隙的，因而所形成的次生溶孔、溶洞长轴也以纵向为主。很明显，由于渗流粉砂含粒间孔隙，为埋藏期孔隙流体提供了运移的空间，同时，渗流粉砂中含有一定量的白云石碎屑，有的还可混有方解石细碎屑，因而埋藏溶解作用易于在渗流粉砂中进行。随着渗流粉砂的溶解，对溶孔、溶洞两侧的白云岩基岩或白云岩角砾也可发生埋藏溶解作用，局部可形成扩大的溶孔和小溶洞。可是在含泥质的渗流粉砂充填物中却很少能见到埋藏成岩期的次生溶孔，只有在宽度较大的溶缝中或溶缝交汇处，渗流粉砂粒度较粗、泥质含量较少的部位出现少许这类溶孔，这无疑是因为渗流粉砂间泥质的存在抑制了孔隙流体的运移。粉晶白云岩，包括含晶间孔的粉晶白云岩中仅能见到少许在晶间孔基础上扩溶的小溶孔。此外，在个别特殊的岩石中，如竹叶状白云岩，竹叶片间被含粒间孔的细粉晶屑白云石填隙，也可以发育埋藏次生孔隙。

埋藏溶解作用增加了储集空间的量，并且改善了表生成岩期所发育的孔隙网络。

5.3.4 构造裂隙

印支期和燕山期发育的构造裂隙在所有岩石中都存在，包括石灰岩中。从岩心、样品栓以及铸体薄片鉴定可得出：肉眼观察，半张开的裂隙在致密的微晶白云岩、较细粉晶白云岩和少量硬石膏结核细粉晶白云岩中常见，但在粉晶白云岩和基岩白云石晶径较粗的含硬石膏结核粉晶白云岩中则仅发育隙宽0.01mm或更宽的，以及短小断续的张裂隙。其原因是微晶白云岩粒度细，颗粒间黏聚力小，无论抗压、抗拉和抗剪强度远比粉晶白云岩小，因而在同期构造应力作用下，微晶白云岩中可以产生肉眼能观察到的张裂隙，但数量较少，甚至产生小断层。而粗粉晶白云岩和含硬石膏结核粉晶白云岩则相反，外加有晶间孔及早期形成了各种孔隙，因而常发育隙宽0.01mm左右的或更宽的张裂隙。除此之外，通过观察岩心、样品栓和铸体薄片可得出：平行层理方向的张裂隙较少，而印支运动形成的近纵向（80°左右）张裂隙发育程度稍逊于燕山运动形成的30°和60°左右的共轭剪切张裂隙。在有的铸体薄片中，短小的、甚至断续的两组显微张裂隙的密度可以大于5条/cm，部分裂隙可以局部扩溶，形成小溶沟和小溶洞，特别是在微张裂隙互相交汇点上更为常见，其内可以有白云石、方解石、石英半充填（压汞分析一部分样品具较低的孔隙度，但却有较高的渗透率可能与此有关）。在铸体薄片中一个常见的现象是微张裂隙更易沿着渗流粉砂充填物中发育。如沿着溶沟、溶洞渗流粉砂纹层理方向发育；在角砾屑白云岩内沿砾间渗流粉砂蜿蜒伸展。裂隙除有储集空间的功能外，更重要的是连通前期形成的储集空间，特别是使那些被致密或较致密白云岩分隔开，而发育孔隙的含硬石膏结核粉晶白云岩层能够互相贯通。

观察岩心及铸体薄片，晚奥陶世-中石炭世间形成的裂隙和溶洞只被方解石或白云石充填，未见到沥青的痕迹。但由印支期和燕山期引发的张开和半张开微裂隙中，以及埋藏溶解的溶孔、溶洞、溶沟中可出现少许碳沥青。

5.4 储层孔隙结构及储集类型

5.4.1 储层孔隙结构

1）压汞特征参数

压汞样品共 179 个，这些样品采集自 33 口井中的马五 $_1$—马五 $_5$ 亚段的岩芯，的主要岩石类型有含膏白云岩、细角砾屑白云岩、细粉晶白云岩。此外，还有少量溶洞充填的中-粗粒晶屑白云岩、粉晶屑白云岩、亮晶细粒鲕粒白云岩、亮晶变形砾砂屑白云岩、溶洞充填的角砾屑白云岩、漏管充填的粉晶屑白云岩、微晶白云岩、叠层石白云岩、微晶石灰岩、微细粉晶白云岩、微晶生屑石灰岩等，但主要储层为前三类。储层分类及评价除了采用孔隙度、渗透率及岩石类型等参数外，引用的压汞特征参数主要有排驱压力 P_{cd}、中值压力 P_{c50}、最大孔喉半径 R_{max}、中值半径 R_{50}、具渗透率贡献值的有效孔喉半径、均值系数、最大进汞饱和度 S_{max} 以及退出效率 W_e。综合上述物性参数以及压汞特征参数可将储层毛管压力曲线类型及其特征参数划分为四种类型。

2）毛管压力曲线类型及其特征参数

（1）Ⅰ型（如图 5-6 所示）。排驱压力小，P_{cd} 为 0.0017～0.7264MPa，中值压力小，P_{50} 为 0.1727～2.5971MPa。最大孔喉半径大，R_{max} 为 1.0188～100.6844μm，中值孔喉半径大，R_{50} 为 0.4634～4.2554μm，孔喉均值为 6.2545～11.7130μm。最大进汞饱和度高，S_{max} 为 85.008%～98.2384%，退汞效率较明显，W_e 为 3.5137%～21.7727%。毛管压力曲线有四种形态：①两端略显"S"形的伸长形下凹斜线，局部具折线段，是裂缝-溶孔（洞）型储集类型的孔隙结构曲线特征（图 5-6（a））；②两端呈"S"形的下凹曲线，下凹部分有一定的斜率，是裂缝-孔隙-溶孔（洞）

型储集类型的孔隙结构曲线特征（图 5-6（b））；③下凹形曲线，两端呈"S"形弯曲、不对称，曲线主体部分与汞饱和度的水平坐标轴交角小，是孔隙型储集类型的孔隙结构曲线特征（图 5-6（c））；④下凹形曲线与孔隙型类似，但粗孔端排驱压力小，大、中孔细喉型，以中孔微细喉型为主（图 5-6（d）），是裂缝-孔隙型储集类型的孔隙结构曲线特征。

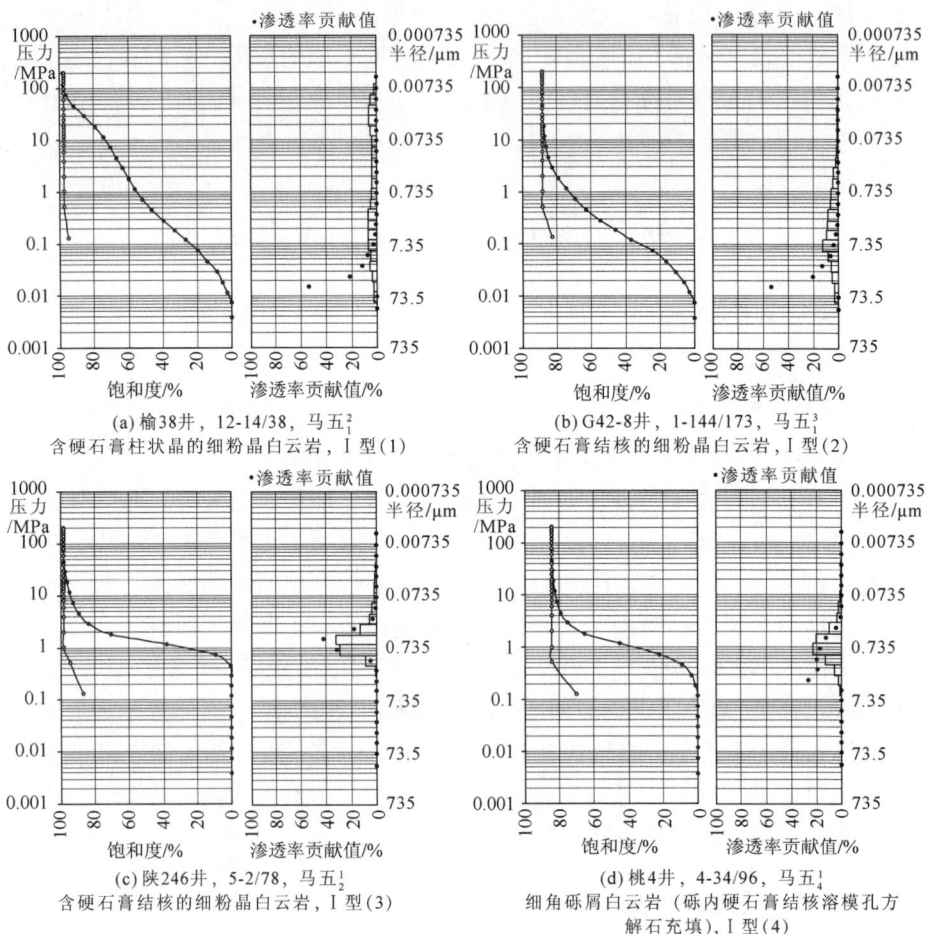

(a) 榆38井，12-14/38，马五$_2^2$
含硬石膏柱状晶的细粉晶白云岩，Ⅰ型（1）

(b) G42-8井，1-144/173，马五$_1^3$
含硬石膏结核的细粉晶白云岩，Ⅰ型（2）

(c) 陕246井，5-2/78，马五$_1^1$
含硬石膏结核的细粉晶白云岩，Ⅰ型（3）

(d) 桃4井，4-34/96，马五$_1^1$
细角砾屑白云岩（砾内硬石膏结核溶模孔方解石充填），Ⅰ型（4）

图 5-6　Ⅰ型毛细管压力曲线及孔喉分布直方图

（2）Ⅱ型（图 5-7）。排驱压力小，但较Ⅰ型大，P_{cd} 为 0.0073～1.1612MPa，中值压力大于Ⅰ型，P_{50} 为 0.5767～3.0211MPa。最大孔喉半径较大，R_{max} 为 0.633～100.6844μm，中值孔喉半径仍较大，R_{50} 为 0.1728～1.2744μm，孔喉均值为 6.3131～11.1666。进汞饱和度值较大，S_{max} 为 63.3062%～96.6835%，退汞效率相差大，W_e 为 0%～22.4054%。毛管压力曲线与Ⅰ型相似，但曲线下凹度较低平，为大-中孔微细喉型、中孔微细喉型。

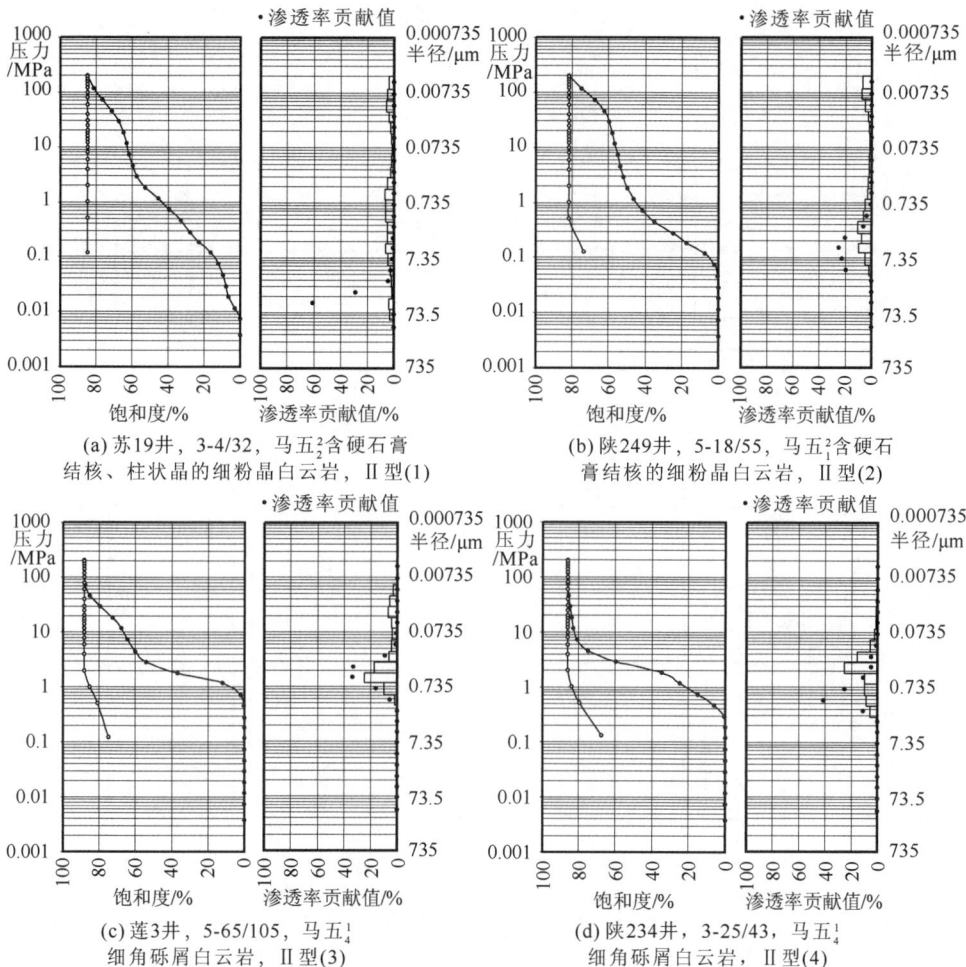

(a) 苏19井，3-4/32，马五$_2^2$含硬石膏
结核、柱状晶的细粉晶白云岩，Ⅱ型(1)

(b) 陕249井，5-18/55，马五$_2^2$含硬石
膏结核的细粉晶白云岩，Ⅱ型(2)

(c) 莲3井，5-65/105，马五$_4^1$
细角砾屑白云岩，Ⅱ型(3)

(d) 陕234井，3-25/43，马五$_4^1$
细角砾屑白云岩，Ⅱ型(4)

图 5-7　Ⅱ型毛细管压力曲线及孔喉分布直方图

（3）Ⅲ型（图 5-8）。排驱压力无明显增大，P_{cd} 为 0.0073～0.2837MPa，中值压力明显增大，P_{50} 为 2.4756～25.1593MPa，最大孔喉半径 R_{max} 为 0.4076～100.4889μm，中值孔喉半径 R_{50} 为 0.0292～1.1052μm，孔喉均值为 5.8582～11.9608。最大进汞饱和度低值明显降低，S_{max} 为 55.6239%～95.1794%，退汞效率为 0%～21.4963%。毛管压力曲线形态与Ⅰ、Ⅱ型相比，曲线总体有上凸的趋势；为中-小孔微喉型、中孔微喉型、小孔微喉型。

（4）Ⅳ型（图 5-9）。排驱压力较大，P_{cd} 为 0.1198～7.3985MPa，中值压力大，P_{50} 为 28.9327～156.1338MPa。最大孔喉半径小，R_{max} 为 0.993～2.5985μm，中值孔喉半径小，R_{50}：0.0047～0.0254μm。最大进汞饱和度为 51.5562%～93.8302%，部分为 17.1733～49.0326%（中值压力-中值孔喉半径无法测出）。退汞效率 W_e 为 0%～10.7689%，以 0 为多。毛管压力曲线具有小孔微喉的孔隙结构特征，其形态为向右上方凸出的曲线。

(a) 陕251晶，5-109/111，马五₁⁴
中-粗粒晶屑白云岩，III型(1)

(b) 陕246井，5-64/78，马五₃¹
细角砾屑白云岩，III型(2)

(b) G45-6，1-113/124，马五₁⁴
纹层状粗-细粉砂屑白云岩，III型(3)

(d) 城川1井，2-23/36，马五₃²
含小硬石膏结核的细粉晶白云岩，III型(4)

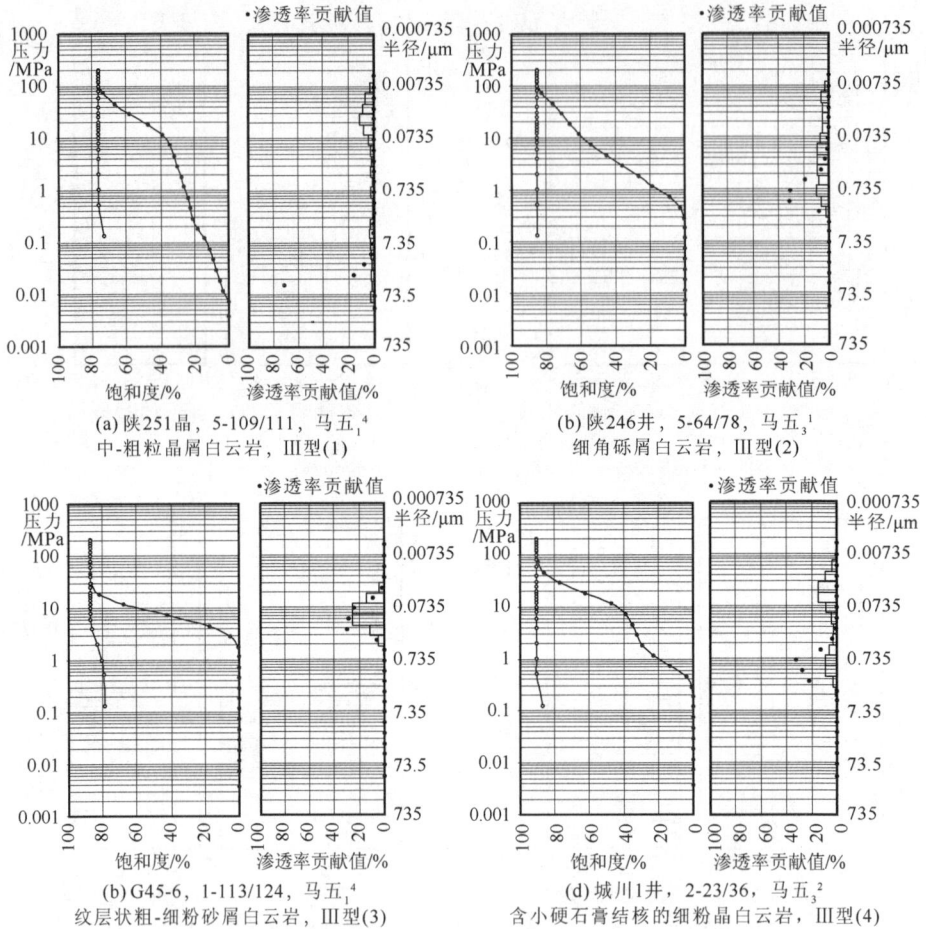

图 5-8　III型毛细管压力曲线及孔喉分布直方图

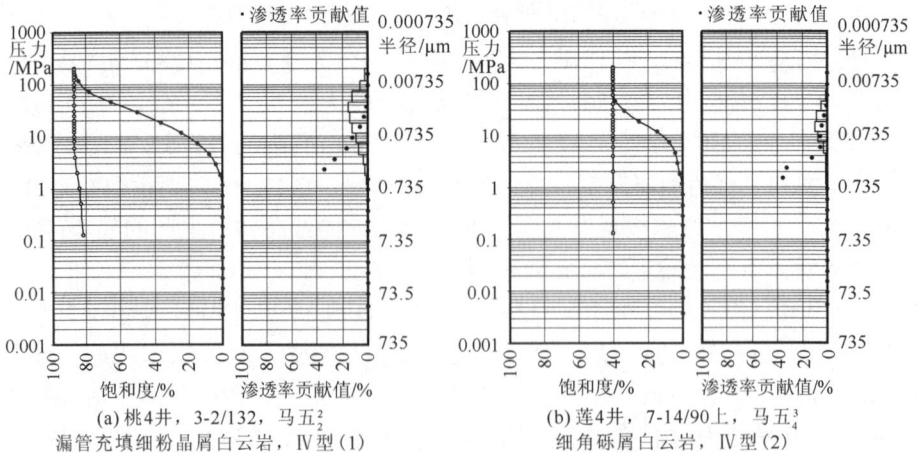

(a) 桃4井，3-2/132，马五₂²
漏管充填细粉晶屑白云岩，IV型(1)

(b) 莲4井，7-14/90上，马五₄³
细角砾屑白云岩，IV型(2)

图 5-9　IV型毛细管压力曲线及孔喉分布直方图

5.4.2　储层储集类型

1）储层岩石类型

目的层位主要储层岩石类型有含膏模孔的细粉晶白云岩、质较纯的细粉晶白云岩。发育的裂碎微缝常使含硬石膏结核的细粉晶白云岩破碎，溶蚀后局部形成细角砾屑白云岩。

2）储层的储集类型

在含膏细粉晶白云岩及其伴生细角砾屑白云岩中，结核和柱状晶的含量相差悬殊，结核含量变化约 5%～30%不等，柱状晶的含量则为 1%～10%。经漫长成岩改造过程，目前仅个别井见硬石膏结核和柱状晶保存，绝大部分受溶蚀演化为膏模孔。随后接受多期矿物充填，常见顺序依次为：早期由亮晶细粉晶白云石半充填-部分充填，中期由自生石英、少量高岭石、硬石膏晶体充填，较晚期由亮晶方解石等充填。

膏模孔充填程度差别很大，有的岩石中膏模孔含量多，且仅被半充填，残余溶孔多而大，加之裂碎缝必然发育，常形成较好的裂缝-溶孔（洞）型储层。若膏模孔被成岩矿物半充填或大部分充填后，只能形成中等至较差的裂缝-溶孔（洞）型储层。若溶模孔被白云石-方解石或仅由方解石全充填，可能转变为裂缝-孔隙型储层，甚至成为致密的非储层。在含膏白云岩、角砾屑白云岩中，部分白云石或渗流粉砂充填物中还发育晶间孔或粒间孔，在铸体薄片中不仅清晰可见，而且其间有时还发育有埋藏溶蚀的小孔隙，叠加在岩石中的残余膏模孔、微裂缝，则组成裂缝-孔隙-溶孔（洞）型储层，根据孔、溶孔（洞）、缝三者的互配关系，又可将该类储层细分为好、中、差三亚类。上述岩石的膏模孔隙被白云石和方解石全充填后，有可能尚保存有晶间孔隙或粒间孔隙。在溶模孔隙含量少而又大部分被充填的细粉晶白云岩或角砾屑白云岩中，因残余的溶模孔少而小，与岩石微小的晶间孔或粒间孔较为相似，其作用也与之相似。总之，上述各种岩类最终都将发育为孔隙型储层。这类岩石中有微裂缝伴生时，孔-缝配合则将形成裂缝-孔隙型储层。

由以上分析可知，鄂尔多斯盆地中部马五段储层具有四种主要储集类型：①裂缝-溶孔（洞）型，分布广泛，为风化壳储层的主要储集类型，常发育于含石膏细粉晶白云岩及伴生细角砾屑白云岩中，微裂缝发育。②裂缝-孔隙-溶孔（洞）型，仍发育于含硬石膏结核的细粉晶白云岩及其衍生的细角砾屑白云岩中，前者膏模孔中先后被亮晶细粉晶白云石、方解石部分充填或半充填，形成大小不等的残余溶孔，填隙物中常发育粒间孔隙、间孔隙或小溶孔。后者不仅发育残余溶模孔，填隙物内有时还发育小溶孔。③裂缝-孔隙型，主要发育于细粉晶白云岩中，其次为含膏模孔的细角砾屑白云岩，及部分中-粗晶屑白云岩、粉晶屑白云岩等岩类，微裂缝发育。④孔隙型，与裂缝-孔隙型储层相似，只是微裂缝发育程度较差。

5.4.3 储层分类

综上所述，储层主要按储集类型分四大类，再按储层评价标准将各大类分为三亚类，即好储层、中等储层和差储层。非储层单独作一类另立，它具有裂缝-微孔型及微孔型的孔隙结构及储集特征。

1）裂缝-溶孔（洞）型储层

裂缝-溶孔（洞）型储层主要发育于含硬石膏结核残余溶模孔隙的粉晶白云岩中，其次为细角砾屑白云岩（成因是含硬石膏结核的细粉晶白云岩演化）。后者一般由发育微小粒间孔的渗流粉砂填隙，间或也有细粉晶白云石填隙，常形成晶间溶孔及粒间溶孔。由于硬石膏结核及柱状晶含量的差别，加之核径大小不等，尤其因溶模孔充填程度的差别，致使该类储层的溶孔、溶洞数量、大小相差较大，可将储层细分为好、中、差三类。①好储层，排驱压力为 0.0017～0.0073MPa，最大值为 0.0183MPa，中值压力为 0.2270～0.9616MPa。毛管压力曲线为 Ⅰ 型，特征参见图 5-6（a）。最大孔喉半径一般为 100.1593～100.6844μm。中值孔喉半径为 0.5795～3.2380μm，为大-中孔细喉型，均质系数为 9.1056～9.3413。最大进汞饱和度为 97.9363%～85.1148%，退出效率为 14.426%～3.5137%，孔隙度为 5.8%～8.7%，渗透率为（1.57～38.8）×$10^{-3}μm^2$。②中等储层，排驱压力为 0.0073～0.0739MPa，中值压力为 0.5767～1.9896MPa，毛管压力曲线为 Ⅱ 型，其特征参见图 5-7（a）。最大孔喉半径为 100.6844～15.7147μm；中值孔喉半径为 0.3694～1.2744μm。孔喉均值为 6.3131～9.4932μm。最大进汞饱和度为 63.3062%～91.3277%，退汞效率为：1.1263%～14.8651%、孔隙度为 4.6%～9.9%，渗透率为（1.22～6.67）×$10^{-3}μm^2$。③差储层，排驱压力为 0.0073～0.1198MPa，中值压力为 5.624～17.4911MPa，毛管压力曲线为 Ⅲ 型，其特征参见图 5-8（a）。最大孔喉半径主要为 9.9385～100.4889μm，中值孔喉半径为 0.0309～0.1307μm。孔喉均值为 5.8582～11.1157μm。最大进汞饱和度为 55.6239%～95.1794%，退汞效率为 1.2878%～21.4963%。孔隙度为 2.6%～8.5%，渗透率主要为（0.20～3.04）×$10^{-3}μm^2$。

2）裂缝-孔隙-溶孔（洞）型储层

裂缝-孔隙-溶孔（洞）型储层主要发育于含硬石膏结核的细粉晶白云岩及其

衍生的细角砾屑白云岩中，硬石膏结核溶模孔先后被亮晶细粉晶白云石、方解石不同程度充填，有时在亮晶白云石充填后，还有少量自生石英与高岭石沉淀充填，最后才是方解石交代充填，形成大小不等的残余溶孔，填隙物中常发育粒间孔隙或晶间孔隙或小溶孔。还有部分储层是由含未充填满的硬石膏结核溶模孔的细粉晶白云岩破碎后构成的细角砾屑白云岩，不仅发育残余溶模孔，有时还发育填隙物内的小溶孔，或细粉晶白云石间的晶间孔，或细粉屑白云石间的粒间孔。还有少量储层是由竹叶状砾屑白云岩组成，竹叶间为细粉晶屑填隙，发育粒间孔隙及埋藏期溶解孔隙。这类储层可细分为好、中、差三级。①好储层，排驱压力为 $0.0073\sim0.1198\mathrm{MPa}$，中值压力为 $0.1727\sim0.9178\mathrm{MPa}$，毛管压力曲线为 I 型，其特征参见图 5-6（b）。最大孔喉半径主要为 $15.7888\sim100.6488\mathrm{\mu m}$；中值孔喉半径为 $0.8008\sim4.2559\mathrm{\mu m}$，孔喉均值为 $6.254\sim8.5454\mathrm{\mu m}$。最大进汞饱和度为 $85.0008\%\sim97.3853\%$，退出效率为 $6.6819\%\sim11.7130\%$。孔隙度为 $5.50\%\sim14.30\%$，渗透率为 $(0.921\sim20.90)\times10^{-3}\mathrm{\mu m}^2$。在马五$_1^1$、马五$_1^2$、马五$_1^3$、马五$_1^4$、马五$_2^2$、马五$_4^1$储层中均有发育。②中等储层，排驱压力为 $0.0465\sim0.2810\mathrm{MPa}$，中值压力为 $1.034\sim2.0486\mathrm{MPa}$，毛管压力曲线为 II 型，其特征参见图 5-7（b）。最大孔喉半径为 $2.5465\sim15.7935\mathrm{\mu m}$，中值孔喉半径为 $0.2909\sim0.7108\mathrm{\mu m}$，孔喉均值为 $8.3101\sim9.4979\mathrm{\mu m}$。最大进汞饱和度为 $81.6419\%\sim87.5232\%$，退汞效率为 $0.4775\%\sim21.4728\%$。孔隙度为 $3.3\%\sim7.7\%$，渗透率为 $(0.07\sim2.26)\times10^{-3}\mathrm{\mu m}^2$。③差储层，排驱压力为 $0.0117\sim0.2837\mathrm{MPa}$，中值压力较大，为 $5.6247\sim11.0932\mathrm{MPa}$，毛管压力曲线为 III 型，其特征参见图 5-8（b）。最大孔喉半径为 $2.5905\sim25.2745\mathrm{\mu m}$，中值孔喉半径为 $0.0663\sim0.1307\mathrm{\mu m}$，孔喉均值为 $5.8182\sim10.2547\mathrm{\mu m}$。最大进汞饱和度为 $62.1498\%\sim68.6318\%$，退汞效率为 $0\%\sim7.7390\%$。孔隙度为 $2.7\%\sim7.5\%$，渗透率为 $(1.62\sim20.30)\times10^{-3}\mathrm{\mu m}^2$。毛管压力曲线具裂缝—孔隙—溶孔型 III 类特征，小孔微喉。

3）孔隙型储层

孔隙型储层的压汞曲线特征与碎屑岩储层相似，根据其渗透率贡献值的分布，也应该属于孔隙型储层。岩石类型除细粉晶白云岩、含硬石膏结核的细粉晶白云岩、细角砾屑白云岩外，还存在少量细粉屑白云岩。岩石中所含硬石膏结核和柱状晶溶模孔常被方解石或亮晶细粉晶白云石（有时有少量自生石英、高岭石）、方解石充填，溶孔大部分消失，残余孔类似孔隙。细角砾屑白云岩的填隙物中常见晶间孔隙或粒间孔隙。细粉晶白云岩、细粉屑白云岩内则发育晶间孔隙和粒间孔隙。这类储层可根据其孔隙结构特征及物性分为好、中、差三级。①好储层，排驱压力为 $0.2830\sim0.7264\mathrm{MPa}$，中值压力为 $0.6872\sim1.5860\mathrm{MPa}$，毛管压力曲线为 I 型，其特征参见图 5-6（c）。最大孔喉半径为 $1.0188\sim2.5971\mathrm{\mu m}$，中值孔喉半径为 0.4634～1.0695μm，孔喉均值为 7.5639～10.1971μm。最大进汞饱和度为 88.3064%～98.2384%，退汞效率为 8.5929%～14.9136%。孔隙度为 4.90%～11.30%，渗透率为（0.2830～0.6450）×10^{-3}μm^2。压汞曲线为下凹型，见于马五$_1^2$、马五$_2^1$、马五$_1^4$等小层储层中。②中等储层，排驱压力为 0.1198～1.1612MPa，中值压力为 2.1604～4.2528MPa，毛管压力曲线为Ⅱ型，其特征参见图 5-7（c）。最大孔喉半径为 0.6330～2.5931μm，中值孔喉半径为 0.1728～0.3402μm，孔喉均值为 8.4950～11.1666μm。最大进汞饱和度为 77.651%～96.6835%，退汞效率为 8.4034%～22.4054%。孔隙度为 2.3%～10.5%，渗透率一般为（0.033～0.564）×10^{-3}μm^2。压汞曲线为下凹型，常见于马五$_1^1$、马五$_1^2$、马五$_2^2$、马五$_1^3$、马五$_1^4$、马五$_4^1$等储层中。③差储层，排驱压力为 0.4511～1.8030MPa，中值压力为 7.1161～25.1593Mpa，毛管压力曲线为Ⅲ型，其特征参见图 5-8（a）。最大孔喉半径为 0.4076～1.6149μm，中值孔喉半径为 0.0292～0.1698μm，喉道均值为 7.1288～11.9608μm。最大进汞饱和度为 59.7268%～85.7407%，退汞效率为 0%～14.9136%，孔隙度为 2%～8.1%，渗透率为（0.0237～19.1）×10^{-3}μm^2。压汞曲线为上凸型，常见于马五$_1^1$、马五$_1^2$、马五$_1^3$、马五$_1^4$、马五$_2^1$、马五$_4^1$等储层中。

还有少数微孔型储层，多属于差储层类，分别由亮晶变形砾砂屑白云岩、细角砾屑白云岩、含硬石膏结核的细粉晶白云岩等岩类组成。岩石中所含硬石膏结核溶模孔或为亮晶方解石全充填，或为亮晶白云石、方解石大部充填，残余溶孔仅有微孔大小（小于 1μm），与细粉晶白云石间的晶间微孔相似，因而形成上凸状微孔型储层。微孔型储层排驱压力为 1.1691～4.5013MPa，中值压力为 11.2225～24.3246MPa。最大孔喉半径为 0.1633～0.6287μm，中值孔喉半径为 0.0302～0.0655μm，喉道均值为 8.4074～13.3424μm。最大进汞饱和度为 61.8727%～97.7012%，退汞效率为 0%～17.1932%。微孔微喉型，毛管压力曲线上凸形，曲线短，属Ⅲ型（见图 5-5（c））。孔隙度为 0.60%～3.80%，渗透率为（0.425～0.596）×10^{-3}μm^2。

4）裂缝-孔隙型储层

裂缝-孔隙型储层的岩石类型仍以含硬石膏结核的细粉晶白云岩为主，局部有含硬石膏结核的细角砾屑白云岩。与前两类不同的是，以粒间孔隙或晶间孔隙发育为特征，硬石膏结核和柱状晶的溶模孔大部分为亮晶细粉晶白云石、自生石英（有时有高岭石）、方解石等全充填或大部分充填，残余小溶孔小，类似于孔隙。此外还有少数发育晶间孔隙的中-粗晶屑白云岩也属于这类储层。该诸层同样可细分为好、中、差三级。①好储层，排驱压力为 0.1837～0.2833MPa，中值压力为 1.3195～1.7230MPa，毛管压力曲线为Ⅰ型，其特征参见图 5-6（d）。最大孔喉半径 2.5944～4.0019μm，中值孔喉半径为 0.4266～0.5570μm，孔喉均值为 8.3833～8.4284μm。最大进汞饱和度为 80.8822%～84.6209%，退汞效率为 14.502%～

17.1566%。孔隙度为 4.1%~6%，渗透率为（0.0968~349）×$10^{-3}\mu m^2$。主要发育于细角砾屑白云岩、细粉晶白云岩中，少数见于含硬石膏结核细粉晶白云岩中，常见于马五$_3^1$、马五$_4^1$储层中。②中等储层，排驱压力为 0.1198~0.4558MPa，中值压力为 2.1604~3.0211MPa，毛管压力曲线为Ⅱ型，其特征参见图 5-7（d）。最大孔喉半径为 1.6097~6.1366μm，中值喉道半径为 0.2433~0.3402μm，孔喉均值为 8.4950~10.4664μm。最大进汞饱和度为 79.4319%~96.6835%，退汞效率为 9.6230%~21.7727%。孔隙度为 2.9%~6.5%，渗透率为（0.0314~0.151）×$10^{-3}\mu m^2$。主要发育于含硬石膏结核的细粉晶白云岩、细角砾屑白云岩、细粉晶白云岩中，常见于马五$_1^3$、马五$_1^2$、马五$_1^1$、马五$_3^1$、马五$_4^1$等储层段中。③差储层，排驱压力为 0.0073~0.4587MPa，中值排驱压力为 6.229~23.399MPa，毛管压力曲线为Ⅲ型，其特征参见图 5-8（d）。最大孔喉半径为 1.6022~100.4661μm，中值喉道半径为 0.0314~0.1182μm。孔喉均值为 8.6201~11.7185μm；最大进汞饱和度为 64.124%~93.8466%，退汞效率为 0%~12.2649%。孔隙度为 2.9%~9%，渗透率为（0.049~7.2）×$10^{-3}\mu m^2$。主要发育于含少量硬石膏结核或柱状晶的细粉晶白云岩中，少数在中-粗晶屑白云岩中发育，普遍发育于马五$_1^2$、马五$_1^3$、马五$_1^4$、马五$_2^1$、马五$_4^1$储层段。

5）非储层（Ⅳ类）

①裂缝-微孔隙型，储层岩类主要为含硬石膏结核的细粉晶白云岩、细角砾屑白云岩。结核未溶蚀或溶模孔已被充填。排驱压力为 0.1198~1.7995MPa，中值压力为 28.9327~56.8381MPa，毛管压力曲线为Ⅳ型，其特征参见图 5-9（a）。最大孔喉半径为 0.4084~6.1349μm，中值孔喉半径 0.0161~0.0254μm。孔喉均值为 9.1670~13.8215。最大进汞饱和度为 68.8371%~93.8302%，退汞效率为 0%~6.1528%。毛管压力曲线为Ⅳ类上凸形曲线，但排驱压力一端向下延伸，微孔微喉。孔隙度：1.1%~7.8%，渗透率为（0.0941~2.24）×$10^{-3}\mu m^2$。②微孔型：这类储层的岩石类型除含硬石膏结核（未受溶蚀或溶模孔被充填）的细粉晶白云岩、细角砾屑白云岩外，还有微晶白云岩、少量亮晶鲕粒白云岩等。排驱压力为 0.4590~7.3985MPa，中值压力为 28.9327~90.8353MPa。最大孔喉半径 0.4059~1.6613μm，中值孔喉半径 0.0103~0.0254μm。孔喉均值大的为 10.5622~13.8015μm，小的为 3.6824~8.4625μm。最大进汞饱和度 28.1723%~91.49%，退汞效率为 0%~10.7689%。孔隙度为 0.2%~3.8%，较大的一组为 4.3%~9.5%。渗透率为（0.0661~6.91）×$10^{-3}\mu m^2$。毛管压力曲线Ⅳ型，呈上凸形，短曲线，微孔微喉（图 5-9（b））。

6）裂缝型储层

根据上百口井钻井完井报告和岩心观察资料的统计，马五段各亚段地层在不同井区、不同井段中，确有一些井段内裂缝特别发育，具有裂缝型孔隙结构特征，其储集空间为（微）裂缝，其连通通道仍为微裂缝。如陕 22 井井深 3302.6～3308.1m 为马五 3^1 灰色细粉晶白云岩，共统计裂缝 120 条，并有发育的微细裂缝，被泥质及方解石全-半充填，实测平均孔隙度为 2.28%，渗透率为（1～0.01）×$10^{-3}\mu m^2$。气测全烃最高值 1.122%，具裂缝型储集特征。

5.5 储层物性分布规律

5.5.1 储层物性特征

根据鄂尔多斯盆地中部 201 口井的岩芯物性分析，马五 $_1$—马五 $_4$ 储层孔隙度 0.01%～13.3%，多集中分布在 0.7%～7%，平均为 3.14%；渗透率为为（0.003～307.128）×$10^{-3}\mu m^2$（后者可能取自有裂缝的样品），多集中分布在（0.1～50）×$10^{-3}\mu m^2$，平均为 3.714×$10^3\mu m^2$；含气饱和度为 7.18%～93.15%，平均为 50.59%。孔隙度分布呈单峰（图 5-10（a）），其值主要集中在 1%～5%，孔隙度值＞7% 的所占比例较小。渗透率分布呈多峰（图 5-10（b）），第一个峰位于（0.01～0.05）×$10^{-3}\mu m^2$，峰值为 13.27%，第二个峰位于（0.1～0.5）×$10^{-3}\mu m^2$，峰值为 23.37%，第三个峰值位于（1～5）×$10^{-3}\mu m^2$（疑为裂缝影响），峰值为 26.21%。

最大值=13.3　最小值=0.01　平均值=3.14

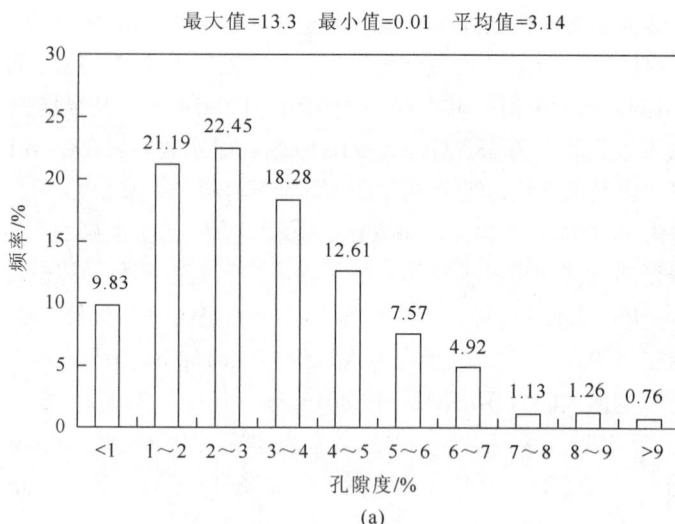

(a)

最大值=307.128　最小值=0.003　平均=3.799

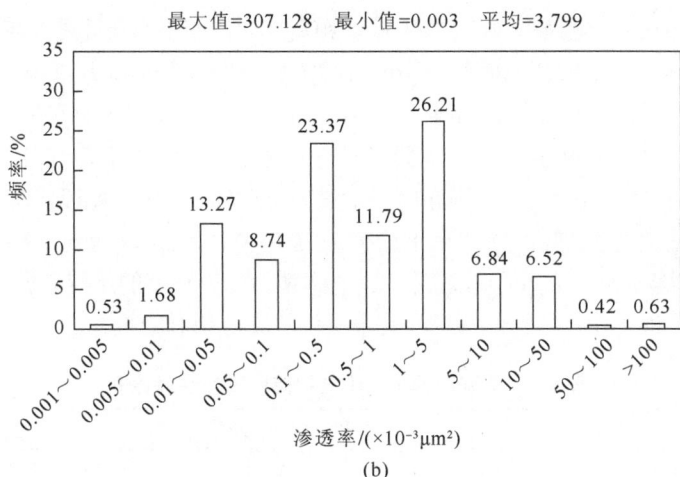

(b)

图 5-10　鄂尔多斯盆地中部马五$_1$—马五$_4$物性分布频率

储层孔隙度和渗透率之间的相关性不好，R^2=0.1315（图 5-11），表明储层渗透率大小不仅受孔隙发育程度的控制，更重要的是受孔隙连通状况和裂缝发育程度的控制，这与碳酸盐岩储层非均质性强，孔隙分布不均的特点有关。

$$y = 0.4089x + 0.2051$$
$$R^2 = 0.1315$$

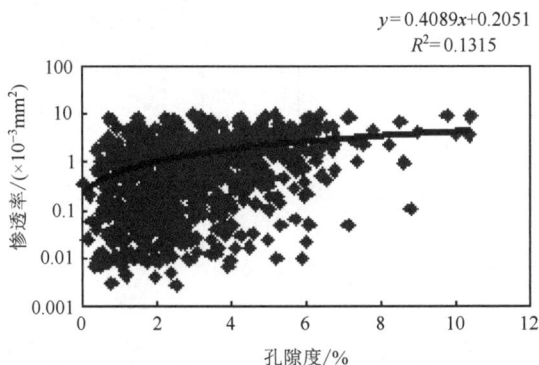

图 5-11　鄂尔多斯盆地中部马五$_1$—马五$_4$孔隙度和渗透率

5.5.2　储层物性分布规律

1）储层物性纵向分布特征

马五$_1$—马五$_4$各亚段储层物性见图 5-12。马家沟组马五段的储层物性以马五$_1$和马五$_2$最好，其次为马五$_4$，三个亚段的孔隙度平均值分别为 3.47%、2.61% 和 3.85%，渗透率平均值分别为 $2.15 \times 10^{-3} \mu m^2$、$1.22 \times 10^{-3} \mu m^2$ 和 $1.856 \times 10^{-3} \mu m^2$。马五$_1$亚段

又以马五$_1^2$和马五$_1^3$最好，其次为马五$_1^1$和马五$_1^4$，四个小层孔隙度平均值分别为 3.51%、4.31%、4.31%、2.8%和 2.79%，渗透率平均值分别为 2.38×10^{-3}μm^2、3.16×10^{-3}μm^2、1.75×10^{-3}μm^2 和 1.18×10^{-3}μm^2，含气饱和度平均值分别为 54.44%、66.97%、46.27 和 47.68%；马五$_2$亚段以马五$_2^2$最好，孔隙度平均值为 2.59%，渗透率平均为 1.00×10^{-3}μm^2，含气饱和度平均值为 44.7%；马五$_4$亚段以马五$_4^1$最好，其孔隙度平均值为 4.2%，渗透率平均值为 2.10×10^{-3}μm^2，含气饱和度平均值为 47.39%。储层物性较好的小层孔隙度、渗透率和含气饱和度的比较见表 5-5。从对比可知，马五$_1^3$和马五$_1^2$的物性最好，其余层位的物性相对较差。

表 5-5　马家沟组马五段主要储层段物性对比表

层位	孔隙度/%			渗透率/(×10^{-3}μm^2)			含气饱和度/%		
	最大值	最小值	平均值	最大值	最小值	平均值	最大值	最小值	平均值
马五$_1^1$	9.73	0.66	2.80	12.11	0.003	1.75	71.73	25.15	46.27
马五$_1^2$	8.04	1.06	3.51	13.33	0.006	2.38	84.73	7.18	54.44
马五$_1^3$	10.39	0.28	4.31	13.99	0.004	3.16	93.15	40.14	66.97
马五$_1^4$	13.30	0.50	2.79	13.27	0.005	1.18	84.35	29.40	47.68
马五$_2^2$	6.52	0.66	2.59	10.27	0.004	1.00	73.49	24.24	44.70
马五$_4^1$	10.34	0.10	4.20	12.81	0.009	2.10	60.15	22.49	47.39

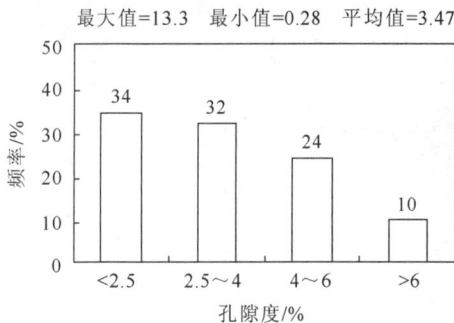

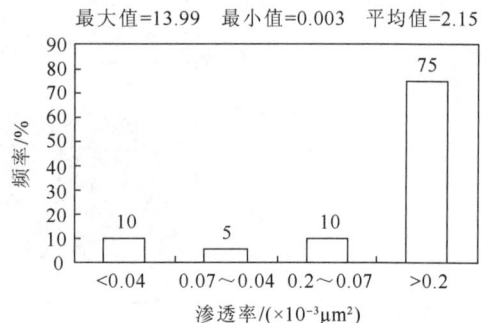

(a) 马五$_1$

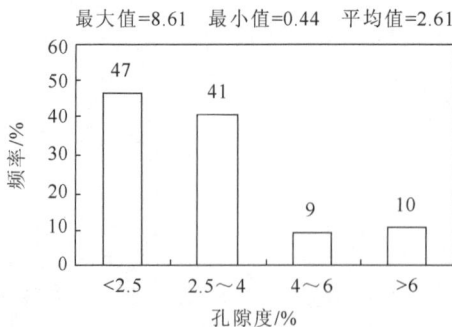

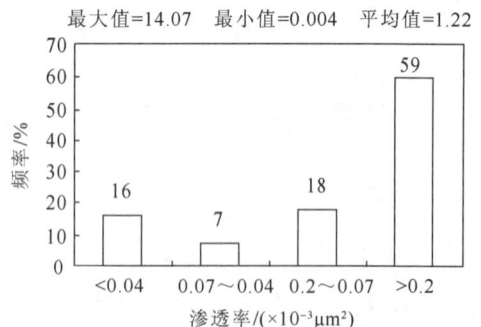

(b) 马五$_2$

最大值=8.61　最小值=0.44　平均值=2.61　　　　最大值=14.07　最小值=0.004　平均值=1.22

(c) 马五$_3$

最大值=10.34　最小值=0.06　平均值=3.85　　　最大值=12.81　最小值=0.009　平均值=1.86

(d) 马五$_4$

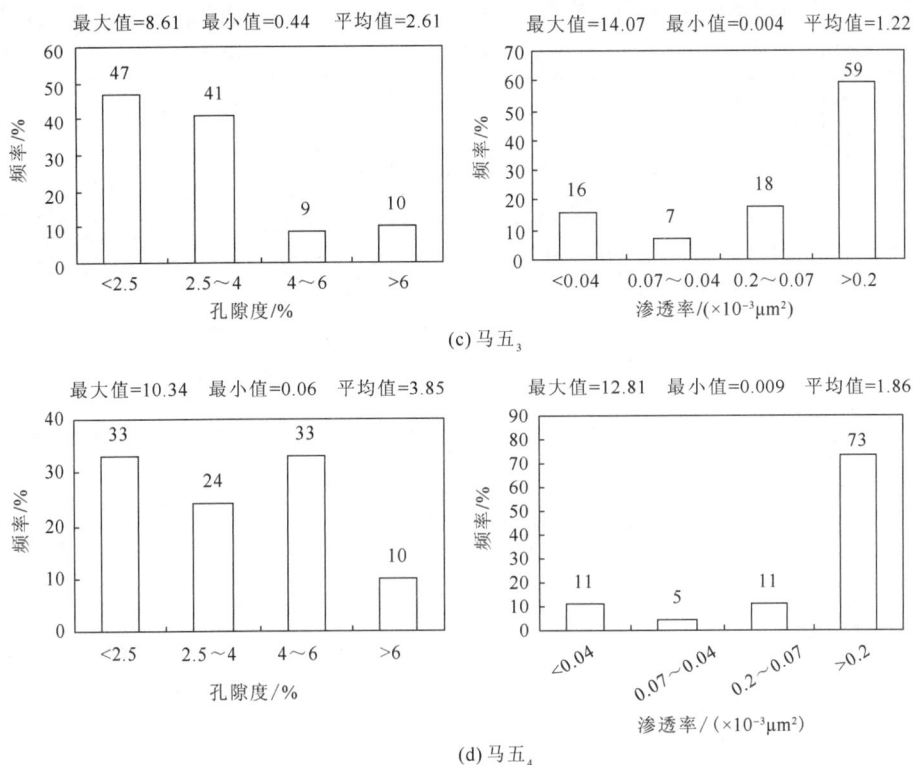

图 5-12　鄂尔多斯盆地中部马五$_1$—马五$_4$各小层物性分布频率图

2) 储层物性平面变化规律

中部气区马五$_1$—马五$_4$孔隙度为 0.02%～13.3%，平均为 3.24%，孔隙度平均值大于 2.5%的占 60.3%；渗透率平均值为 $2.07 \times 10^{-3} \mu m^2$，多分布在（0.003～14.07）$\times 10^{-3} \mu m^2$。西部井区马五$_1$—马五$_4$平均值孔隙度范围为 0.06%～10.34%，平均为 3.02%，平均孔隙度值大于 2.5%占 51.4%；渗透率平均值为 $1.39 \times 10^{-3} \mu m^2$，多分布在（0.003～13.99）$\times 10^{-3} \mu m^2$。东部井区马五$_1$—马五$_4$孔隙度平均值范围为 0.01%～15.6%，平均为 3.19%，平均孔隙度值大于 2.5%占 60.6%；渗透率平均值为 $1.31 \times 10^{-3} \mu m^2$，多分布在（0.004～10.83）$\times 10^{-3} \mu m^2$。中部气区马五$_1$—马五$_4$孔隙度和渗透率平均值均大于西部和东部井区，而东部井区的孔隙度和渗透率平均值又大于西部井区。因此，中部气区储层物性优于西部和东部井区（图 5-13）。

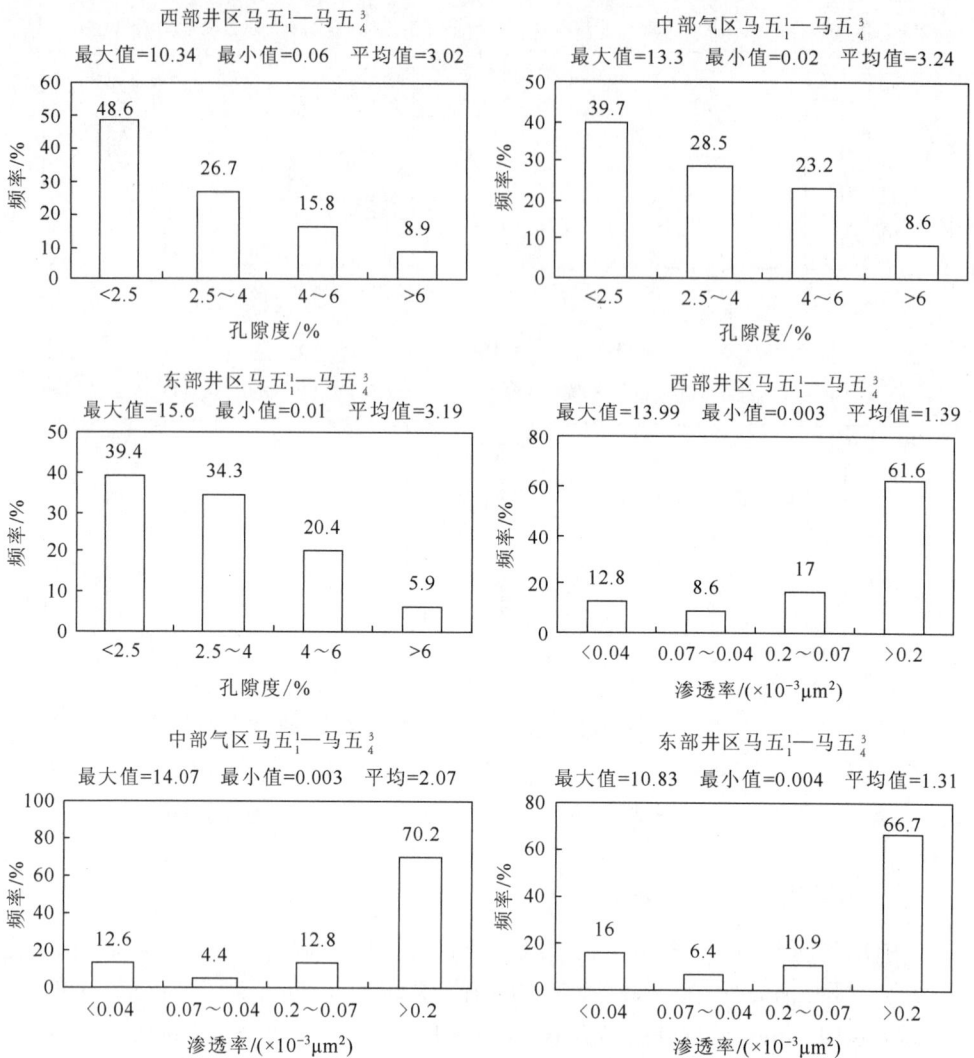

图 5-13 中部气区、西部和东部井区马五$_1^1$—马五$_4^3$孔隙度和渗透率分布频率图

5.6 储层发育主控因素

马家沟组沉积后发生了晚加里东运动，使华北地块整体抬升为陆，缺失上奥陶世至中石炭世的沉积，到晚石炭世方又接受沉积。鄂尔多斯盆地马家沟组顶部遭受了不同程度的风化剥蚀，致使风化壳呈现凹凸不平的古地貌特征，其中马六段在盆地东部和东南部残存范围较大，而在靖边气田区仅零星可见。马五段由上向下划分为 10 个亚段，其中马五$_1$—马五$_4$亚段遭受了长期的表生淋溶作用，各种岩溶孔、洞及缝十分发育，后期又有埋藏溶解的次生溶孔和构造裂隙叠加，形

成了良好的孔隙网络系统，其储层发育主控因素分述如下。

5.6.1　白云岩与硫酸盐岩复合建造的发育情况

马五$_4$—马五$_1$亚段位于马家沟组最上部（仅少数井区有马六段地层覆盖），经风化剥蚀后的残余厚度为 70～80m。储层岩石类型最主要的为含硬石膏结核的粉晶白云岩和粗粉晶白云岩，储集岩发育的沉积环境主要是干燥气候条件下的内陆棚盆缘坪亚环境。

（1）平面上沉积微相的相变制约。马家沟组沉积期，靖边气田区处于一个特殊的古地理环境。在西面贺兰裂谷拉张作用下，在鄂尔多斯盆地西缘和西南缘引起裂谷肩翘升，呈"L"形隆升脊。在地壳均衡补偿作用下，靖边气田区东面为因裂谷肩翘升引发的补偿拗陷盆地，北面为伊盟隆起（古陆），南面为"L"形裂谷隆升脊的向东延伸段。靖边气田区位于北、西、南三面均向东面补偿拗陷盆地缓倾斜的内陆棚盆地中的盆缘坪环境。马五$_4$—马五$_1$沉积期为干旱炎热气候条件，在这样一个古地理环境中，洋域中含盐度高，比重大的重卤水必然向拗陷盆地汇聚。因之，在同一沉积时间段内，平面上不同区域的海水含盐度是不一样的，含（膏）白云岩与白云岩复合建造主要位于中央古隆起与陕北拗陷盆地之间。

（2）纵向上沉积微相的相变制约。尽管靖边气田区均处于内陆棚盆地盆缘坪环境中，但不同时间段内其沉积微环境不一样，纵向上沉积岩的岩性、组构也不一样。马五$_1^3$及马五$_1^2$小层，近50%以上层段为含硬石膏结核粉晶白云岩和粗粉晶白云岩，其余部分还可见两者组成中、薄层的互层状或过渡层状，成为优质的储集层。而储层发育中等的马五$_1^4$、马五$_2^2$和马五$_4^1$小层，上述两种岩性所占比例较小，储层发育较差的马五$_2^1$、马五$_3^1$和马五$_4^2$小层，仅偶夹这两种岩性。含硬石膏结核粉晶白云岩和粗粉晶白云岩不发育的小层，一般为非储集层。

晶径 $\phi<0.03126$mm 的细粉晶白云岩，一般已无储集性能，而微（泥）晶白云岩、泥质微晶白云岩、鸡雏状白云质硬石膏岩、层状硬石膏岩及在马五$_1^4$中所夹的石灰岩及底部的凝灰岩均无储集性。因此，这些岩性在该小层中存在与否，以及所占的厚度比从另一个侧面决定了该小层的储集性。如马五$_3^3$上、下部主要为微晶和细粉晶白云岩，中部为厚度不等的鸡雏状白云质硬石膏岩和层状硬石膏岩，因此为非储层，类似的情况还有马五$_4^3$。

5.6.2　有利于白云岩与硫酸盐岩复合建造的保存

在上奥陶世至中石炭世期间，由于鄂尔多斯盆地西面的贺兰裂谷在古特堤斯板块向北东推挤的作用下，沿早期形成的断裂又重新拉张形成碰撞谷，导致盆地西缘在马家沟组沉积期已发育的裂谷肩又有翘升。在其影响下，靖边气田区向西侧经剥蚀出露的地层越来越老。而靖边气田区东部的榆林—安塞地区，伴随西部裂谷肩再度隆升的同时，在地壳均衡补偿作用下，也再次发育了南北向的补偿拗陷槽，成为地表泾流汇水区，形成岩溶大沟槽，因此也被剥蚀至马五$_2$或更老的地层。靖边气田区位于西部隆起脊和东部补偿拗陷槽之间，地层基本上处于水平状态（东西向 60～80km 间同层位地层埋深差小于 10m）。正因为此，马五$_4$以上有利储层，特别是马五$_1^3$、马五$_1^2$等含（膏）白云岩与白云岩复合建造发育的地层在靖边气田区得以相对较多地保存。

如图 5-14 所示，马五$_5$亚段除西部和西北部的个别井外其余地方均有分布。马五$_4$亚段在西部召黄庙地区和西北部的查汗特洛亥—额尔和图地区以西被剥蚀。马五$_3$亚段仍是西部和西北部被剥蚀，但被剥蚀的面积较马五$_4$亚段大增。此外，中东部开始有零星分布井区的马五$_3$亚段地层被部分剥蚀。马五$_2^2$小层在西部被剥蚀的范围进一步扩大，乌审旗—哈汗兔庙—石瑶沟一线以西全部剥蚀殆尽，中东部有零星分布的井区被剥蚀，如青 1 井。而到马五$_2^1$小层时，除西部继承性发展外，中东部开始有较大的剥蚀面积出现，如横山南侧、靖边东侧，此外，东南部青 1 井-子长侵蚀沟槽的面积也明显扩展。

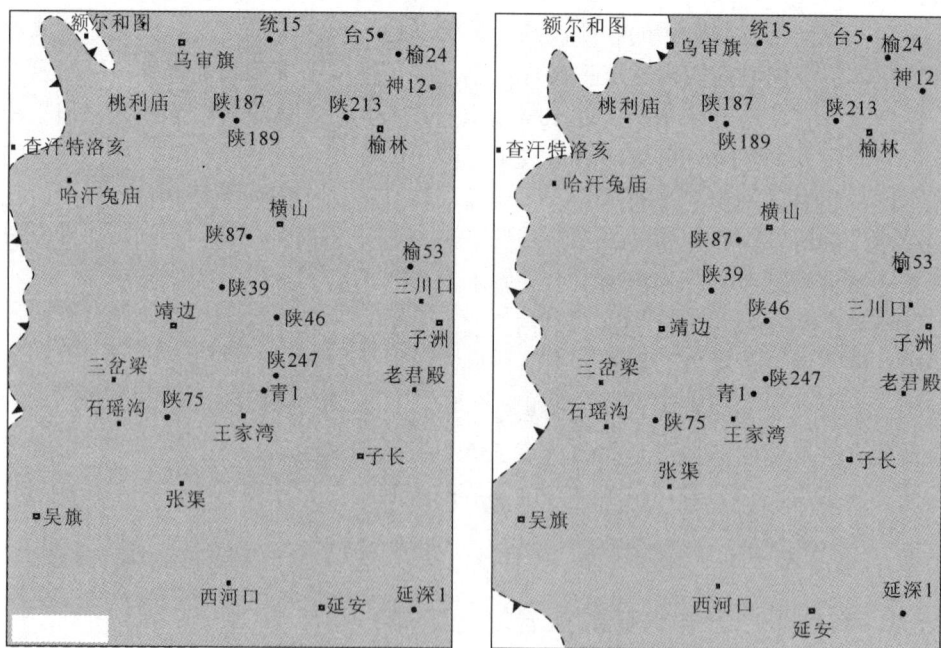

(a) 马五$_4^3$小层　　　　　　　　　　　(b) 马五$_3^3$小层

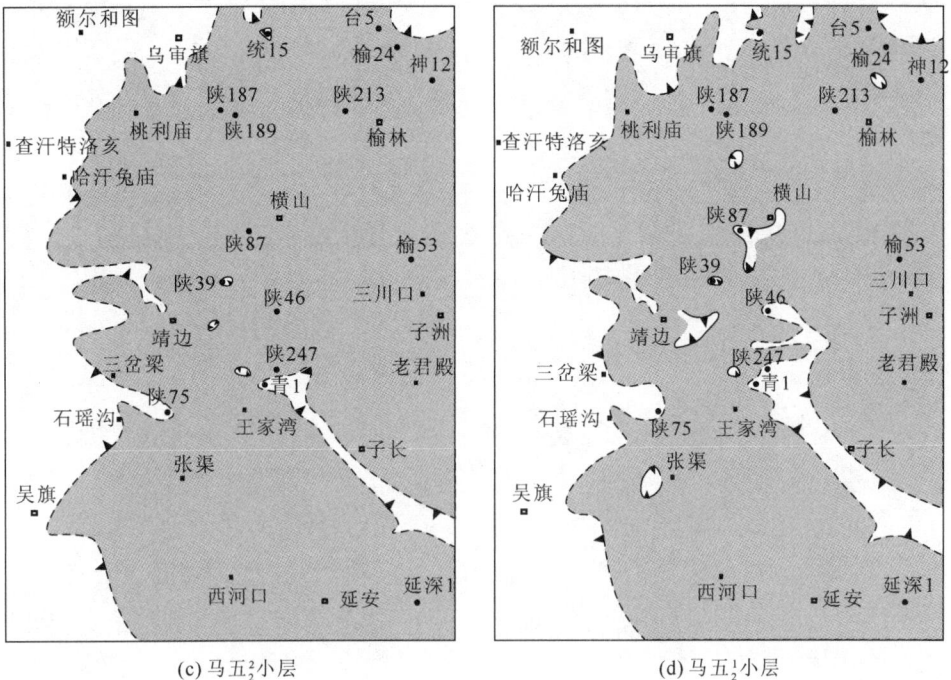

(c) 马五$_2^2$小层　　　　　　　　　(d) 马五$_2^1$小层

图 5-14　鄂尔多斯盆地中部马五$_4^3$—马五$_2^1$地层分布图

马五$_1$亚段位于风化壳的顶部，地层剥蚀强烈，马五$_1^4$时西部地层剥蚀的范围有向东扩展的趋势（图 5-15）。中东部地层剥蚀的面积逐渐增多，但仍未联片分布。在马五$_1^3$时西部地层有部分剥蚀沟槽状侵入到中部气区，中东部地层开始出现大面积沟槽状的剥蚀带，最主要的一条在石湾以南近南北向分布，过石湾后转为近东南方向，另由北向南有 4 条由西向东的次要沟槽。马五$_1^2$时东部沟槽状剥蚀带与马五$_1^3$相比宽度和延伸的长度有所增加，其中王家湾—张渠沟槽、榆林—桃利庙沟槽横穿中部气区。马五$_1^1$时中部地层被东西向的沟槽切割成大小不等的区块，西部地层全部剥蚀，东部仅榆 24 区块、三川口区块、延深 1 井区块仍有地层分布。

马六段地层由于 130 余 Ma 的剥蚀，分布十分局限，仅西河口地区和子洲地区有较大面积分布，其余地方除零星井残留马六段地层外均被剥蚀。

5.6.3　白云岩与硫酸盐岩复合古岩溶发育程度

马家沟组马五$_4$—马五$_1$亚段经历了两期复合古岩溶作用，主要的一期是马家沟沉积后至上石炭统本溪组沉积前的表生成岩裸露期古岩溶作用，控制了储集空间的形成、发展和展布。第二期为埋藏成岩期岩溶作用，规模较小，主要叠加于表生古岩溶已形成孔隙空间的沉积物中。本书主要从以下四个方面进行探讨。

(a) 马五$_1^4$小层

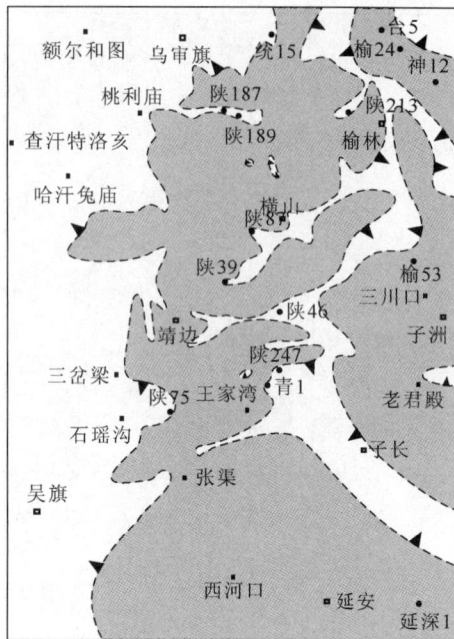

(b) 马五$_1^3$小层

(c) 马五$_1^2$小层

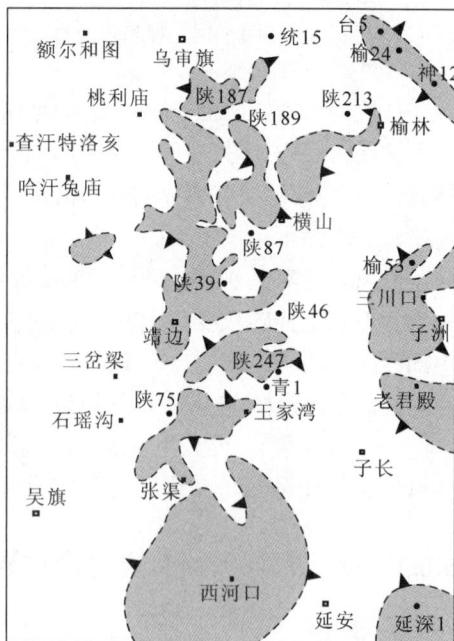

(d) 马五$_1^1$小层

图 5-15　鄂尔多斯盆地中部马五$_1^4$—马五$_1^1$地层分布图

（1）复合古岩溶强度。复合古岩溶强度对储层的最终形成具有重要作用，如果强度适中，发育各类小型溶蚀孔洞，对储层可起到明显的建设性作用。但是，如果某一层段长期停滞在活动潜流溶解带，因靖边气田区的地层倾角小于1°，可产生大面积、同层位的高强度岩溶并形成岩溶建造岩，一般无储集性能，对储层起极大的破坏作用。如马五 4^1 小层，上部4～5m原岩以含硬石膏结核粉晶白云岩为主，现今除顶部保存较好外，中、下部已成1.5～2m的岩溶建造岩（常见含硬石膏溶模孔粉晶白云岩的角砾），表明有利储层的岩性已遭破坏。马五 2^3 小层厚10m左右，除顶部微晶白云岩保存外，大部分均已成岩溶建造岩。又如陕222井，马五 3^3 中岩溶建造岩厚达9.5m，由多期的岩溶塌积岩和冲积岩叠置而成，表明活动潜流溶解带曾在该段地层埋深处多期上、下摆动。观察岩心和铸体薄片表明，在破坏性岩溶形成的塌积岩和冲积岩中，特别是后者，角砾间由不溶残余泥填隙，不存在孔隙，因此，埋藏成岩期次生溶解孔隙也不发育。

（2）复合古岩溶与构造裂隙的耦合关系。靖边气田区及周边主要发育三组裂隙，最主要的为30°和60°的共轭裂隙，以30°方向一组发育较好，60°方向一组较差。其次为80°近于垂直方向的裂隙。局部能见到顺层理方向的裂隙。值得注意的是，在所有岩性中都能见到裂隙，包括岩溶建造岩，但以含硬石膏结核粉晶白云岩和粗粉晶白云岩中发育较好。很明显，早期存在孔隙的地层有利于后期裂隙的发育，从而形成孔、缝、裂隙共同组成的良好孔隙网络，成为以表生成岩裸露期古岩溶孔隙为主的天然气储渗体。在若干口井的岩心中见到断层（带），如G41-7、陕247井及林5井等，其他的小错断常见，这些井大多无气或无工业气流，而与之相邻的井则可以获得高产气流。断层错开面和断层角砾间都被来自石炭系的炭质泥岩充填，说明断层对气储起着破坏作用。

（3）岩溶古地貌。鄂尔多斯盆地中部可识别岩溶高地、岩溶台地、岩溶盆地三个重要的古地貌单元。靖边气田区主要位于岩溶台地二级古地貌单元，其古地貌平坦，岩溶强度适中，以慢速扩散流溶蚀为主，最有利的白云岩与硫酸盐岩复合建造层位于马五 2—马五 1，未遭受高强度的古岩溶作用破坏，主要发育有利的岩溶溶蚀岩。需要重视的是，在岩溶台地西侧斜坡区，上覆砂、泥岩可与不同岩性的若干小层相接触，其中的压释水有下渗进入岩溶含水层的水动力势，但因沉积较松散，压释水中悬浮泥含量较高，在下渗过程中对岩溶台地西侧斜坡区的孔隙造成普遍的充填，形成较致密的外衬边带。当埋深增大和埋藏成岩作用继续发生，上覆砂、泥岩中有机质裂解过程中分解出的有机酸和 CO_2 不断增加，同时砂、泥岩压释水的水动力势也不断增大，这时压释水可渗透入距台地西侧斜坡一定距离的范围，改善已有的孔隙，同时形成新的次生孔隙，在台地西侧斜坡带形成良好储渗体的内衬边带。此外，台地内较大的岩溶洼地、岩溶天坑周缘也可形成溶孔发育的内衬边地带。但与岩溶台地西侧斜坡区不同，这里常是地表泾流和部分地下泾流的汇聚中心，地表不溶残余物质（以泥质为主）中的一部分被地表泾流携带并沉积于此。在石炭纪再度海侵时，入侵的海水将会以"扫地"的形式，在较短的时间里将更多的地表残余不溶物质扫入岩溶洼地内。由于不溶残余物质以泥质、铝土质为主，且很少含有机质，对岩溶洼地和天坑处储集空间的发育有不利的影响。

岩溶微地貌对局部储层的非均质性也起一定的作用。在岩芯中常见纵向岩溶溶管，有的井纵向岩溶溶管主要被渗流水带入的含粒间孔隙的渗流粉砂充填，并可贯穿若干具有孔隙的含硬石膏结核粉晶白云岩或粗粉晶白云岩层，沿较大溶管两侧还可发育顺层方向的溶缝和溶洞，也同时被含粒间孔的渗流粉砂充填，这样的溶管成为储层孔隙网络中的重要成员之一。但也有的井纵向溶管中相当部分被灰色含细碎屑的泥质（即不溶残余物质）或炭质泥岩充填，对储层起破坏作用。可能前者位于岩溶微地貌高处，地表只有未风化溶蚀完的白云质细碎屑，以渗流粉砂形式被渗流水带入岩溶溶管内沉积。后者位于微地貌相对低洼处，风化壳中的不溶残余泥和铝土质，以及石炭系最早期形成的炭质泥岩均积存于此，被渗流水带入岩溶溶管中。

（4）岩溶垂向分带。鄂尔多斯盆地中部可识别地表岩溶带、垂直渗流带、水平潜流带与深部缓流带。储层常位于水平潜流带-中等溶蚀亚带中，层状复合古岩溶形成大量硬石膏结核溶模孔，且沉淀、充填作用较弱，储集层物性好。垂直渗流带次之，仍发育较高数量的硬石膏结核溶模孔，白云石半充填，有一定的储渗空间，但常被来自风化壳顶部的铝土质泥岩等充填，储集性能受到一定程度影响。水平潜流带-强溶蚀亚带岩溶强度过高，原岩被大幅度破坏形成岩溶洞穴，充填的岩溶建造岩基本没有空隙，深部缓流带岩溶水趋于过饱和，溶蚀能力极低，以沉淀和充填作用为主。

5.7　储层分布及评价

基于对白云岩与硫酸盐岩复合古岩溶发育背景、复合建造及成因演化、复合古岩溶体系、储层孔隙演化的系统研究，在充分考虑影响储层发育与分布的地质因素基础上，总结有关研究成果及技术方法，建立复合古岩溶型储层综合评价标准（表 5-6）。所引用的主要定性指标为白云岩与硫酸盐岩复合建造发育情况及保存情况、白云岩与硫酸盐岩复合古岩溶发育程度；主要量化参数有孔隙度、渗透率、有效厚度、压汞曲线类型及储层孔隙结构类型、测井解释的含气饱和度，在可能情况下参照无阻流量等有关资料。综合评价时将储层划分为三类及其过渡类型。在具体的评价过程中，有些评价井的评价参数趋向于Ⅰ类标准和Ⅱ类标准或Ⅱ类和Ⅲ类标准之间，对此在储层分区评价时又加入Ⅰ-Ⅱ类和Ⅱ-Ⅲ类两类过渡类型；对于有些井区，单井无阻流量小于 8000m³/d 或仅为气显示，其他评价标准又较好时，则将之列为有希望区，仍将其归为Ⅲ类储层，并将其暂定为"Ⅲ※"类。其分布区主要以靖边气田区西部为多，其次为东部。综合评价表明，优质储层平面上主要分布于鄂尔多斯盆地中部岩溶台地区域，纵向上主要分布于马五 $_1^3$、马五 $_1^2$，其次为马五 $_2^2$、马五 $_4^1$、马五 $_1^4$ 和马五 $_1^1$ 小层，下面以马五 $_1^3$ 为例详述。

表 5-6　鄂尔多斯盆地中部马家沟组储层综合评价表

类别 / 项目		Ⅰ类（好）	Ⅱ类（较好）	Ⅲ类（中等-差）
优质白云岩与硫酸盐岩复合建造发育情况		好	较好	任何一个指标表现为差
白云岩与硫酸盐岩复合建造保存情况		好	较好	
白云岩与硫酸盐岩复合古岩溶发育程度		好	较好	
孔隙度/%		>8	5～9	2～6
渗透率/($\times 10^4 \mu m^2$)		>0.7	0.2～0.8	0.1～0.3
测井含气饱和度/%		70～90	80～60	70～50
有效厚度/m		>3	2～4	1～3
孔隙结构	排驱压力/MPa	<0.1	0.1～0.3	0.3～0.6
	中值压力/MPa	<2	2～15	15～30
	连通系数/%	>80	80～60	60～30
测井	声速/(s/m)	>170	160～170	155～160

（1）白云岩与硫酸盐岩复合建造发育情况。马五 $_1^3$ 厚 4m 左右，优质白云岩与硫酸盐岩复合建造发育，以含硬石膏柱状晶和小结核的粉晶白云岩为主，硬石膏结核中等大小，1.5～2.5mm 为主，结核含量一般≥20%～30%，含晶间孔隙的细-粗粉晶白云岩成夹层或两者的逐渐过渡层状产出，共同组成 2～3m 或更厚的储层段，是气田区最好的储集层（图 5-16），受古构造及沉积环境控制，硬石膏结核发育程度向东、西有明显减弱的趋势。

（2）有利白云岩与硫酸盐岩复合建造保存。马五 $_1^3$ 地层残余厚度一般为 4～6m，乌审旗—桃利庙—三岔梁一线及其以西岩溶高地貌区地层被剥蚀，此外，东部岩溶盆地以南北向为主的侵蚀沟槽内地层被侵蚀，最主要的一条为榆林—王家湾—子长近南北展布的沟槽，沿此主沟槽由北向南有分布有四条支沟槽，部分侵入靖边气田区（图 5-15）。靖边气田区主体及东部地层保存较全。

（3）白云岩与硫酸盐岩复合古岩溶发育程度。马五$_1^3$小层中部靖边气田区地层保存较全，古地貌位置为岩溶台地，且该层在抬升过程中常处于垂直渗流带或水平潜流带-中等溶蚀亚带位置，古岩溶强度适中，少见岩溶建造岩。马五$_1^3$残余地层内结核及柱状晶体已被溶蚀，其溶蚀孔孔隙下部被细粉晶白云石部分充填或半充填，少部分其上有零星自生石英、高岭石沉淀，或少量方解石交代充填。此外，发育小型纵向和横向的岩溶渗流管道，向下和四周常分岔成若干更细的渗流管道继续延伸，其内被含粒间孔隙的渗流粉砂半充填，或被白云岩细角砾和渗流粉砂半充填。埋藏成岩期发生了次生溶解作用，主要是对表生期填隙在各种孔缝

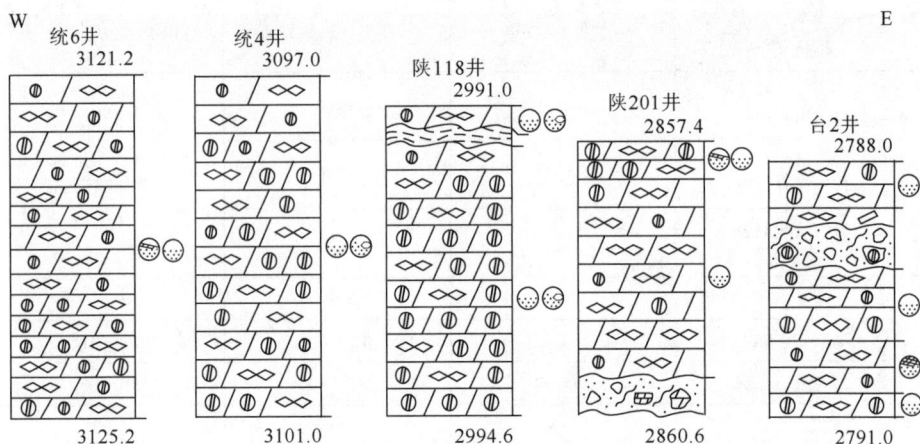

(a) 统6-陕118-台2井马五$_1^3$储层分布及横向对比图

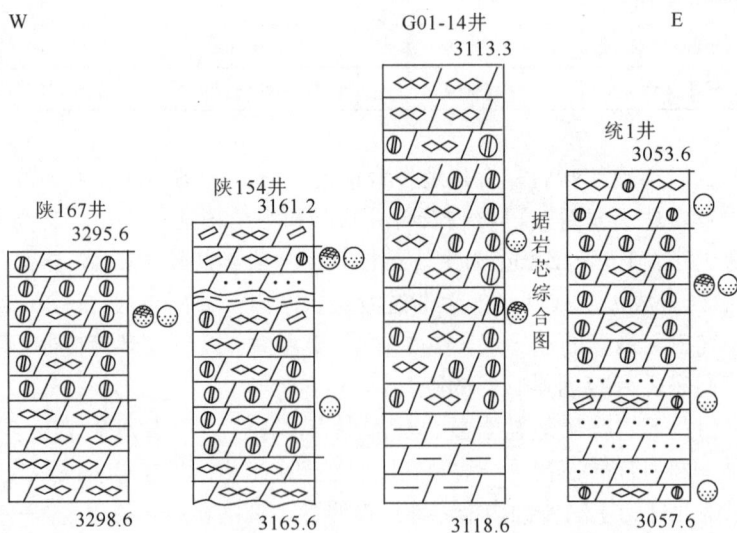

(b) 陕167井-陕154井-统1井马五$_1^3$储层分布及横向对比图

(c) 陕224-林5-麒3井马五$_1^3$储层分布及横向对比图

(d) 陕15-陕250-陕251井马五$_1^3$储层分布及横向对比图

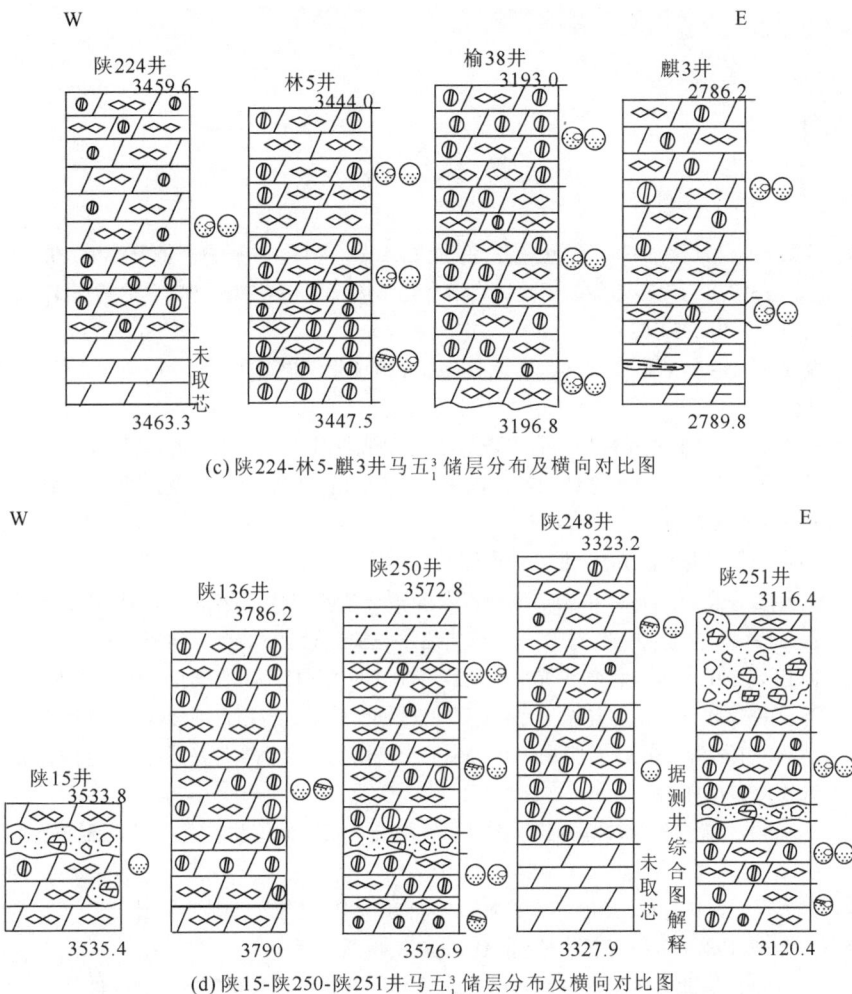

图 5-16　鄂尔多斯盆地中部马五$_1^3$小层分布及对比剖面图

中的含粒间孔的渗流粉砂再溶解或局部再溶解，特别是对裂碎缝和扩溶裂碎缝中充填的渗流粉砂的局部再溶解。同时，也对半充填硬石膏结核溶模孔边缘扩溶，可增加 1%～3%的孔隙量或更多。适度的岩溶强度形成了粗粉晶白云岩原生晶间孔隙、表生岩溶期溶蚀孔隙和埋藏成岩期次生溶解孔隙三者叠合的孔隙。

（4）储层分区评价结果：岩溶台地区马五$_1^3$储层分布较宽，北、西缘局部延伸入岩溶高地斜坡下部，东缘局部延伸入岩溶盆地边。有效厚度一般为 1～4m，是马五$_1$—马五$_5$各储层段中最好的储层段。储层发育类别高，以Ⅰ、Ⅱ类储层为主（图 5-17）。岩溶台地东缘、南缘受岩溶沟槽影响，高强度古岩溶发育较岩溶台地内普遍，溶洞塌积或冲积角砾屑白云岩常位于储层段顶部或上部，对储集性有一定影响。

参 考 文 献

蔡春芳，马振芳，杨贤州. 1998. 圈闭中油气的次生蚀变作用[J]. 中国海上油气地质，02：50-54.

曹玉清，胡宽瑢. 1988. 碳酸-硫酸盐岩建造岩溶水化学场模型和溶蚀量评价理论初探[J]. 长春地质学院学报，01：53-62.

曹玉清，胡宽瑢. 1993. 岩溶泉域的水文地质及水文地球化学模型[J]. 长春地质学院学报，02：180-186.

陈恭洋，等. 2003. 千米桥潜山碳酸盐岩古岩溶特征及储层评价[J]. 天然气地球科学，05：375-379.

陈洪德，等. 1995. 新疆塔里木盆地北部古风化壳（古岩溶）储集体特征及控油作用[M]. 成都：成都科技大学出版社.

陈晋镛. 1997. 华北区域地层[M]. 北京：中国地质大学出版社.

陈学时，易万霞，卢文忠. 2002. 中国油气田古岩溶与油气储层[J]. 海相油气地质，04：13-25+4-5.

陈学时，易万霞，卢文忠. 2004. 中国油气田古岩溶与油气储层[J]. 沉积学报，02：244-253.

陈宗清. 1985. 川东中石炭世黄龙期沉积相及其与油气的关系[J]. 沉积学报，01：71-80+143.

杜远生，等. 1996. 华南板块泥盆纪层序地层及海平面变化[J]. 岩相古地理，06：14-23.

方杰，吴小洲，王居峰. 2013. 黄骅拗陷下古生界深潜山油气聚集条件及成藏因素分析[J]. 中国石油勘探，04：11-18.

方少仙，等. 2009. 鄂尔多斯盆地中部气田区中奥陶统马家沟组马五$_5$-马五$_1$亚段储层孔隙类型和演化[J]. 岩石学报，10：2425-2441.

方少仙，侯方浩，何江，等. 2013. 碳酸盐岩成岩作用[M]. 北京：地质出版社.

方邺森，任磊夫. 1987. 沉积岩石学教程[M]. 北京：地质出版社.

冯增昭，等. 1990. 华北地台早古生代岩相古地理[M]. 北京：地质出版社，10-14.

付金华，郑聪斌. 2001. 鄂尔多斯盆地奥陶纪华北海和祁连海演变及岩相古地理特征[J]. 古地理学报，04：25-34.

葛铭，孟祥化，陈荣坤. 1995. 海绿石质凝缩层—克拉通盆地层序地层划分对比的关键—华北寒武系凝缩层的特征和含义[J]. 沉积学报，04：1-15.

顾家裕，等. 2001. 塔里木盆地轮南潜山岩溶及油气分布规律[M]. 北京：石油工业出版社.

郭建华. 1996. 塔北、塔中地区下古生界深埋藏古岩溶[J]. 中国岩溶，15（3）：207-216.

国家地震局分析预报中心. 1991. 中国地震活动性图集[M]. 北京：中国科学技术出版社.

何芳，陈洪德，张锦泉，等. 1998. 资阳地区震旦系古岩溶储层特征及预测[J]. 天然气勘探与开发，04：23-28.

何江，等. 2007. 鄂尔多斯盆地中部前石炭纪岩溶古地貌恢复[J]. 海相油气地质，02：8-16.

何江，方少仙，侯方浩，等. 2009. 鄂尔多斯盆地中部气田中奥陶系马家沟组岩溶型储层特征[J]. 石油与天然气地质，03：350-356.

何江，等. 2013a. 风化壳古岩溶垂向分带与储集层评价预测—以鄂尔多斯盆地中部气田区马家沟组马五 5-马五 1 亚段为例[J]. 石油勘探与开发，05：534-542.

何江，等. 2015. 风化壳岩溶型碳酸盐岩储层成岩作用与成岩相[J]. 石油实验地质，01：8-16.

何江，等. 2013b. 白云岩储层中蒸发矿物的赋存形式与成因演化——以鄂尔多斯盆地中部气田区马家沟组为例[J]. 石油与天然气地质，34（5）：659-666.

何自新. 2003. 鄂尔多斯盆地演化与油气[M]. 北京：石油工业出版社.

侯方浩，等. 1999. 四川震旦系灯影组天然气藏储渗体的再认识[J]. 石油学报，20（6）：16-21.

侯方浩，等. 2002. 鄂尔多斯盆地中奥陶统马家沟组沉积环境模式[J]. 海相油气地质，01：38-46+5.

侯方浩，等. 2003. 鄂尔多斯盆地中奥陶统马家沟组沉积环境与岩相发育特征[J]. 沉积学报，01：106-112.

胡宽瑢. 1985. 邯邢地区岩溶水渗透特征和"双重介质"数学模式[J]. 中国岩溶，01：46-54.

胡宽瑢，曹玉清. 1985. 深岩溶形成机理及其定量确定——以邯邢地区为例[J]. 长春地质学院学报，03：63-70.

黄尚喻，宋焕荣. 1997，油气储层的深岩溶作用[J]. 中国岩溶，16（3）：189-197.

黄思静，等. 1996. 石膏对白云岩溶解影响的实验模拟研究[J]. 沉积学报，01：103-109.

黄思静，裴锡古，谢庆邦. 1994. 陕甘宁盆地奥陶系储层中的地开石及其意义[J]. 天然气工业，06：80-81.

黄文明，等. 2007，川中磨溪构造下三叠统嘉二段储集物性及其控制因素[J]. 成都理工大学学报（自然科学版），02：135-142.

贾疏源. 1990. 古岩溶研究取得新进展[J]. 成都地质学院学报，04：140.

姜平，王建华. 2005. 大港地区千米桥潜山奥陶系古岩溶研究[J]. 成都理工大学学报（自然科学版），01：50-53.

金振奎，冯增昭. 1993. 华北地台东部下古生界白云岩的类型及储集性[J]. 沉积学报，02：11-18.

金振奎，等. 2001. 大港探区奥陶系岩溶储层发育分布控制因素[J]. 沉积学报，04：530-535.

康玉柱. 2008. 中国古生代碳酸盐岩古岩溶储集特征与油气分布[J]. 天然气工业，06：1-12+141.

兰光志，等. 1995. 古岩溶与油气储层[M]. 北京：石油工业出版社.

李安仁，等. 1993. 鄂尔多斯盆地下奥陶统白云岩成因类型及其地球化学特征[J]. 矿物岩石，04：41-49.

李德生，刘友元. 1991. 中国深埋古岩溶[J]. 地理科学，11（3）：234-243.

李定龙，周柔嘉. 1992. 四川威远构造阳新统（顶部）古文地质条件与缝洞系统[J]. 淮南矿业学院学报，15（2），03：7-20.

李定龙，贾疏源. 1994. 威远构造阳新灰岩岩溶隙洞系统发育演化特征[J]. 石油与天然气地质，02：151-157.

李定龙. 2001. 皖北奥陶系古岩溶及其环境地球化学特征研究[M]. 北京：石油工业出版社.

李汉瑜，等. 1991. 古岩溶与油气储层[M]. 成都：成都科技大学出版社.

李伟，张志杰，党录瑞. 2011. 四川盆地东部上石炭统黄龙组沉积体系及其演化[J]. 石油勘探与开发，38（4）：400-408.

李振宏，胡健花. 2010. 鄂尔多斯盆地构造演化与古岩溶储层分布[J]. 石油与天然气地质，05：
    640-647+655.

李振宏，胡健民. 2011. 鄂尔多斯盆地奥陶系孔洞充填特征分析[J]. 地质论评，03：444-456

刘本培. 全秋琦. 2001. 地史学教程[M]. 北京：地质出版社.

刘波，王英华，钱祥麟. 1997. 华北奥陶系两个不整合面的成因与相关区域性储层预测[J]. 沉积
    学报，01：26-31+37.

刘芳珍. 1988. 潞安矿物奥陶系岩溶发育规律及成因探讨[J]. 地下水，20（2）：70-73+60.

刘群. 1994. 华北早寒武世岩相古地理与膏盐沉积[M]. 北京：地质出版社.

刘艳敏，等. 2011. 白云岩层中硬石膏岩对隧道结构危害机制研究[J]. 岩土力学，09：
    2704-2708+2752.

吕炳全. 1995. 蒸发边缘海相储层的研究[M]. 上海：同济大学出版社.

马振芳，等. 2000. 鄂尔多斯盆地中东部奥陶系古风化壳储集层的分形及灰色系统评价[J]. 石油
    勘探与开发，01：55-57+15.

内蒙古自治区地质矿产局. 1991. 内蒙古自治区区域地质志[M]. 北京：地质出版社.

宁夏回族自治区地质矿产局. 1990. 宁夏回族自治区区域地质志[M]. 北京：地质出版社.

钱学溥. 1988. 石膏喀斯特陷落柱的形成及其水文地质意义[J]. 中国岩溶，7（4）：344-346.

任美锷，等. 1983. 岩溶学概论[M]. 北京：商务印书馆.

陕西省地质矿产局. 1989. 陕西省区域地质志[M]. 北京：地质出版社.

邵龙义，等. 2010. 塔里木盆地东部寒武系白云岩储层及相控特征[J]. 沉积学报，28（5）：953-961.

盛莘夫. 1974. 中国奥陶系划分与对比[M]. 北京：地质出版社.

唐克东. 1992. 中朝板块北侧褶皱带构造演化及成矿规律[M]. 北京：北京大学出版社.

王宝清，等. 1995. 古岩溶与储层研究—陕甘宁盆地东缘奥陶系顶部储层特征[M]. 北京：石油
    工业出版社.

王大纯，等. 1986. 水文地质学基础[M]. 北京：地质出版社.

王光志，等. 1996. 四川资阳及邻区灯影组古岩溶特征与储集空间[J]. 矿物岩石，02：47-54

王国芝，等. 2014. 四川盆地北缘灯影组深埋白云岩优质储层形成与保存机制[J]. 岩石学报，03：
    667-678.

王洪涛，曹玉清，曹以临. 1993. 济南地区岩溶地下水径流场模拟分析[J]. 中国岩溶，02：18-28.

王鸿祯. 1985. 中国古地理图集[M]. 北京：地图出版社.

王敏芳，曾治平. 2004. 鄂尔多斯盆地下奥陶统碳酸盐岩储层特性研究[J]. 重庆石油高等专科学
    校学报，01：13-14+26-69.

王维斌，等. 2005. 四川盆地东部下三叠统嘉陵江组储层特征[J]. 天然气工业，10：54-56+9-10.

王兴志，等. 1996. 四川资阳及邻区灯影组古岩溶特征与储集空间[J]. 矿物岩石，02：47-54.

王一刚，文应初. 洪海涛，等. 2007. 四川盆地三叠系飞仙关组气藏储层成岩作用拾零[J]. 沉积
    学报，06：831-839.

王振宇. 2001. 塔里木盆地奥陶系不整合面岩溶作用特征及油气储层研究[D]. 中科院博士论文，

文华国，陈浩如，温在彬，等. 2014. 四川盆地东部碳系古岩溶储层成岩流体：来自流体包裹体.
    微量元素和 C、O、S 同位素的证据[J]. 岩石学报，03：655-666.

文应初，等. 1995. 碳酸盐岩古风化壳储层[M]. 成都：成都电子科技大学出版社.

吴汉宁，等. 1990. 华北地块晚古生代至三叠纪古地磁研究新结果及其构造意义[J]. 地球物理学报，06：694-701.

吴熙纯，等. 1997. 鄂尔多斯南部奥陶系古岩溶带对天然气储层的控制[J]. 石油与天然气地质，04：36-41.

吴亚生，等. 2006. 长庆中部气田奥陶纪马家沟组储层成岩模式与孔隙系统[J]. 岩石学报，08：2171-2181.

夏日元，等. 1999. 鄂尔多斯盆地奥陶系古岩溶地貌及天然气富集特征[J]. 石油与天然气地质，02：37-40.

夏日元，等. 2006. 碳酸盐岩油气田古岩溶研究及其在油气勘探开发中的应用[J]. 地球学报，05：503-509.

夏日元，唐健生. 2004. 黄骅拗陷奥陶系古岩溶发育演化模式[J]. 石油勘探与开发，01：51-53.

夏日元，朱远峰，李兆林. 1996. 岩溶地区农业发展的地质环境研究—以广西岩溶区为例（英文）[J]. 中国岩溶，Z1：39-46.

夏日元，唐健生，关碧珠，等. 1999. 鄂尔多斯盆地奥陶系古岩溶地貌及天然气富集特征[J]. 石油与天然气地质，02：37-40.

夏日元，唐健生，等. 2001. 油气田古岩溶与深岩溶研究进展[J]. 中国岩溶，01：79.

向芳，陈洪德，张锦泉. 2001. 资阳地区震旦系古岩溶作用及其特征讨论[J]. 沉积学报，03.

杨俊杰，裴锡右. 1996. 中国天然气地质学（卷4：鄂尔多斯盆地）[M]. 北京：石油工业出版社.

杨俊杰. 2002. 鄂尔多斯盆地构造演化与油气分布规律[M]. 北京：石油工业出版社.

姚昕，等. 2014. 典型岩溶水系统中溶解性有机质的运移特征[J]. 环境科学，05：1766-1772.

袁道先. 1988. 岩溶学词典[M]. 北京：地质出版社.

袁道先. 1993. 中国岩溶学[M]. 北京：地质出版社.

袁鹤然，等. 2010. 地奥陶纪成钾找钾远景分析[J]. 地质学报，11：1554-1564.

曾伟，强平，黄继祥. 1997. 川东嘉二段孔隙层下限及分类与评价[J]. 矿物岩石，02：43-49.

詹姆斯N P. 肖凯P W. 1991. 古岩溶与油气储层[M]. 成都地质学院沉积地质矿产研究所，长庆石油勘探局勘探开发研究所译. 成都：成都科技大学出版社.

张凤娥，等. 2003. 复合古岩溶形成机理研究[J]. 地学前缘，02：495-500.

张吉森，等. 1995. 鄂尔多斯地区奥陶系沉积及其与天然气的关系[J]. 天然气工业，02：5-10+107.

张锦泉，等. 1993. 鄂尔多斯盆地奥陶系沉积、古岩溶及储层特征[M]. 成都：成都科技大学出版社.

张美良，林玉石，邓自强. 1998. 岩溶沉积-堆积建造类型及其特征[J]. 中国岩溶，02：79-89.

张银德，等. 2014. 鄂尔多斯盆地高桥构造平缓地区奥陶系碳酸盐岩岩溶古地貌特征与储层分布[J]. 岩石学报，03：757-767.

章贵松，郑聪斌. 2000. 压释水岩溶与天然气的运聚成藏[J]. 中国岩溶，19（3）：199-205.

赵文智，等. 2013. 碳酸盐岩岩溶储层类型研究及对勘探的指导意义——以塔里木盆地岩溶储层为例[J]. 岩石学报，09：3213-3222.

郑聪斌，冀小林，贾疏源. 1995. 陕甘宁盆地中部奥陶系风化壳古岩溶发育特征[J]. 中国岩溶，

03：280-288.

郑聪斌，王飞雁，贾疏源. 1997. 陕甘宁盆地中部奥陶系风化壳岩溶岩及岩溶相模式[J]. 中国岩溶，04：71-81.

郑聪斌，谢庆邦. 1993. 陕甘宁盆地中部奥陶系风化壳储层特征[J]. 天然气工业，05：26-30+7.

郑聪斌，章贵松，王飞雁. 2001. 鄂尔多斯盆地奥陶系热水岩溶特征[J]. 沉积学报，04：524-529，535

郑剑锋，沈安江，刘永福. 2013. 塔里木盆地寒武系与蒸发岩相关的白云岩储层特征及主控因素[J]. 沉积学报，31（1）：89-98.

郑锦平，袁鹤然，张永生，等. 2010. 中国钾盐区域分布与找钾远景[J]. 地质学报，11：1523-1553.

郑荣才，张哨楠. 1996. 川东黄龙组角砾岩成因及其研究意义[J]. 成都理工学院学报，23（1）：8-18.

郑荣才，等. 1997. 川东黄龙组古岩溶储层的稳定同位素和流体性质[J]. 地球科学，04：88-92.

中国科学院地质研究所岩溶研究组. 1979. 中国岩溶研究[M]. 北京：科学出版社.

朱光有，等. 2006. TSR 对深部碳酸盐岩储层的溶蚀改造—四川盆地深部碳酸盐岩优质储层形成的重要方式[J]. 岩石学报，08：2182-2194.

朱光有，等. 2014. TSR 成因 H_2S 的硫同位素分馏特征与机制[J]. 岩石学报，12：3772-3786.

朱井泉，等. 2008. 塔里木盆地寒武-奥陶系主要白云岩类型及孔隙发育特征[J]. 地学前缘，15（2）：67-79.

Allan J R，Wiggins W D. 1993. Dolomite Reservoirs: Geochemical Techniques for Evaluating Origin and Distribution[M]. Michigan：Amer Assn of Petroleum Geologists.

Amthor J E，Friedman G M. 1991. Dolomite-rock textures and secondary porosity development in Ellenburger Group carbonates（Lower Ordovician），west Texas and southeastern New Mexico[J]. Sedimentology，38（2）：343-362.

Bathurst R G C. 1975. Carbonate Sediments and Their Diagenesis. Developments in Sedimentology，Second Edition[M]. Elsevier：Amsterdma.

Bischoff J L，et al. 1994. Karstification without carbonic acid：bedrock dissolution by gypsum-driven dedolomitization[J]. Geology，22（11）：995-998.

Calaforra J M，Bosch P A，Chicano L M. 2002. Gypsum karst in the Betic Cordillera（South Spain）[J]. Carbonates and Evaporites，17（2）：134-141.

Cardenal J，Benavente J，Cruz-Sanjulian J J. 1994. Chemical evlution of groundwater in Triassic gypsum-bearing carbonate aquifers（Las-Alpujar-ras. southern Spain）[J]. Journal of Hydrology，161（2）：3-30.

Choquette P W，James N P. 1988. Society of Economic Paleontologists and Mineralogists. Midyear Meeting（1985：Colorado School of Mines）Paleokarst[M]. Springer-Verlag.

Choquette P W. 1971. Late ferroan dolomite cement，mississippian carbonates，Illinois Basin，USA[J]. Carbonate cements. Johns Hopkins University Press Baltimore，19：339-346.

Dickey P A，Shriram C R，Paine W R. 1968. Abnormal Pressures in Deep Wells of Southwestern Louisiana：High fluid pressures are associated with slump-type faults and shed light on processes of compaction[J]. 160（3828）：609-615.

Esteban M. 1991. Paleokarst：Practical applications. In：V. P. Wright，M Esteban，P. L. Smart，eds.

Ford O C，Ewers R O. 1984. The development of limestone cave systems in the dimensions of length depth[J]. Canadina Journal of Earth Sciences，15：1978-1998.

Fowler Jr W A. 1970. Pressures，Hydrocarbon Accumulation，and Salinities Chocolate Bayou Field，Brazoria County，Texas[J]. Journal of Petroleum Technology，22（04）：411-423.

Given R K，Wilkinson B H. 1987. Dolomite Abundance and Stratigraphic Age：Constraints on Rates and Mechanisms of Phanerozoic Dolostone Formation：PERSPECTIVES[J]. Journal of Sedimentary Petrologrg，57（6）：1068-1078

Glover E D，Pray L C. 1971. High-magnesium calcite and aragonite cementation within modern subtidal carbonate sediment grains[J]. OP Bricker，19：80-87.

Jacobi R D. 1981. Peripheral bulge-a causal mechanism for the Lower/Middle Ordovician unconformity along the western margin of the Northern Appalachians[J]. Earth and Planetary Science Letters，56：245-251.

James N P，Choquette P W. 1984. Diagenesis 9. Limestones-the meteoric diagenetic environment[J]. Carbonate Sedimentologn & Petrology，11（4）：161-194

Jones P H. 1968. Hydrodynamics of geopressure in the northern Gulf of Mexico basin[J]. Sor of petrol eng of aime，NO SPE 2207，12 P，2 TAB，39 REF.

Kalinina T A，Chaikovskii I I. 2014. Nature of breccia rocks at the top of a salt body in the Verkhnekamskoe salt deposit at the Ural foredeep[J]. Lithology and Mineral Resources，49（5）：398-405.

Kendall A C. 1984. Evaporites In R. G. Walker et al. Facies Modes[J]. Geosci. Can，Repr. Ser，1（3）：259-298.

Kerans C. 1988. Karst-controlled reservoir heterogeneity in Ellenburger Group Carbonates of west Texas[J]. AAPG Bulletin，72：1160-1183

Kerans C，Donaldson J A. 1988. Proterozoic Paleokarst Profile，Dismal Lakes Group，NWT，Canada[M]. New York：Paleokarst.

Kimchouk A B，Aksem S D. 2012. Gypsum Karst in the Western Ukaiaine：hydrochemistry and solution rates[J]. Carbonates and Evaporites，17（2）：142-153.

Klimchouk A. 2002. Evolution of karst in evaporates[J]. Evolution of Karst：from Prekarst to Cessation. 61-96.

Loucks R G，Anderson J H. 1985. Depositional Facies，Diagenetic Terranes，and Porosity Development in lower ordovician Ellenburger Dolomite，Puckett field，west Texas[M]. Carbonate petroleum reservoirs. Springer New York，19-37.

Mazzullo S T，Harris P M. 1992. Mesogenetic dissolution：HS role in Porosity development in Carbonate reservoir[J]. AAPa，76（5）：607-620.

Moor C H. 1989. Carbonate diagenesis and Porosity，Elsevier[J]. Amsterdam Developments in Sedimentology，46：P338.

Palmer A N, Palmer M V. 2000. Hydrochemical interpretation of eave patterns in the Guadalupe Mountains, New Mexico[J]. Journal of cave and karst studies, 62 (5): 91-108.

Roberts A E. 1966. Stratigraphy of Madison Group near Livingston, Montana, and discussion of karst and solution-breccia features[R]. Geology of the Livingston areq, Southwestern Montana. Geological Survey Professional Paper: 526-B.

Schmidt G W. 1973. Interstitial water composition and geochemistry of deep Gulf Coast shales and sandstones[J]. AAPG Bulletin, 57 (2): 321-337.

Siever R, Beck K C, Berner R A. 1965. Composition of interstitial waters of modern sediments[J]. The Journal of Geology, 39-73.

Tanguay L H, Friedman G M. 2013. Petrophysical facies of the ordovician red river formation, Williston basin, USA[J]. Carbonates and Evaporites, 16 (1): 71-92.

Walkden G M. 1974. Palaeokarstic surfaces in upper Visean (Carboniferous) limestones of the Derbyshire Block, England[J]. Journal of Sedimentary Research, 44 (4): 1232-1247

Wright V P, Estaban M, Smart P L. 1991. Palaeokarsts and Palaeokarstic Reservoirs[M]. Reading: Postgraduate Research Institute for Sedimentology, University of Reading.

Wright V P. 1982. The recognition and interpretation of paleokarsts: two examples from the Lower Carboniferous of South Wales[J]. Journal of Sedimentary Research, 52 (1): 83-94

Zhao W, Shen A, Qiao Z, et al. 2014. Carbonate karst reservoirs of the Tarim Basin, northwest China: types, features, origins, and implications for hydrocarbon exploration[J]. Interpretation, 2 (3): SF65-SF90.

附　图

鄂尔多斯盆地中部马家沟组小层对比图岩性图例

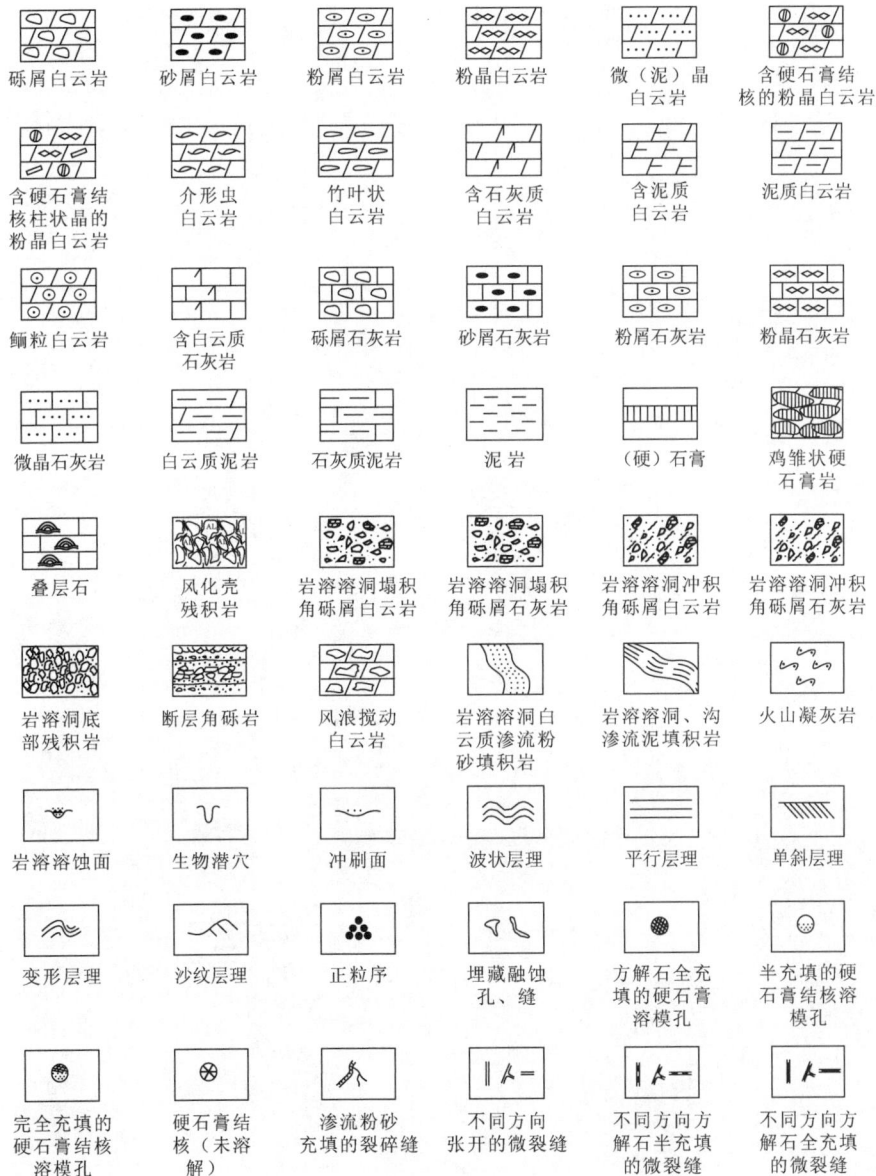

砾屑白云岩	砂屑白云岩	粉屑白云岩
粉晶白云岩	微（泥）晶白云岩	含硬石膏结核的粉晶白云岩

含硬石膏结核柱状晶的粉晶白云岩	介形虫白云岩	竹叶状白云岩
含石灰质白云岩	含泥质白云岩	泥质白云岩

鲕粒白云岩	含白云质石灰岩	砾屑石灰岩
砂屑石灰岩	粉屑石灰岩	粉晶石灰岩

微晶石灰岩	白云质泥岩	石灰质泥岩
泥岩	（硬）石膏	鸡雏状硬石膏岩

叠层石	风化壳残积岩	岩溶溶洞塌积角砾屑白云岩
岩溶溶洞塌积角砾屑石灰岩	岩溶溶洞冲积角砾屑白云岩	岩溶溶洞冲积角砾屑石灰岩

岩溶洞底部残积岩	断层角砾岩	风浪搅动白云岩
岩溶溶洞白云质渗流粉砂填积岩	岩溶溶洞、沟渗流泥填积岩	火山凝灰岩

岩溶溶蚀面	生物潜穴	冲刷面
波状层理	平行层理	单斜层理

变形层理	沙纹层理	正粒序
埋藏融蚀孔、缝	方解石全充填的硬石膏溶模孔	半充填的硬石膏结核溶模孔

完全充填的硬石膏结核溶模孔	硬石膏结核（未溶解）	渗流粉砂充填的裂碎缝
不同方向张开的微裂缝	不同方向方解石半充填的微裂缝	不同方向方解石全充填的微裂缝